油市笔记

——成品油营销与管理实务

王　超　主编

中国石化出版社

内 容 提 要

《油市笔记——成品油营销与管理实务》立足国内成品油市场实际，以多名长期从事成品油营销与管理工作的管理人员的工作经历和见闻为背景，介绍了从业者所要面对的一系列成品油营销决策和管理难题，并对解决方法进行了思考和探索，提出了解决管理难题的方法和技巧。

本书采用小说故事题材，将成品油营销案例和相关知识贯穿其中，内容涉及成品油购销存的平衡管理、外采的策略与技巧、营销策划与客户开发方法、库存管理及物流优化、大数据在营销中的应用、危机处理及应对、风险管控以及团队的管理与素质提升等方面知识，具有很好的可读性和很强的实战指导性，可供成品油行业的管理者以及营销人员参考借鉴。

图书在版编目(CIP)数据

油市笔记：成品油营销与管理实务 / 王超主编．
—北京：中国石化出版社，2019．3
ISBN 978-7-5114-5267-2

Ⅰ．①油… Ⅱ．①王… Ⅲ．①石油产品-营销管理
Ⅳ．①F764．1

中国版本图书馆 CIP 数据核字(2019)第 053689 号

中国石化出版社出版发行
地址：北京市朝阳区吉市口路 9 号
邮编：100020 电话：(010)59964500
发行部电话：(010)59964526
http://www.sinopec-press.com
E-mail：press@sinopec.com
北京柏力行彩印有限公司印刷
全国各地新华书店经销
*
710×1000 毫米 16 开本 20．5 印张 373 千字
2019 年 5 月第 1 版 2019 年 5 月第 1 次印刷
定价：88．00 元

《油市笔记》编委会

Preface 前言

近几年的成品油市场可以说是“风云变幻，硝烟四起”，对管理人员的要求愈来愈高。在这个领域工作的人都能够感受到市场的变化莫测和竞争的博弈离合。我们身边有这么一些人。他们想做事，喜欢做事，充满着干事的激情，愿意接受各种挑战，也勇于面对各种挑战。但面对工作中出现的各种情况，比如销售中找不到解决问题的良策，抑或采购中不知道该如何把握好节奏，又或者是团队管理中面临着各种棘手问题，他们会感到困惑。这时他们迫切需要“充充电”，找到一些立竿见影的解决办法，或者是启发思路的理论支撑。

我们身边又有这么一些人，他们从事成品油经营管理工作多年，既有一线的实操经历，又有丰富的管理经验，在成品油进、销、调、存、运等各领域都有了较深的造诣。他们多年以来在自己的工作岗位上忙碌着，为成品油销售事业的发展贡献着自己的力量。他们熟悉成品油市场，也精通成品油业务，在残酷的成品油市场中历练多年，经历过风雨，也见识过彩虹。在成品油销售领域，他们有的是营销专家，有的是采购行家，也有的是物流大拿。和他们在一起探讨工作，总能获得一些启发，很多难题会迎刃而解，工作亦会变得轻松而有乐趣；也时常能够碰撞出一些思想上的火花，收获到很多新思路，令工作百尺竿头更进一步。

这次，这帮喜欢做事的人凑在了一起，有兴趣，也愿意花时间，想为成品油销售领域的发展再尽一点绵薄之力，因此《油市笔记》应运而生。

《油市笔记》是写给“干事的人”读的书。它立足实干、辅以感悟，将一帮“干事的人”多年以来的经历用具体的事例进行了呈现，又将理论知识融于其中，加以提炼和总结。

我们希望通过这本书将“干事”变得更容易。按照成长理论，人如果想要快速成长，成为一个领域的专家，一般要经历三步升华：一是系统学过，而且要学到最好；二是系统做过，而且做到最好；三是系统总结、提高过，从实践上升到理论，再用理论来指导实践。这本书正是一帮“干事的人”对成品油进销存领域系统学习、系统实践和系统思考的结果。书中的事例有做过、学过的，也有见过、思考过的，经历无法替代。为了让书中内容通俗易懂，我们采用小说的形式展现了一些成品油案例的场景、处理问题的方法和技巧。如此写作，主要是打破理论和实践的壁垒，尝试着填补读者和实践者之间的空白。

我们衷心希望，读过本书之后，能给您的成品油经营管理工作带来些许帮助，也希望在您平时遇到工作难题的时候，能够想起也愿意拿起这本书，寻找解决问题的方法，或者在故事中受到启发。

在本书的编写过程中，许多领导以及同事、亲朋都给予了大量的支持和帮助。首先，要感谢公司领导和各位同仁，是大家的支持与理解，才能让我们在繁忙的工作中，能够挤出时间静下心去创作。其次，感谢培训和出版部门的各位朋友，为我们提供了很多技术上的指导和帮助，为本书的顺利完成提供了很好的保障。我们还要感谢家人，是你们的爱与奉献，让我们在长时间的写作中充满激情与力量！

付梓之时，既是呼出，也是吸入。我们深知学海无涯的道理，也能够看到自己的很多不足之处，真诚地期盼读者能够多提宝贵的修改意见，这将是我们不断进步的动力源泉。

王　超

Contents 目 录

第一篇　采购篇

第一章　采购目标的确定 / 3
　第一节　进销存总体平衡 / 3
　第二节　进销存动态调整 / 10
　第三节　外采的作用 / 17
第二章　交易的促成 / 23
　第一节　采购时机的选择 / 23
　第二节　询比价机制 / 28
　第三节　采购议价 / 35
　第四节　合同的签订 / 41
第三章　风险管控 / 48
　第一节　质量风险管控 / 48
　第二节　资金风险管控 / 57
　第三节　合同超期风险 / 64
第四章　供应商管理 / 70
　第一节　前期准入管理 / 70
　第二节　过程考核管理 / 77
　第三节　分类分级管理 / 85

第二篇　销售篇

第五章　经营目标的确定与实施 / 95
　第一节　经营目标的确定 / 95
　第二节　经营计划分解及跟踪分析 / 100
　第三节　市场调研和客户细分 / 106
第六章　销售价格策略 / 111
　第一节　成品油定价机制 / 111

第二节　不同行情下的定价策略 / 117
第三节　客户的差异化定价方式 / 121
第七章　营销策划 / 127
第一节　营销活动策划 / 127
第二节　商务谈判 / 132
第八章　客户价值深度挖掘 / 140
第一节　集团型大客户的维系与深度开发 / 140
第二节　统计数据在销售中的应用 / 145
第三节　“互联网”+“大数据”营销应用探索 / 149
第九章　应急处置 / 155
第一节　销售危机应急处理 / 155
第二节　信 用 销 售 / 160

第三篇　物流篇

第十章　库存管理 / 167
第一节　日常运营管理 / 167
第二节　保 管 损 耗 / 171
第三节　油库管理的信息化和现代化 / 177
第十一章　精细化运行 / 182
第一节　一 次 物 流 / 182
第二节　二 次 物 流 / 186
第三节　运 输 损 耗 / 190
第十二章　物流优化 / 196
第一节　资 源 串 换 / 196
第二节　一二次物流优化 / 200
第三节　物流数据的挖掘与分析 / 204
第十三章　供应链管理 / 210
第一节　供应链的概念 / 210
第二节　供应链的构建 / 213
第三节　供应链管理策略与应用 / 217
第十四章　应急处理 / 223
第一节　市 场 保 供 / 223
第二节　管 道 故 障 / 226
第三节　恶 劣 天 气 / 230

第四篇　团队篇

第十五章　团队建设 / 239

第一节　团队的内涵 / 239

第二节　规 章 制 度 / 247

第三节　培　　训 / 251

第四节　绩效考核与激励 / 257

第十六章　组织与管理 / 266

第一节　会 议 组 织 / 266

第二节　时 间 管 理 / 271

第三节　沟通与协调 / 276

第四节　博　弈　论 / 283

第十七章　素质提升 / 289

第一节　阳 光 心 态 / 289

第二节　商 务 礼 仪 / 296

第三节　结构化思维 / 302

第四节　分 析 工 具 / 310

参考文献 / 317

故事背景 Setting of the story

江南省作为综合竞争力较强的经济大省，经济繁荣，教育发达，文化昌盛，发展水平较高，下辖15个地市公司，其中以省会江城、榕城、泉城三个地市经济最为发达。经济发展的成果使她不仅作为旅游城市而著称，更成为著名的经济中心，市场的战略地位非常重要。

中胜集团，是一个炼销一体化大型能源化工公司。中胜江南分公司是中胜集团下属的省级成品油销售企业，简称中胜江南。她地处省会江城，辖区内拥有两家大型炼厂——江南石化和江州炼油厂，在区域成品油市场具有较高的控制力和影响力。

随着成品油资源过剩持续加剧，市场价差拉大，加之北部盘踞的多家规模地方炼厂不断冲击市场，竞争主体和手段日益多元，区域内主要竞争对手——中庆江南虎视眈眈，其他社会经营单位争相逐鹿，市场竞争可谓十分“惨烈”。中胜江南石油公司面临的市场考验越来越大，成品油供应主渠道地位正受到严峻挑战。

本书主人公——超哥，在中胜集团经多岗位历练后，受集团公司委派调任中胜江南石油公司营销总监，主要负责中胜江南公司成品油的进销调运存业务。面对江南省复杂严峻的经营形势，怀揣着为理想信念奋斗的激情和干事创业的情怀，超哥走马上任，赴江南履新。

第一篇

采购篇

第一章 采购目标的确定

第一节　进销存总体平衡

本节目标：

1. 了解进销存平衡的概念。
2. 掌握做进销存平衡的基本方法，学会制订进销存总体平衡目标。

故事

一张会说话的平衡表

8月30日，星期四，到了要制订下个月进销存总体目标的时间。超哥照例通知几位主管开会，预测数据、统一思想，然后确定目标。

营销总监超哥、销售主管赵丽、采购主管周强、调运主管李翔和统计主管雯雯按时来到了会议室。赵丽负责直分销工作，需要根据零售情况，统筹完成销售任务；周强负责外采资源购进、结算和供应商管理；李翔负责统筹配置和外采两种资源物流运行，合理安排流向，优化降费，保证市场供应；雯雯负责统计报数和撰写分析材料。

超哥环顾了一下大家，面带微笑，说道："今天会议的主要目的是总结8月份的经营情况并预排9月份的经营计划，请大家把自己的情况通报一下。赵丽，你先来吧。"

赵丽接道："大家好，按照超哥的要求，我把销售情况简单汇报一下。8月份即将结束，预计8月份销售总量为130万吨，按销售方式分：加油站零售100万吨，直分销30万吨；按品种分：汽油80万吨，柴油50万吨。"

"虽然竭尽全力，但我们8月份难以完成预定的131万吨的销售目标，主要原因是上半月原油有几次较大幅度的下跌，市场看跌情绪较浓，客户补货欲望不强，多选择消化自身库存。”赵丽面带遗憾地说道。

略做停顿，她接着说：“按照现在的完成情况，后期销售压力比较大。从同比口径看，后4个月月均至少要完成132万吨才能确保销量同比不降；从完成年度任务口径看，后4个月月均至少要达到134万吨。”

“9月份是小月，只有30天，比8月份少了一天的零售量，不提零售增量了，能环比不降就不错了。好在9月末10月初有中秋节和国庆节，是汽油的传统消费旺季，我们打算抓住机会，以促量为目标，重点做好汽油销售。一是要和零售部门沟通，通过加强营销手段确保9月份零售环比不降，二是要关注汽油直分销客户的补库需求，确保拿到这部分增量。”

“另外，四季度是柴油消费旺季，柴油价格通常会有一波较大幅度的上涨，销售增量也有空间。我们打算9月份柴油直分销以稳价、推价为主，加强客户走访，了解客户需求，为四季度扩销打下基础。”

最后，赵丽恳切地说道：“我建议9月份销售目标可以定在：销售总量132万吨，其中汽油82万吨，柴油50万吨；零售100万吨，直分销32万吨。”

超哥点点头，目光转向周强说道：“周强你说说外采情况。”

周强接道：“好的，我汇报一下外采情况。我们8月份总进货是128万吨，其中配置资源97万吨，分品种汽油55万吨，柴油42万吨；外采资源31万吨，分品种汽油23万吨，柴油8万吨。”

“8月份以来，汽油外采资源一直偏紧，即使在上半月原油下跌的情况下，外采价格也没跌多少。我们之前的做法是借原油价格下跌压压价格降点成本，结果成本是降了，外采量也跟着少了，因此本月汽油库存下降较多。柴油外采资源相对平稳，价格基本跟着原油走势波动，外采量达到预定目标。”对于汽油的降库存，周强的表情显得有点不自然。

他看了一下笔记本，转头看着李翔说：“另外，由于近期台风天气不断，对供应商的发货造成很大影响，部分外采合同只能被迫延期，造成我们个别地区可能会出现保供问题。”

说完这些，周强望向超哥恳切地说：“目前原油价格已经开始反弹，我们预计9月份汽油外采资源会更紧，超哥是否可以跟江南石化以及江州炼油厂多多沟通，争取9月份多增加点汽油配置资源，以缓解我们的外采压力。当然，我们也会全力以赴扩大汽油外采，争取双管齐下，力保市场稳定供应。”

超哥不置可否，转向李翔说道：“你最近工作压力比较大，既要抓日常调运，又要测合理库存，把相关情况也跟大家说说吧。”

李翔拿着一份数据说道："大家好，我先把前段时间我们通过调研测算的合理库存、最低库存和最高库存通报一下。目前全省合理库存核定为 48 万吨，其中汽油 30 万吨，柴油 18 万吨；保障运行的最低库存是 35 万吨，其中汽油 23 万吨，柴油 12 万吨；把油库全部放满的最高库存是 65 万吨，其中汽油 40 万吨，柴油 25 万吨。"

等大家记好数据，李翔接着说："8 月末我们汽柴油库存预计为 45 万吨，其中汽油 27 万吨，环比下降 2 万吨，柴油 18 万吨，与上月持平。显然我们 8 月末汽油库存是偏低的，已经低于合理库存，接近最低库存。正如周强所说，近期连续台风天气对我们影响很大，码头封港，船只停运，甚至部分铁路、公路运输都受到影响。目前南部地区的汽油库存已经处于最低位，我已经做好随时启动应急方案的准备。柴油的总库存处于合理水平，但库存摆布不合理，下一步我们准备通过调整一二次物流方案进行调节。"

"还有一件事，我们了解到江南石化和江州炼油厂 8 月末汽油库存比较富余，可供我们应急所用，但需要领导层面去沟通。"李翔有点小得意地说。他平时与江南石化和江州炼油厂的关系处得不错，集团内部炼厂的情况掌握得比较清楚。

超哥肯定地点点头，说道："这是个好消息。"

"这样吧，我来做个总结，大家有不同意见随时提出来。"超哥说道："销售方面：我们 8 月份销售没有达到预期，9 月份销售必须迎头赶上。我赞同赵丽的想法，要抓住双节机会努力扩销汽油。我们去年 9 月份的销量已经达到 132 万吨，加上目前原油价格处于反弹走势，看样子还有可能再创新高，价格上涨有利于销售放量。还有，我查了一下天气预报，今年国庆期间的天气不错，开车出去游玩的人估计会增加，汽油销量预计将会增长多一些。将这些有利因素加起来，赵丽的目标有点保守。为了确保我们顺利完成全年的销售任务，我要求 9 月份销售目标增加到 134 万吨，其中零售 100 万吨，直分销 34 万吨；分品种汽油 83 万吨，柴油 51 万吨。"

超哥看向赵丽解释道："任务只能压在赵丽这边了，9 月份比 8 月份少一天，零售量能达到 100 万吨就已经很好了，总量摆在这里，只能直分销多摊点。"

赵丽话到嘴边又咽了回去，没有说话。

超哥喝了口茶，理了一下思绪，接着说："周强 8 月份汽油外采确实少了，9 月份一直到国庆期间，仍是汽油消费旺季，此时降库存是不合适的，周强要立即扩大汽油外采，把外采缺的量追回来，为防止 9 月份台风再来，必须尽早把汽油库存垫高。至于我们 9 月份的汽油配置资源，我之前已经和两家炼厂沟通过，9 月份比 8 月份少一天，就算把炼厂的库存全部挖出来，9 月份配置资源估计能凑到57万吨。按照9月份汽油销售83万吨计算，为确保9月末汽油库存不降，9月份外采汽油至少要达到27万吨。”

周强点点头表示明白，超哥继续说道：“柴油配置资源42万吨，考虑到应该为四季度增加点库存，9月末柴油库存争取由18万吨增长至21万吨，按照销售51万吨测算，则9月份柴油外采至少要达到12万吨。因此9月份外采目标至少是汽油27万吨，柴油12万吨，外采量比8月份增加不少，周强你要做好思想准备，汽油要争取9月10日前签订全月70%的外采合同。鉴于原油价格看涨，柴油外采资源也要尽快落实。”

周强表示难度很大，会后马上去落实。

超哥说道：“当前我们调运方面出现了不小的困难，李翔这边要和内部炼厂积极沟通，争取配置资源提前到货，周强要和供应商加强协调，督促供应商尽快发货，同时可以考虑优先收购在途的现货资源，如果是为了保供，现货的外采价格可适当提高。调运和外采要实时沟通，劲儿往一处使，保证市场供应。”

李翔说道：“超哥请放心，内部炼厂和咱们自己的库存我都盯得很紧，有啥情况第一时间向您汇报。”

超哥满意地点点头，然后看向雯雯说道：“雯雯你来说说这个月的效益情况。”。

雯雯说道：“8月份进销存情况表已经发到大家手上，请大家看一下。从创效角度看，汽油的创效能力还是最强的。按照资源顺推法测算，目前我们主要盈利点是外采的23万吨汽油中，有15万吨是通过零售渠道销售的，这部分销售实现了较大的进销价差，可以看到92号汽油就有1280元/吨。因此，我们希望汽油外采价格越低越好。而柴油则相反，8月份柴油直分销量是20万吨，其中有12万吨销售用的是配置资源，仅从进销价差计算，就亏200元/吨。因此，柴油直分销价格还是要再推高些。考虑到外采资源与直分销销量大体是按固定价差同步浮动的，按照目前的资源结构，我认为汽油是外采和直分销价格越低，效益越好，柴油是外采和直分销价格越高，对我们越有利。”

雯雯顿了一下，接着说：“95号和98号等高标号汽油的吨油效益明显好于92号汽油，建议进一步提高95号和98号汽油的营销力度。”

超哥说道：“雯雯的分析和建议很好，等9月份指标确定下来后，雯雯再做一个9月份的效益预测，到时候咱们再商量9月份量效平衡策略。”

超哥看看大家应该都听明白了，说道：“如果没什么意见，我们就按会上确定的指标向公司领导汇报。我再重复一遍，9月份销售目标定在134万吨。其中，零售100万吨，直分销34万吨，分品种汽油83万吨，柴油51万吨。9月份外采目标是汽油 27 万吨，柴油 12 万吨。9 月末库存目标是汽油 27 万吨，柴油 21 万吨。都没有问题的话就散会吧。”

笔记一

1. 中胜江南分公司背景

中胜江南分公司采购资源大致由80%的配置资源和20%的外采资源构成。配置资源属于内部资源，来源于集团公司在江南省的两个下属炼厂——江南石化和江州炼油厂。配置资源的特点是其结算价格与国家规定的零售价格保持相对固定的价差，价格高但供应稳定。集团公司在年初对中胜江南公司下达配置资源预算量，然后每月根据配置资源实际执行的量，按照配置和外采两种资源的价差实行多退少补的办法，保证集团内部炼厂和销售公司之间的量价结算公平合理。江南石化和江州炼油厂有为中胜江南公司保供的责任，中胜江南公司有为江南石化和江州炼油厂疏通后路保证其正常生产的义务。

外采资源是指从集团公司以外炼厂采购的资源，由各成品油外采供应商提供，外采供应商实行准入制管理。中胜江南公司现有 12 家外采供应商，其中 7 家是生产型供应商，以地方炼厂为主，5 家是贸易型供应商。外采资源的价格随市场变化而波动。在正常的市场情况下，外采资源价格低于配置资源价格。

2. 进销存的概念

(1) 购进。指以转卖或加工后转卖为目的，向其他单位支付货款，并取得法定票据的采购行为。购进的记载时间原则上以获得油品所有权的时间为准。

(2) 销售。指对本企业以外的单位和个人销售以及本企业自用且开具销售发票销售的行为。销售的记载时间原则上以开出销售发票的时间为准。

(3) 库存。指本单位拥有所有权以及租赁使用的储存容器(含油库、加油站、管线)中实际存放的油品。包括已取得所有权的在库油品以及货到单未到、预售未提和代储代存油品。该指标为统计部门从油库管理部门取得的报告期期末油池计量库存(含加油站、管线)。

3. 进销存平衡的概念

进销存管理是指从商品的采购(进)到入库(存)再到销售(销)的动态管理过程。

这里的进销存平衡是指对当期或者未来一段时间的进销存各项经营指标进行预测，制订或者调整下一步采购、销售计划，使库存达到预定目标。进销存平衡是制订经营策略的重要依据，主要为了确保公司的经营有序可控，避免盲目操作产生经营风险。

4. 进销存平衡公式

进货量−销售量+月初库存=月末库存

(配置量+外采量)−(零售量+直分销量)+月初库存=月末库存

式中，月初库存为定量，配置量相对稳定且计划性强，结合对零售和直分销量规模的预测并通过调整外采量可实现月末库存的涨跌控制。

5. 资源顺推模型

(1) 模型的基本原理。将配置资源按照先零售后直分销的顺序依次进入销售环节销售，不足部分按照外采资源、库存的顺序予以补充，从而更加直观地量化和评价各环节的进销价差。

(2) 模型的优势。模型清楚地揭示了两类资源(配置和外采)、两大品种(汽油和柴油)、两种渠道(零售和直分销)的价差和创效机理，为实现效益最大化目标提供理论支持。

(3) 案例分析。下面对故事中的8月份的进销存进行报表(见表1−1)分析。

表1−1 8月份的进销存报表

油品	采购						销售						库存/万吨		
	配置		外采		进货合计		零售		直分销		销售合计				
	数量/万吨	价格/(元/吨)	数量/万吨	价格/(元/吨)	数量/万吨	价格/(元/吨)	数量/万吨	价格/(元/吨)	数量/万吨	价格/(元/吨)	数量/万吨	价格/(元/吨)	月初	月末	增减
合计	97.0		31.0		128.0		100.0		30.0		130.0				−2.0
汽油	55.0		23.0		78.0		70.0		10.0		80.0		29.0	27.0	−2.0
92号	38.0	9200	18.0	8500	56.0	8975	47.0	9780	8.0	8700	55.0	9623	18.0	19.0	1.0
95号	15.0	9700	4.7	8700	19.7	9461	21.0	10340	1.8	8950	22.8	10230	10.0	6.9	−3.1
98号	2.0	9900	0.3	8900	2.3	9770	2.0	11000	0.2	10000	2.2	10909	1.0	1.1	0.1
柴油	42.0	7700	8.0	7300	50.0	7636	30.0	8200	20.0	7500	50.0	7920	18.0	18.0	0.0

如表1−1所示，汽油配置资源55万吨，外采资源23万吨，按照资源顺推法测算，在70万吨零售量中有15万吨动用的是外采资源，此部分的价差最大，效益最好。汽油直分销量是10万吨，其中8万吨用的是外采资源，2万吨用的是库存。由于配置资源价格与零售价格同步调整，价差相对稳定，外采与直分销的价格又处于联动状态，价差变化也不大，因此故事中汽油的盈利变化，主要取决于外采汽油通过零售渠道销售的量和外采与零售的价差。这部分量越大，采零差越大，则公司效益越好；若两方面同时增大，则会产生乘数效应，公司效益能够成倍增长。

柴油则与汽油相反，柴油配置资源42万吨，外采资源8万吨，零售量仅有

30 万吨，可以看出配置资源有 12 万吨是通过直分销售出。而直分销价格是与外采价格联动，通常情况低于配置资源价格，因此这 12 万吨柴油配置资源的销售是亏损的，柴油的外采价格和直分销价格越高，则该部分资源的销售亏损越少，对公司的盈利就是正向的。

6. 合理库存

合理库存是指商业企业保持与正常经营相适应的，具有先进性和可行性的商品库存量。

企业库存不能过高或过低。库存过高会增加资金占用成本，库存低会导致个别品种甚至全品种脱销。在正常情况下，库存与销售大体有一定比例，简称库销比。按照这种比例确定的平均库存量，就是合理库存。

库销比是一个检测库存量是否合理的指标，如月库销比，年平均库销比等。计算公式如下：

月库销比＝月平均库存量/月销售量

年平均库销比＝年平均库存量/年销售量

比率高说明库存量过大，销售不畅；过低则是进货不足。

7. 保供

保供是保证供应的简称，这里指保证中胜江南公司零售网点和重点忠诚客户的供应。中胜江南公司以零售为核心，同时直供一部分公共事业和重点工程用油，是江南省成品油销售的龙头企业。保供不仅是为了维护自身品牌形象，而且事关千家万户的切身利益，因此保供是必须当作政治任务完成的。

8. 影响外采资源到货的因素

(1) 台风季节。通常是 7~9 月，影响时间至少为 3 天，码头封港、船只停航。

(2) 冷空气。深秋到整个冬季，表现为大风浪、大雾等，也是造成码头封港、船只停航的原因。

(3) 春运。铁路运输吃紧，公路运输停滞。

(4) 大型国际会议的召开。安全措施增多，对船只安检和接卸的要求提高，甚至会暂时停止危险品接卸和运输。

思考题

1. 进销存平衡的作用有哪些？

2. 做进销存平衡需要考虑哪些因素？

3. 结合资源顺推模型和公司的经营、资源结构，分析如何安排汽柴油价格策略，才能有效地提升创效水平。

4. 在不同的市场环境下，应以哪个变量为首要指标来进行进销存平衡？

5. 为了提升资源创效水平，应如何调整优化经营结构？

第二节　进销存动态调整

本节目标：

1. 学会根据实际情况对进销存目标进行动态调整。
2. 了解一些对进销存目标动态调整的基本原则和方法。

故事

动态的平衡表

一个星期很快过去了，时间定格在9月6日星期四早上。超哥睡醒后，习惯性地拿起床边正在充电的手机，查看国际原油价格的最新收盘情况。这是超哥多年来养成的习惯，睡前和睡醒第一件事就是关注国际油价动态，阅览相关新闻。

今早原油收盘又涨了，打开K线图从技术面上看，原油的走势很强。消息面上，由于中东地区动乱加剧、欧佩克限产协议延长，对原油价格上涨提供了有力支持。“好吧，看来下一次调价窗口又是涨价，而且幅度最起码在200元/吨以上。”超哥心里暗自盘算着。

上午九点，超哥坐在办公桌前，查阅ERP系统里的各项数据。虽然手下几个主管每天都在向他汇报情况，这会儿不查心里也有数，但还是习惯性地查阅着。对超哥来说，这既是复核数据，也是整理思路。

超哥最近有点失眠，可能是因为要想的事情太多。从早上开始，他的眼角就不停地在跳。“都说眼角跳不吉利，今天不会是有什么不祥之兆吧。”超哥撇了撇嘴。

这时，办公室外传来周强打电话的声音。超哥明显感到周强今天情绪不错，应该是这几天外采成果非常给力的原因。为了实现自己要求的目标，也就是9月10日前签订全月70%汽油外采合同，周强在上次开完会后就积极去衔接资源。由于近期国际原油价格反弹，再加上各地都在为国庆、中秋双节的汽油消费高峰备货，汽油资源越来越紧，外采价格也越来越高。

截至昨天，周强已采汽油15万吨，10日前应该能完成超哥布置的任务。虽然外采成本也在不断攀升，一周之内92号汽油价格已经由8500元/吨上涨到

8700 元/吨，但回过头来看，汽油外采的平均价格还是不错的。

突然间，轻轻的敲门声打断了超哥的思绪，只见李翔站在门口，眉头紧蹙，表情严肃，一看就知道是遇到了麻烦。难道这眼睛跳是应在李翔这儿？超哥难免有点心慌，点头示意请李翔进来。

“超哥，刚才江南石化运销处来电话，说是厂里有套装置生产不正常，打算降负荷检修一下，会影响这个月产量。他们算下来汽油配置资源要少交 5 万吨，柴油则因为厂里还有些库存，可以勉强按月初计划交付。眼看双节将近，这样一来对汽油保供可是雪上加霜啊。”李翔面带忧虑地说。

超哥皱紧了眉头，摇摇头说道：“兵来将挡，水来土掩。既然有了问题，总要想办法解决的。你先把各油库库存统计一下，看看哪里问题最大。还有，通知赵丽和周强，十点钟到会议室开会，讨论关于江南石化减产的应对方案。”

李翔点头称是，转身出去。

超哥拿起电话，准备打给江南石化生产处负责人核实情况，然后再找运销处负责人协商一下。

这时赵丽又走了进来，语气略带抱怨地说道：“超哥，您这两天要求我们的销售价格要跟着外采价格推上去，可是省内几家竞争对手价格都没跟着走，中庆江南的价格也就象征性涨了点，把我们的几个重要客户都抢走了。我们各地区销售部意见也很大，他们觉得这样下去不但任务无法完成，客户资源也会流失。”

对于赵丽的埋怨，超哥并不意外。这些情况在超哥自己负责销售时也经常遇到，于是他安慰赵丽说：“我看了报表，销售数据还行啊，你先别急，正好等一下开会，大家坐下来再商量商量。”

赵丽张口还想再说，超哥又抢着说道：“你先看看销售部反映的是不是真实情况，到底严重到什么程度，再重新评估一下全月销量能达到多少吧。”赵丽看到超哥手里还拿着电话，只能说声好，先回到座位上去落实情况。

上午十点，会议室里人员齐聚，超哥开门见山说道：“各位，刚才我与江南石化和江州炼油厂的人都沟通过了，江南石化的生产装置出了点意外，汽油会减产。这个月两个厂的配置汽油加起来，勉强能凑到 52 万吨，比月初计划少了 5 万吨。更为麻烦的是，少的这部分量是以 95 号高标号汽油为主的。计划不如变化快，咱们要重新梳理一下，把进销存情况再调整平衡下。大家先说说各自的工作情况和受到的影响吧。”

不待超哥点名，赵丽已经接过话来，说道：“超哥，我先来汇报吧。咱们月初制订的销售目标是零售汽油 70 万吨、柴油 30 万吨。但台风难测，月初这几天都是阴雨天气，气温下降很快，汽车空调用油不但没增，还减少了。加上现在政府力推绿色出行，预计汽油零售量只能达到68万吨，比月初计划少2万吨；柴油零售还算稳定，保30万吨没有问题。直分销情况也不好，受外采成本的影响，我们汽油直分销价格涨得太快，其他竞争对手并没有马上跟上。这样下去，我们不但销售任务完不成，还有丢失重点客户的风险。目前问题最严重的是我们市场占有率高的几个地区，中庆江南公司借机用低价资源争抢客户。现在我们的客户经理们怨声载道，都憋了一肚子气。”

赵丽情绪略显激动，语速有点快。稍微停顿了一下，她接着说道：“本月汽油直分销量原定目标是13万吨，这个目标本身难度就很大，环比增加了3万吨。按照目前情况，直分销汽油能完成10万吨就谢天谢地了。柴油也好不到哪里去，能完成目标就不错了。目前，问题最大的还是汽油，本月汽油总销量估计要比月初计划少5万吨!”

李翔听了倒是松了口气，在旁边劝了一句：“丽姐，或许咱们少卖点也好，正好咱们配置计划少了5万吨汽油，只要外采的92号和95号的比例调整一下，这个月就能平稳过去了。”

赵丽没好气地白了李翔一眼，说道：“如果本月销售任务完不成，将会影响全年销售任务的完成，搞不好咱们整个营销板块的年终奖都要受影响，到时候可是一年的工作都白干了，你让我们怎么跟大家交代？更别说超哥今年刚刚履新，绝对不能因销售欠量被领导批评。”

“丽姐您别急，我就随口一提，当我没说过。”李翔缩了缩脑袋，嘿嘿的笑了一声。

赵丽不去理会李翔，目光转向超哥坚定地说：“超哥，我认为本月销售任务必须完成，否则后面三个月压力太大，不能功亏一篑。我希望超哥同意我在价格上多让一点，咱们要坚决拿回省内的市场份额，把失去的销量抢回来。”

超哥微笑点头表示鼓励，他一向很欣赏赵丽的直爽和斗志。巾帼不让须眉，销售线条就需要赵丽这样的人才。

“咱们再听听周强外采的情况吧。”超哥对大家说。

周强这几天忙着落实汽油外采资源，着急上火，嘴上都起泡了，电话一天到晚没停过。话说外采这活儿真不好干，采的时候既要控制成本，又要多采点量；明明心里很着急，又要在供应商面前装出指点江山、从容淡定的样子。假如让供应商察觉中胜江南缺油的实情，那外采价格还怎么谈啊。好在周强这一个星期里动手很快，天天询价议价，见量就采，每天都不落空。总算功夫不负有心人，目前已经采到了15万吨汽油，而且价格也不错，周强自认为可以小小得意一下。

市场价格上行，原油价格强力支撑。从全月来看，现在采到的肯定都赚大了。可惜此时此刻，周强被超哥一盆冷水浇醒了。

“什么？配置汽油少了 5 万吨？”周强暗自叹气。“哎，这洞还得自己补。”周强很清楚自己的命运。

但是，刚才赵丽的一番话着实让周强很郁闷。周强在单位一向脾气很好，也有耐性。很少与人红脸的周强这次实在忍不住了，说道：“大家都知道，现在各地都在为双节的汽油销售备货，外采资源越来越紧，原油价格又在上涨，如果我们外采价格不涨，怎么可能在短短一周内采到 15 万吨汽油？更何况按照目前的走势，国内零售价也会上调，外采价格也是大概率继续上涨。回过头来看，我们现在采到的汽油价格肯定是很有竞争力的。”

周强把头转向赵丽，接着说：“各地销售部说竞争对手销售价格低，即使他们没有夸张、没有被客户忽悠，那也只能是暂时现象。我认为竞争对手的汽油销售价格肯定会跟上的，难不成他们都愿意亏本做生意，赔本赚吆喝？”

赵丽没想到周强会这么较真，脸色显得不怎么好看，但终于还是没再说话。

周强顿了一下，接着说道：“超哥要求 9 月 10 日前完成 70%的外采任务，我勉强可以做到，但这其实是透支了我们后面的外采能力的。最近我们给供应商的压力太大，主要几家供应商的资金周转和供应能力已经达到极限。如果我们必须继续扩采，可以从两方面想办法：一方面是考虑增加外采渠道，开发新的供应商。但这需要办理供应商入围的手续，需要较长时间，远水不解近渴，短期内我只能要求入围供应商增加供应量，这样做的缺点是成本会有所增加。另一方面我们需要让外采资源到货后及时入库，既能保证市场供应，又能及时给供应商付款，加快资金周转，以便供应商尽早履行后面的合同。由于近期外采资源会集中到货，希望调运方面给予有力支持，也请超哥帮忙协调数质量和财务部门，提高接卸和付款效率。”

接下来，周强又提出了目前外采面临的另外两大问题：一是由于外采资源主要是通过沿海水路运输，集中在沿海地区上岸，目前的外采量已经接近我们沿海码头接卸能力上限，再加上外采资源的化验时间长、要求高，继续扩大外采只会造成船只积压在港口排队，并不能有效解决因配置资源减少而引起的保供问题。当然，我们也可以适当增加铁路接卸量，直供部分内陆地区，但运费会增加，而且咱们铁路接卸的能力还是偏弱，总量有限，对分担外采接卸压力有一定帮助，但解决不了大问题。二是按照往年经验，双节前汽油外采价格通常会是最高点，节后价格随需求减少而回落，从效益角度考虑，9 月下旬我们应该适当控制外采规模，避免价格风险。

超哥点头表示赞同，然后对李翔说：“无论市场怎样，保证市场供应总是放在首位的，李翔你说说调运和库存的情况吧。”

李翔首先把各地区的库存情况做了通报，并按照每日出库量测算出每个地区的有效保障天数。李翔表示会将保障天数低于 3 天的油库都列为警戒状态，并把情况及时报给超哥和各位主管。

接着李翔转入正题，说道：“目前调运存在三大问题：一是正如周强所说，我们外采资源到货情况虽然不错，但受我们现有储运条件限制，外采资源无法及时入库；二是我们现在的汽油库存摆布并不合理，随着配置资源的减少，我们的调节能力也大幅降低；三是我们的汽油在分品种的保供上也存在很大的问题，由于配置资源减的大多是 95 号汽油，而外采目前到货的资源是以 92 号汽油为主，如果后续外采不能及时调整，可能会造成部分加油站 95 号汽油脱销。”

“如果按照月初制订的销售规模测算，配置计划减产造成的资源缺口 5 万吨，其中 2 万吨可以通过挖掘现有库存潜力、调节各地库存予以解决，而另外 3 万吨只能依靠外采了，也就是本月外采汽油必须达到 30 万吨，才能度过难关。”李翔扫了一眼周强，做了一个无奈的表情。

“好吧，情况大家基本上都讲清楚了，我来谈一下我的看法，大家有意见可以随时补充。”超哥拿起手中的本子，查看各个主管提出的问题，心里盘算着方案，平衡着利弊得失。

“咱们整理一下思路，先说基本原则：第一，保供是第一位，公司规定决不允许有一座我们的加油站脱销，如果脱销则视为生产事故；第二，当期的销售价格与外采价格决不允许倒挂，如果亏着卖，我们对公司、对自己都无法交代，也无法通过审计。此外，到年底我们不仅有经营量的指标要完成，效益目标同样压力很大，而我还有点想法，希望今年不单要完成效益目标，还要为明年留点家底，当然这些现在讨论还有点早。”

超哥端起茶杯喝了一口，深吸口气，接着说：“我认为目前进销的思路应该按照：第一，价格上以进定销，外采和直分销价差可以缩小，但当期和全月必须保持平均 100 元/吨以上价差；第二，数量上以销定进，外采进度务必跟着销售量走；第三，按照李翔的测算，我允许月末汽油库存再降 2 万吨，这样扩采的压力也相对小点，同时月末如果外采价格过高，我们也可以选择先不采，等等看。”

“销售方面，由于政府推出各种鼓励绿色出行的政策，加上省内几个大城市的地铁网逐步完善，共享单车也越来越普及，大家确实能感觉到公众对汽车出行的依赖在减少。虽然我省的汽车保有量仍然在增长，但事实上这部分汽车增量往往是家庭添置的第二辆甚至第三辆车，其中相当一部分是为了应对城市限号出行的政策而被迫增加的。据公路交通部门统计，省内上路行驶的私家车辆并没有明显增加。因此我们的汽油零售量增长乏力是正常现象，越是发达地区，这种现象越明显。”

“既然无法对汽油零售增量保持过高期望，为了完成本月销售总任务，我们的直分销压力更大了，我非常理解赵丽的急迫心情。不过，随着价格的继续推涨，连续涨价肯定会激发客户普遍存在的买涨不买跌的心理，我们的直分销量还是有希望大幅增长的。至于赵丽提出的在价格上多让一点，以求薄利多销，我部分认同，但不允许全省一起打价格战，那样将得不偿失。赵丽可以选择在几个竞争激烈、我方市场占有率较低的地区，把销售价降到外采成本线去参与市场竞争，也算是对前期中庆江南公司在我们主导地区低价竞争的一个反击和制衡。”

“另外，我们也不能只依靠价格战这种杀敌一千自损八百的方法去争取销量。赵丽要和周强一起，多与那些还在低价倾销的单位沟通，力争通过外采手段收购这些资源。这样既能把这些资源为我所用，又能稳定我们的市场价格和份额。对于中庆江南公司，我们也可以通过互供的形式与他们建立长期的合作关系，有竞有合，良性发展嘛。”

“至于外采。”超哥思索了一下，接着说：“周强提出来的需要内部协调的问题都可以解决，相信只要和他们讲清楚，大家都能全力配合。周强说的第一点是关于外采资源的接卸问题，由于硬件条件不足，单靠咱们自己确实很难解决。我想可以尝试请江南石化和江州炼油厂帮忙，把一部分外采资源卸到厂里面，再通过管线输送到我们内陆地区。这样我们不仅多了两处能够接卸外采汽油的地方，而且内陆地区的市场也能得到有效保障。这次减产是炼厂方面的原因造成的，我相信他们一定会全力支持，会议结束后我去沟通此事。另外，我们自身也要优化接卸方式，管输、船运、铁路、公路都要统筹利用，尽最大努力降低保供压力。周强说的第二点是外采价格的风险问题，我认为只要我们外采资源做到当进当销，不把高价位库存留到下个月，高价位上采一些资源是没有问题的，不必去追求极致。我们创效要量力而行，不能为了想多一点效益而冒险将自己置于危险境地，市场万一有变，我们就不是损失一点效益的问题了。”

“李翔根据现有条件，提出的外采汽油要达到30万吨的目标是合理的，求人不如求己，咱们还是要做足准备。好在周强最近加班加点，目前手里已经有15万吨外采汽油，今天才6号，后面努努力肯定来得及。我这里对外采提两点要求：一是同样的价格，尽可能采现货，对于个别急于补库的地区，哪怕外采价格稍微高点都行；二是要多采95号汽油，不单因为95号保供有问题，还因为95号汽油能多创效。目前，95号汽油比92号外采价高200元/吨，零售价却可以高出400元/吨以上，95号汽油的吨油效益至少比92号要高200元/吨。”

超哥看看李翔，接着说道：“李翔的工作非常细致，二次物流优化降费也取得了很好的成绩。但9月份是非常时期，为了保供肯定会造成二次物流费用增加。这部分费用我会去找公司领导解释，等年底单独列出来，在考核的时候予以剔除，肯定不会让你们白辛苦。目前汽油库存处于相对低位，这种时候调运是最辛苦的，你要打起精神，全力以赴，有问题及早发现、及早沟通、及早解决。”

“好了。”超哥合上手中的笔记本，对大家说道：“东叔曾经说过，想要证明自己比别人强，那就要做到难采的时候，你能采得到，还要价格采的好；难卖的时候，你能卖得掉，还要价格卖得好。逆境中才能体现真正的水平，顺风顺水的生意谁不会做啊。考验大家的时候到了，等月底发奖金，我请大家吃饭！”超哥如此一说，大家的热情一下调动起来，纷纷表示会全力以赴完成任务。

笔记二

1. 进销存动态平衡

(1) 当以下公式中的变量受到外部影响发生变化时，原有的平衡会被打破，为了重新建立平衡，就需要对变量作出调整。这个调整过程称为进销存动态平衡。

(配置量+外采量)-(零售量+直分销量)+月初库存=月末库存

(2) 保持进销存动态平衡，可以使公司经营在可控范围内运行，使公司经营尽量运行平稳，少走弯路，从而力争达到公司的量效最优。

(3) 在各个变量中，外采是最能自己掌握的一个变量，要充分利用外采手段，来引导整个经营朝着有利于公司提升效益的方向发展。

2. 进销存动态平衡维系

1) 经营量与效益的平衡——解决要量还是要效的问题

在市场容量一定的情况下，在竞争充分的市场里，要获得经营量的显著提升，只能想方设法提高市场占有率。提升市场占有率不可避免地会使用降价促销的手段，以薄利多销、牺牲部分效益来换取经营量的增加。如何做到量效兼顾，保持可持续发展，在不同的条件下、不同的市场阶段，有时需要以量为先，有时需要以效为先，把握好这个平衡，才能在经营中占据主动，保持优势。

2) 采购与销售的平衡——解决采与销的矛盾

在资源宽松，以完成销售任务为中心时，以销定进；在资源紧缺，以保供市场为中心时，以进定销。

在市场价格上涨阶段，先采后销；在市场价格下跌阶段，先销后采。

3) 外采资源与配置资源的平衡——解决不同供应渠道间的冲突

从效益的角度考虑，外采在出现困难时，特别是外采价格接近甚至高于配置资源价格时，优先考虑增加配置资源，反之则优先考虑外采资源。

要利用外采资源和配置资源互补的特点为经营服务。外采资源和配置资源缺一不可。外采来源广，发货时间不确定，运输距离远，外采节奏可由自己掌握；配置资源发货时间稳定，到货及时，但数量相对固定，无法按自己的意愿调整。孰轻孰重在不同的环境下有不同的选择。

思考题

1. 当经营指标发生变化时，可以通过优化哪些方案来化解矛盾？
2. 制订量效平衡策略，何时以效为先，何时以量为先？
3. 制订量效平衡策略，何地以效为先，何地以量为先？
4. 进销存动态平衡做不好，公司的经营会出现哪些问题？
5. 外采资源和配置资源同时到货抢码头，应该谁优先？何种情况下采取何种选择？选择的依据是什么？

第三节　外采的作用

本节目标：

1. 了解外采业务在经营活动中发挥的作用和承担的责任。
2. 正确理解在不同市场情况下，应该充分发挥外采的哪种作用。

故事

小支点上的“大学问”

多年的经验告诉超哥，9 月份的市场是个扩销创效的好机会。虽然当前面临着一些困难，但机会还是有的。

会后，超哥把周强和赵丽单独留下来嘱咐几句。

“这个月的经营难度刚才都和你们说了，既要完成销售任务，又得考虑保供需要，两头都不能耽误。按照咱们刚才商量的策略，你俩分头去安排。周强，再找供应商们谈谈，看看还有没有合适的资源。赵丽，你去了解下那几家低价倾销的单位，都是什么原因？”

“好的，超哥，我现在就去找供应商谈。”周强回答道。

“嗯，我马上去仔细了解。”赵丽答应道。

下午一上班，赵丽来到了超哥办公室。

“超哥，都打听清楚了，给您汇报下。”

“好，都什么原因?”超哥问道。

“除了我们的老对手中庆江南公司外，目前主要有三家单位在低价销售。一个是盛大化工江南销售公司，自从他们在我们省里租了库以后，通过低价手段抢了我们不少客户去。据了解，前期他们炼厂又扩容了，加工量不断提升，目前厂里库存比较高，想尽快出量消化库存。”赵丽说道。

“另外一个是我们的供应商易达商贸。”

“易达商贸，周强给我汇报的是他没有资源啊?”超哥很疑惑。

“我也问过周强，后来我们侧面打听到的是他们资金压力大，要还贷款，急于套现。而我们货款需要货到付款，而且层层审批，他们等不及，所以就不想卖给我们。”赵丽回答道。

“哦，这么回事。”

“第三个，是一个贸易商，叫兴隆石化。”

“哦，他啊，我以前和他们打过交道。”超哥干直分销多年，对省内这些大客户很了解。

“这个单位的目的不是很明确，不管怎么谈他都坚持按现在的价格销售。要么是对后市不怎么看好，想尽快出货，要么是非要抢夺我们的客户。”赵丽说起抢客户就气愤。

“嗯，还得跟他们再谈一下。你把周强叫过来，我们商量下怎么办。”

不一会，周强也来到超哥办公室。

超哥把赵丽了解到的情况，简单和周强说了下，然后说道：“上午会上我们都讨论了，要坚持采销联动，根据市场变化执行以销定采或者以采定销的策略。这几家的情况我们基本都掌握了，下一步，我考虑这么办：近期直分销价格稳一下，竞争激烈的这几个地区可以适当压低一下价格，借机控制和打压省内外采价格。外采还是能低就低，能抓就抓，最好把这几家低价倾销的单位资源都拿过来。”

“周强，你去跟盛大化工吕经理谈一下，他不是要消化库存吗，价格合适的话，咱们可以多接他们一部分资源，可以立即装船到我们沿海几个油库，帮他消化下库存。再去找一下易达商贸的老徐，我们不是还欠他一批货款吗?立刻办手续，两天之内给他把款打过去，后续我们欠他的货款给他搞个绿色通道，我亲自给他协调办款，让他放心给我们交货。”

“赵丽，你找人再和兴隆石化沟通一下，把道理讲清楚。周强你配合一下，如果对方同意，我们可以通过供应商收购他的资源。如果他不同意，我们就把价格压低些，逼他就范。”超哥的话语中透出一丝威严。

“好的，马上通知市公司。”赵丽回应。

三天后，超哥等来了周强的好消息，从盛大化工和易达商贸分别采购了10000吨、5000吨汽油，价格也略低于当期采购价。同时，超哥还收到了易达商贸徐经理的感谢电话，看来对方资金压力确实不小。但就是兴隆石化那边迟迟没有动静，而超哥对此并不着急，静观其变。

又过了两天，兴隆石化老板老孙不约而至。就像超哥常说的那句话，谁也不会干赔钱的买卖，周强又从兴隆石化采到了3000吨汽油，最后一个问题终于迎刃而解。

解决了销售难题，又补充了资源，超哥这次采销运作可以说是一举两得。中旬过后，市场上汽油价格开始逐步拉升，超哥安排直分销顺势推价，全省很快赶超销售进度，取得了量效双增的结果。

国庆到来前，超哥再次组织几位主管开个短会，安排节日保供的事项，同时也对本月的采销策略和效果进行回顾。正好东叔今天在单位，超哥邀请东叔给大家传授些经验。

最后轮到周强发言。回顾本月的采购情况，周强诚恳地说道：“第一次感觉到外采这活儿想干好真不容易。外采决策不好做，心情总会随着后面的行情变化起落，不论怎么做，总是会有不尽如人意的地方，您说这价格要是继续涨吧，就会可惜当时采得少了，太保守；这价格要是跌吧，又觉得当时要是观望一下，等等多好，反正订完合同后，永远都是后悔的多。”

东叔(超哥的师傅)脸上露出一丝微笑，说道：“确实是这样，刚开始总想事事都做好，其实行情在变化，想达到完美是不可能的。有时候对自己要求太高反而不好，你要学会放下包袱，眼光放长远一些，有时候可能会很懊悔，但是再过几天行情反转，又会笑得合不拢嘴。总地来说，我们做外采一年下来，对行情的判断能有七成正确就非常厉害了。做外采工作，调整好心态很重要，过往的经历和经验确实需要总结，但看待以往的得失就如过眼云烟，套用最近的流行词，就是保持‘佛系’心态，还是要甩开心理包袱，把每天都当作一个新的开始。”

“外采工作里面学问很大，它在经营工作中的作用，有时像是中流砥柱，有时像是救命稻草，有时又像是一根杠杆，只要用的巧妙，就能够起到四两拨千斤的作用。”东叔和蔼地笑着，眼中闪烁着智慧的光芒。“我就给你们讲讲我的经历和体会吧，供大家参考。”

东叔点了根烟，深吸了一口，烟雾缭绕中，他的思绪回到了当年。

“2008年年中，国际原油价格在那之前的一年多时间里，从每桶40美元涨到了接近150美元，当时的主流机构都在预测，原油很快要突破200美元。国家当时的成品油价格机制一年里也就根据原油变化情况调一两次价，调价时间不确定，每次调整幅度都非常大，比如2008年6月份那次，一次就涨了1000元/吨。”

“但即使这样，国内的成品油价格与国际原油价格仍然处于倒挂状态。这种价格倒挂在当时产生了很多问题，比如就咱们集团来说，江南石化和江州炼油厂是按配置资源价格给我们交货的，导致炼厂出现巨额亏损，由于国家只限制了零售价，我们集团以外的地方炼厂为了生存，纷纷提高出厂价，由此导致我们的外采价格已经高出零售价很多，加油站销售也面临严重亏损。那时候一些小规模的民营加油站承担不起亏损，要么关门停业，要么转手卖掉，这些行为又导致我们的零售量大幅增加，需要以高价的外采资源去弥补这块零售增量，公司效益也受到了很大影响。但是由于我们公司担负着保证我们省内市场供应的社会责任，无论多么困难都要坚持。那是我们外采最困难的时期，也是最有成就感的时候，销售那头天天盼着外采资源到货，销售不愁卖，愁的是没有油卖，很多地方只能限量供应，在这个阶段外采发挥了它最重要也是最基本的作用——保供。要记住，无论市场如何变化，保供始终是外采的首要任务。”

“2008年下半年，美国发生次贷危机，经济危机迅速蔓延到世界各地。短短半年内，原油价格被打回原形，此后随着经济的复苏，原油价格又逐渐爬回了100美元以上。原油真正开始走下坡路，是从2014年下半年开始的，而当时的国内成品油资源，特别是汽油资源，由于有大量的调和汽油出现在市场上，使国内汽油出现严重的供大于求现象。汽油外采与零售的价差高达3500元/吨以上，这种价差维持了两三年时间，这一阶段，我们的外采更多是发挥了创效的作用。”

“在供大于求的市场环境下，外采也需要配合销售，只有多销才有余地多采，才能更多地创效，当时省内有几家上规模的成品油批发企业，想要趁着市场资源充足做大规模，提升企业价值，在价格上与我们拼的很厉害。为此，我们外采和销售多次与他们洽谈，以优先收购这些本地企业的资源为条件，换取他们在销售策略上的合作，从而达到稳定我们省内市场价格和市场占有率的目标。利用外采可以使竞争的双方变成合作关系，从而实现双赢。”

“通过对市场走势的正确预判，把握好波段行情，利用库存的增减，淡储旺销实现创效，也是我们常用的增效手段。而最方便调节库存的手段就是调整外采节奏。要把外采放在公司经营的全局中去考虑问题，有时候你采到了最低的价格，却没有采到足够的量，同样是失败的操作。与销售相比，外采在调节库存方面起着更加主动和更加决定性的作用。”

听着东叔的经验介绍，超哥频频点头，说者有意听者有心，超哥有一种豁然开朗的感觉。

东叔接着说："关于心态问题，我的体会是，要有耐心，求稳不求险，归纳为四个字——'不赌不争'。'不赌'，一是不赌行情，市场行情变化是不以人的意志为转移的，也是残酷的，这么多年下来，我看到的喜欢赌博的人，要么是戒赌认怂，要么是被市场淘汰了，没见到一个靠'赌'发财的，除非你能合法地开赌场。"超哥点点头，表示赞同。"二是不赌气，行情判断错了要会认错，要能立即转向掉头，价格谈不拢，可以放到第二天重新谈，不必生气以至于以后不再联系；'不争'的意思就是不要明知不可为而为之，去争一个虚名，外采工作做得好不好，大家自有公论。"

"最后再说一点，外采工作是公司对外的一个窗口，要代表公司妥善处理好与外采供应商之间的关系，树立公司良好的形象。咱们是江南省最大的石油公司，但千万不要时常抱着以大欺小，以势压人的心态去处理问题，这样的合作必然是无法长久的，只有互相尊重、以诚待人、合作共赢，才是供需双方建立稳定关系的基石。"

"东叔都说道我心里去了，大家回去要好好琢磨，价格谈不好也要把火压住，哈哈。时间不早了，散会。"

笔记三

1. 外采的作用

(1) 外采工作的最基本和最重要的作用是保证市场供应，通常情况下如果配置资源不能满足市场需求，外采就是要弥补因此而产生的资源缺口。

(2) 外采市场是个充分竞争的市场，其市场价格通常远低于配置资源价格，其创效能力显然远高于配置资源的创效能力，因此做好外采工作，是为公司创效的最重要手段，外采工作的好坏，直接影响公司的整体效益。

(3) 通过优先收购本地资源的策略，外采可以起到调节本地区供求形势的作用，从而稳定区域内的销售价格，避免本地销售出现恶性竞争的情况。

(4) 通过正确的把握外采节奏和市场预判，在外采价格处于低位时提高库存，在价格上涨后高位释放库存，从而以库存的变化来获取额外的效益。

2. 赌行情和把握波段行情的区别

赌行情一般是指在对油价走势预判不明的前提下，采取与自身销售能力无法匹配的外采行为。

把握波段行情，是指对油价走势和供需规律有基本判断，并借助这种判断调整外采节奏，利用库存变化等手段来实现多创效的外采行为。

故事中提到的不赌行情，提醒的是不要脱离市场行情纯粹赌博，但可以在相对有把握的市场行情下，谨慎操作波段行情，把风险控制在自身销售能力能够承受的合理范围之内。

3. 采销联动

(1) 采购服务销售。“买货”的目的就是为了“卖货”，在采购过程中，最基本的原则就是要让采购行为时时刻刻为市场销售服务。采购的油品既要保证正常使用，还要避免造成库存积压，这才是采购能力的表现。

(2) 采购促进销售。采购物料的数量、质量、渠道等这些都是影响价格的因素，价格直接影响到销售结果。能将采购成本降到最低，就能为市场供应性价比更高的产品，市场竞争力自然提升。

(3) 采购结合销售。要尽量做到“勤进快销”，不仅可以做到减小资金流动、降低采购风险，而且能够提高采购效率，减少采购成本。要根据市场数据找到一个结合的平衡点，避免供不及时、货不对路的情况发生。

4. 以销定采

以销定采是销售在先，先销后采或者从销售的实际需要出发，确定采购的数量、品种和价格等，一般适用于看跌行情或对行情预判不明的状况。其作用是：有利于规避市场风险，维护企业的经济效益；有助于更好地服务客户，满足客户需要；有利于降低采购成本，保持合理的库存，改善经营管理。

5. 以采定销

以采定销是采购在先，先采后销或者从采购的实际情况出发，确定后期销售的数量、品种和价格等，一般适用于看涨行情。其作用是：销售成本、数量、品种等明确，有利于制订合理的销售策略；在市场上升情况下，可以通过积极的库存运作，先期采购低价商品，在成本优势下，实现扩量增效的目的。

思考题

1. 在经营工作中，外采何时能发挥中流砥柱的作用？何时发挥救命稻草的作用？何时又起到四两拨千斤的作用？

2. 如何调整外采心态，应该保持何种心态？

3. 你认为外采还有哪些作用？

4. 既然外采价格大部分时间都低于配置价格，是否是外采资源越多越好？配置资源越少越好？

5. 你是如何看待“不赌不争”的？这样做是否过于保守？

第二章 交易的促成

第一节 采购时机的选择

本节目标：

1. 了解采购的 5R 原则。
2. 熟悉并学会运用研判采购时点需要参考的多维度因素。

故事

伺机而动

整个上午，周强一直都是百无聊赖的状态，原因是下旬刚过，他已经完成了这月的采购计划，一上午除了做了采购报表，打了几个电话，基本没什么事。由于近期市场波澜不惊，价格始终保持稳定，周强只需要根据资源计划按部就班地采购，心想："这活干得没滋没味，价格不涨不落，采购量不大不小，真没什么成就感！"

这种情况已经持续了近两个月，国际、国内油价一直静如止水，几次调价周期均因接近或者略高于最低调价标准而落空。

在又一次调价落空后，三地原油 10 日均价变化率开始慢慢由正转负。如按此惯性，预计到下个月上旬结束的时候，WTI 原油回撤到 65 美元/桶甚至以下是可预期的，届时，三地原油均价变化率将可能达到调价的必要条件，而此次如果调价，将可能是下调而非上涨，这似乎是全国 3 亿机动车保有者、近 2 亿私人汽车车主的热盼。但后势真的会遂人愿吗？

在月初的进销存平衡会上，鉴于近期市场平稳，当月资源平衡按照进销一致测算，但考虑原油变化率为负，阿超安排周强暂时停采，观察几天再做决断。

计划不如变化快，没过几天，因中东某国突然出现政治危机，当天晚上国际油价大涨，本来波澜不惊的油品市场扑朔迷离起来。

一上班，周强就一溜小跑赶到了超哥办公室。

“超哥，昨晚的国际油价你看了吗，太刺激了，好久没看到国际原油价格涨这么多了。”

“是啊，地缘政治是国际原油变动的重要因素之一，且具有突发性，真的是防不胜防。你抓紧了解下供应商和地炼的消息，看看市场有什么反应。”超哥的情绪很淡定，并没有因为油价的突涨而激动。

“现在网上报价还没出，我这就去打电话了解下。”周强转身刚要走，还是按耐不住自己的想法，转回头问道：“对了，超哥，原油涨幅那么大，我们是不是赌一下，抓紧采一批，赚它一笔？”

“现在形势不明朗，不能随意地去赌。我和你一样都想在最低价拿资源，把采购成本降到最低，但我们是企业的管理者，可不是赌徒。”超哥笑着说：“你先了解下情况，综合下各种因素咱们再定采不采。”

“超哥说的对，我马上去了解情况！”周强立刻回到了办公室，开始联系供应商了解情况。

“喂，王经理你好，我是周强。”周强第一个电话打给了海宏化工的王经理，也是江南公司最大的供应商之一。

“你好，周主管，是不是原油涨得让你坐不住了，哈哈。”都是老熟人，王经理也不客气，直接开门见山的说起来。

“不至于，不至于。大哥，这不是刚月初吗，领导让和供应商对接下资源情况，我想了解下咱们厂这个月的排产，价格合适的话和您合作几笔，兄弟的采购计划完成还得靠你支持。顺便和老哥探讨下市场形势，让我也有个前瞻性，给领导汇报也有点料不是。”毕竟干外采多年，周强哪能露怯。

“兄弟，没问题。我这月生产一切正常，前期进口的原油都到位了，检修的装置也开起来了，预计本月产量较上个月可能要多产 3 万吨，兄弟要多少，干脆你给我包了吧。”王经理来了个狮子大张口。

“只要价格合适，没问题啊。”周强也很大方地回应。“哎，大哥，你预计后市怎么样？”

“后市啊，那肯定大涨啊，抓紧找我订货吧。”王经理又开起来玩笑。

“别闹，大哥，咱说正事。”

“目前看，没那么乐观啊。现在各炼厂基本没有检修的，前几个月国际油价比较稳定，都屯了不少原油，加工量一直处于高位，现在卖得也一般，库存也比较高，短时间内价格很难涨得上去。”

“是啊，我们现在销量也不好，库存也比较高。”

“哦，你们的销量、库存情况我都了解。”王经理说完这句话，哈哈一笑。

“真的假的？这帮家伙，从哪弄到我们的数据？”周强心想。

“好的，谢谢大哥，咱们后面再沟通，有合适价格咱们合作下，再见。”

接着，周强又陆续联系了几家炼厂的销售经理，基本摸清了这些炼厂生产、销售和库存状况，确实如王经理所说，各炼厂库存较高，急需出货。虽然国际原油大涨，但是各家炼厂推价的意愿并不强。随后周强又找了几家贸易商了解了一下，大多数也是库存偏高，有极强的出货意向。

下午3点，超哥组织召开市场分析会，分析月度市场变化趋势，确定当月采购策略。正好东叔也在，超哥让把东叔请来参加会议，帮助出谋划策。

超哥说道：“大家都知道，昨天国际油价大涨，这两天连续上涨的概率也比较大，在这种市场突发状况下，算是给我们出了个难题，要不要采，什么时候采。按照采购的5R原则，适时采购是采购效益最大化的重要因素，采购时点一定要把握好。我们先分析下市场形势，然后讨论下采购时点问题。周强你先说。”

周强首先把从供应商和炼厂了解的情况原原本本地讲了下，然后说到：“昨天原油这一大涨，我有点坐不住了，建议超哥抓紧抢一批。但是超哥让我先了解供应商的情况，目前看今天报价只有零星上涨，和昨天基本没什么变化。我感觉有点拿不定主意，既担心原油快速上涨，市场价格一路拉高，又担心原油突然掉头，我们一采就被套。”

“赵丽，今天销售情况怎么样？”超哥问道。

“今天销量倒是还不错，较平时略有增加，但也算比较平稳。”赵丽回答道。

“李翔，目前全省资源情况如何？”超哥又问李翔。

“库存不低，暂时没有缺口，十天之内汽柴油没有外采也可以支撑。但是两个月以后江州炼厂要停产检修一个半月，我们配置资源到时候肯定会减少。”李翔回答道。

“嗯，得提前做准备。东叔，您对后市怎么看？”超哥开始征求东叔的意见。

“我感觉目前还是主要看市场和销售情况吧。”东叔回答道：“现在市场消费有所下滑，资源过度富裕，我想几天的原油变动对市场价格的带动作用有限。刚才小强也说了，最近供应商的库存偏高，市场消费也没有起色，国家近期也没啥特殊政策，我们的销量很平稳，这样平淡的市场不可能出现价格的大起大落。不过啊，暑期就快来了，要重点关注下汽油，我听说竞争对手中庆江南这月的汽油外采计划比较多，可能对汽油市场有影响。”

“嗯，东叔说的在理。”超哥补充说道：“确实，目前国际油价已经不是影响国内市场油价变化的最主要因素，市场资源量、消费量变化才是导致市场价格变动的主导因素。再具体一些的话，各国营炼厂、地方炼厂的产能变化、进口原油配额的安排、国内油品的进出口变化等因素是影响国内成品油资源投放变化的主要因素；经济发展、产业结构调整、企业关停并转以及汽车保有量变化等是影响油品消费量的主要因素；而政府的安全环保监管、税收监管以及其他经济调整、产业政策对国内成品油投放、消费也有一定的影响。这些信息对我们采购、销售策略有很强的指导意义，我们在做决策前得把这些情况都考虑到。”

超哥略作停顿，继续说道：“综合目前的信息，我感觉这几天原油变化率大概率会转正，国际方面对原油还是积极看涨，即便没有这次地缘政治因素，大概率还是会缓慢上涨。本月有两次调价周期，上旬上调的几率增加了，下个周期上调的几率更大一些。”

“从消费层面看，马上进入暑期，气温升高肯定带动汽油消费，虽然我们目前不缺资源，但是外采价格上涨的可能性相对较大；而柴油消费目前看很难有起色，存在进一步下滑的可能，即便调价，市场价格也不会有大的上涨。而且我们柴油销量不高，资源暂时没有缺口。我的建议是今天开始组织汽油外采，月底涨库10万吨；柴油暂时停采，到中旬左右再根据各地缺口情况组织采购，月末考虑降低柴油库存5万吨。大家认为怎么样？”超哥问道。

其他人没有应声，东叔回应道：“我觉得可以，符合目前我们的市场和销售状况。但我们也要盯紧各地方炼厂的生产、检修和库存情况，有大的变动要及时采取措施，他们的资源投放和价格变化对市场的影响还是很明显的。”

超哥补充说道：“东叔说的对，周强你们一定要注意。虽然二季度国际油价有涨有跌，但已经比去年有大幅提升。国内消费又有所下滑，市场竞争激烈，税收监管也更加严格。炼厂的加工成本提升明显，而市场价格提升不大，导致地方炼厂利润下降，加工量受到抑制。不排除一定时期炼厂迅速抬高市场价格的可能，咱们要重点关注地方炼厂生产成本和库存的变化，提前预判他们的销售策略，做到有的放矢。市场摸准了，该采就采，不该采就坚决不采。”

周强点点头：“超哥考虑的确实全面，听领导的，我马上去询价，开始采汽油。”

笔记四

1. 采购的 5R 原则

采购的基本原则是 5R 原则，5R 是指适质(right quality)、适量(right quantity)、适价(right price)、适时(right time)与适地(right place)。

(1) 适质。指的是品质始终符合标准。质量要好，这是采购过程中最基本的前提。质量不合适，一切皆空谈。

(2) 适量。指的是数量适当，不能太少，也不能太多。太少了会造成断货，影响正常的生产供应和市场需求。太多了会造成库存积压，增加仓储成本，影响采购总成本。最理想的状态是“要多少卖多少，不多不少刚刚好”。

(3) 适价。指的是以合理的成本取得所需油品。价格要低，不仅仅是油品单价低，还要包括质量、库存、交货期、仓储调运、化验与服务等综合因素在内的总成本最低。

(4) 适时。指的是及时供应，不断货。常用准时交货率来表示，这与采购周期直接相关，采购周期越短，准时交货率越高。

(5) 适地。指的是采购半径短，能实现快速供货、机动供货。采购半径非常重要，反映了供应商本地化的成果。采购半径短，能降低运输成本和仓储成本，从而实现更低的采购总成本。同时，也可以让交货方式变得更加灵活，交货更有保障。

2. 研判采购时点的参考因素

(1) 国际原油价格是成品油零售价格调整的主要依据，也是影响成品油价格的主要因素之一。一般而言，国际原油价格下跌，则成品油价格下调，反之则上调。

(2) 经济发展、气候变化等原因导致的市场消费量的变化。

(3) 炼厂产能、库存、政府政策因素导致的市场资源投放量的变化。

(4) 炼油企业的加工成本以及油品销售企业的销售成本的变化。

(5) 成品油经营企业的销售政策变化及库存状况。

思考题

1. 简述采购 5R 原则的主要内容。
2. 思考选择合适的采购时机对降低采购成本的重要性。
3. 选择外采采购时点要考虑哪些市场因素？
4. 如何准确快速的搜集正确的市场信息？
5. 简述思考市场信息搜集对外采策略制订的重要性。

第二节 询比价机制

本节目标：

1. 了解外采询价比价的意义。
2. 了解如何进行外采询价比价。

故事

询比价的诞生

步入夏天，气温逐步升高，隐隐中透着一丝躁动。周强最近工作压力也是比较大，一是原油价格高涨，外采价格也是高歌猛进，眼下又是汽油消费旺季，按照超哥加大外采汽油力度的部署，天天都要逼着供应商交货，关键是还得压低外采价格，控制外采价格涨幅；二是年度例行审计也在这个节骨眼进行，与供应商博弈完还得应对审计，提供相关资料，填写相关表格，以及应答审计认定的外采问题，关键部分问题还得靠回忆当时开展工作的情况来回答，劳心费力，周强甚至感觉空气有些稀薄。

这不一早周强刚从超哥办公室走出来，准备按照超哥安排的外采策略，开始今天的外采，就看见审计部门陈大姐，拿着笔记本在周强办公桌旁等待着。

"煎熬的一天又开始了。"周强内心波涛汹涌，表面上看见陈大姐还得微笑着迎接。

"陈姐，早啊，这么早就开始审计了？"周强强装笑脸和陈姐打了招呼。

陈姐也是笑呵呵地说："早点查完，早点出报告嘛，看你也忙，我就想着加快速度了。"

"算了吧，是怕我一会儿忙开了，找不到时间逮不住我吧。"周强心里嘀咕着，看着陈姐问道："今天检查哪一块儿？需要什么资料？我抓紧先给您准备出来。"

陈姐看了看自己的笔记本说道："今天主要检查外采定价环节，需要整个上半年的外采资源审批表、外采合同、外采履行台账以及确定外采价格的相关资料。"

周强打开资料柜，按照要求，将所需材料提供给陈姐。在整理材料过程中，周强疑惑地问："陈姐，关于确定外采价格这部分资料具体需要什么呢？我这儿就只有外采最高限价审批表，外采价格也是不高于最高限价去确定的。”

陈姐放下手中的外采合同说道：“市场价格搜集表和供应商报价的资料没有么？那怎么知道每天供应商提供的是什么价格、多少数量呢？你们依据什么去确定外采价格呢？外采最高限价又是通过什么信息渠道确定的呢？”

周强听完陈姐一连串的发问，恨不得两眼一黑，直接晕过去。周强叹了口气，调整了下心情，开始逐条回答。

“市场价格主要通过一些信息平台搜集，加上每天都会与地方炼厂、周边兄弟单位电话沟通，汇总所有信息后就对市场价格有了清晰的了解。”周强耐心地解释道，“然后外采最高限价也是综合地炼出厂价格与大概运费的核算，确定出一个相对合理的外采价格。这样我外采不高于最高限价采购其实也就是依据了市场价格进行定价，是合理的。”说完周强稍显得意地看着陈姐。

陈姐似乎在消化周强的解释，看着最高限价外采审批表，上面确实有备注当期市场价格的情况。稍微沉默了一会儿，陈姐开口道：“那每天供应商报什么价格在哪里能知道呢？”

周强收起了得意的微笑，眉头一皱，心想：“供应商报价，都是每天我自己一家一家联系的，怎么提供呢？”

见周强停顿，陈姐接着说道：“供应商报价相对于你的最高限价肯定有高有低，又怎么和供应商谈的呢？”

这口气还没喘上来，又来了一个问题，周强开始有些烦躁，用鼠标垫给自己扇了扇，开口说道：“和供应商都是电话沟通的，没有什么记录的。供应商提供的价格高了，就和供应商谈判降价；报的价格低了，也是谈价看看还有没有继续下行的空间，这个我怎么记录呢？”

陈姐一边记录着周强的解释，一边说道：“那怎么知道是不是所有供应商都报价了呢？我们又是不是和报价的供应商价格都谈到位了呢？”

周强觉得审计似乎有些不讲道理，慢慢失去了耐心，直接坐了下来，一边开始整理今天要干的工作，一边回答陈姐：“这个肯定是每家供应商都要联系的，早上超总监刚和我交代过，现在外采任务又重，都不能等供应商报价，需要我们主动出击，每个供应商都必须联系到，怎么还会有落网之鱼呢？恨不得多增加几家供应商呢。”

陈姐并没有认同周强，接着说道：“那肯定有外采任务不重的时候啊，你们怎么选择供应商呢？”

周强一边在工作本上安排今天的工作一边想：“说了半天，是没把我们当好人啊，觉得关键时刻给供应商开小灶呗。”周强彻底不想再回答陈姐任何问题，

“天天劳心劳力地为公司寻找最低价格外采资源，有时候为了5块钱，都和供应商来回商谈半天。”周强越想越气。

陈姐看着周强没回答，似乎意识到什么，补充了句：“倒不是觉得你们工作的时候藏私心，只是这个环节应该要有记录才符合外采流程，不然怎么落到纸面上来呢?”

周强落下笔，平复下心情，想着自己内心坦荡荡，也没必要生气，而且在消化陈姐的问题中，也隐约觉得似乎有那么些道理。

周强起身给陈姐倒了杯水说道：“陈姐您坐下先检查其他内容吧，这个问题记录下来，我等等也和超总监汇报下，再看看怎么处理。”

陈姐接过水杯，也是觉得暂时解决不了，也不着急这一时解决，就没再步步紧逼周强，先离开了。周强也开始忙碌起来。

下午，周强汇总了联系到的外采资源，走进超哥办公室进行汇报：“超哥，今天资源量还可以，92号有海宏化工的3000吨，方圆石油的3000吨，苏明科贸2000吨，95号有海宏化工2000吨，汇金炼化3000吨，东海石化2000吨价格也稳定在昨天的水平，92号7600元/吨，95号7750元/吨，感觉都可以拿下啊。”今天收到1.5万吨汽油资源，也使得周强压力稍稍缓了缓，毕竟离超哥安排的外采目标又接近了。

超哥听完汇报，站了起来，说道：“今天干得不错。喝了好几天汤，也该吃口肉了。今天各供应商报价都算积极，估计他们都有资金压力了，出出货回笼部分资金。一起去和王总汇报下吧，早点定下来。”说完拿起笔记本，准备带着周强去王总办公室。

“等等领导，还有件事要先汇报下。”周强看了下工作本上的记录，收起了刚刚的小愉悦，惆怅地说道：“早上审计检查，认为我们每天电话联系供应商来开展外采工作的方式存在问题，主要是没有痕迹管理。”周强想了想，还是没把早上自己的内心活动说出来。

超哥听后，走回办公桌前，放下笔记本，思考了会问道：“审计觉得我们会区别对待供应商?”

“虽然没有明说，估计也是这么怀疑的。天天累死累活，还被这么看待，真是心都凉透了。”超哥一句话说进了周强的内心，周强也顺势说道。

超哥咂了下嘴，说道：“不管审计是不是这么想我们的，至少有一点审计提醒得对，外采确实应该有痕迹管理。现在公司里工程建设环节，大型设备采购环节，早都已经进行严格的招投标了。油品外采目前不在招投标范围内，但毕竟也是采购，并且金额还不小。”

听着超哥的分析，周强也在内心盘算着，超哥继续分析道："但是我看招投标太麻烦了，上次参加了公司的加油站改造招标会，那阵仗不小，相关部门都来了。流程也很长，要先有招标文件，明确招标内容、时间、地点等等；然后发布标书，要请供应商投标；最后开标后，还需要请人评标，相当复杂。"

周强听后，倒吸了气说道："那一天内也走不完招标流程啊，油品外采要求及时性，可经不起这么折腾。"

超哥背着手在办公室来回走了两圈，说道："走，一起先去审计部门沈总监那坐坐。"带着周强一起去了沈总那里。

超哥礼貌地先敲了敲门，沈总监抬头一看，立刻就起身迎接："哟，什么风把超总监吹到我这来啊，我听小陈说最近你们那儿可是太忙了，半天和小周强也说不上话啊，就看着周强一直在打电话。"说完也看看了周强。

周强无奈地笑了笑，心想："这陈姐还打我小报告。"

超哥笑了下，给周强开脱道："是呀，这段时间外采压力大，我给他压了压担子，小伙子每天也是加班加点。"

"开个玩笑，不要当真。"沈总监圆个场，继续说道："有什么事情么？"

超哥将周强说的问题及自己的看法向沈总监直接说了出来。沈总监邀请超哥和周强坐下，待自己也坐下后说道："这个问题，下午小陈和我汇报今天的审计进度时提到了。油品外采流程是一定要完善的，我首先想到的就是招投标，但正如您说的，招投标周期太长，不太适合，所以怎么操作，咱们还得赶紧想想。"

超哥看着沈总监点点头，回道："是的，外采寻价流程确实需要优化了，不仅仅是为了留痕迹，还有提升外采效率的需要。现在我们公司外采规模逐步扩大，供应商增加到了十多家，每天向供应商询价都要费半天时间，可苦了我们周强了。"

超哥拍了拍周强的肩膀，继续说道："招投标确实不适合油品外采，但招投标的一些管理思想和组织方法，我们可以简化借鉴。我想能不能像招投标一样，仿制一个成品油询价系统，不用像招投标那么复杂，我们可以发起一个询价书，自动通知到各个供应商在今天的某个时间段内可以进行报价，到时间节点，就对询价书进行揭示，就算有部分供应商没有报价，我也能规避选择性外采的情况，对各个供应商也很公平。"

沈总监听完，连连点头道："这是个好提议，使用网上报价，既可以完善流程，也可以优化工作量。"说完沈总监笑着看向了周强。

周强也是被领导打趣得不好意思，说道："沈总，您就别开我玩笑啦。"说完又看向超哥继续说道："超总，我刚想了下，这样让供应商自己报价，靠谱吗？

就像现在的行情，供应商都怕接到我们电话，躲都来不及呢，还每天自己报价?”

超哥对周强摆摆手，说道：“这是后话，首先要完善外采管理流程。”周强听闻没再多言。

沈总监看着超哥说道：“我表示赞同，这样就规避了审计风险，阳光外采，每个供应商都能参与进来，至于怎么报价，该联系还得联系嘛。”

超哥听后继续说道：“现在还有一个疑问，揭示完询价书后，还能不能针对已报价资源，继续和供应商再进行议价。因为招投标是不可以再改价格的。”超哥内心觉得很有必要，供应商报价肯定有高有低，如果高价同意降到低价或者更低的价格成交，岂不是更好。

沈总监都没作长时间思考，直接回答道：“询完价之后再议价还是必要的，价格谈得越低，受益的是公司。在操作的时候，可以在询价的基础上往下压价，既有痕迹，又有效益。”

“感谢沈总监的理解及支持，我这就去和王总汇报下想法。”超哥在想法得到认可后，起身离开了沈总监的办公室，直接带着周强去王总的办公室。

向王总汇报了今天的外采情况后，超哥将自己开发询价系统的想法和王总进行了详细描述：“领导，您看是否妥当?”

王总很满意地说道：“很好的想法，明天刚好有个办公会议，到时你在会上提出这个想法，大家一起讨论下。”

汇报完毕，超哥带着周强回到办公室，说道：“周强，那就准备下汇报材料，把为什么要建立外采询价系统以及询价系统大致的运行情况做个描述。”

周强按照要求，很快将材料梳理出来，打印送给超哥，超哥边看材料边说道：“刚刚我又有些想法，可以在这个系统设置不同的询价模式，比如我们需要大量外采资源的时候，只要供应商有量，那么就可以报进系统，先不去约束价格数量；但是你看以前，我们公司外采规模很小的时候，外采数量有限，我就可设置我想要的量或者价，来约束供应商报价，你看这样是不是更好。”

周强想了想，竖起大拇指，说道：“还是超哥厉害，统筹的多，我这就去把这个想法加进材料里。”

第二天，办公会结束后，超哥回到办公室，拿着汇报材料对周强挥了挥，说道：“办公会通过了，你可以去找信息部门研究开发系统了。”

周强也是迫不及待地来到信息部门，一起开始外采询价系统的开发。因为有着开发招投标电子平台的经验，外采询价系统的开发进行得很快、很顺利。半个月后，只见周强拿着从外采询价系统摘录下来的外采当日询价书，开心地走进超哥的办公室。

笔记五

1. 询比价

询比价是让成品油外采业务符合经济性、合规性的重要举措，对提升外采效益、实施阳光外采有着重要意义。

(1) 推行询比价公开了成品油采购业务前期询源的过程，使对于外采供应商的选择更加趋于合理。由于供需双方各自出发点不同，存在利益矛盾，因而单纯采用“一对一”的选择方式，成功的可能性较小。采用询比价方式就为供需双方在较大范围内进行相互选择创造了条件，为采购者与供应商在最佳点上的结合提供了可能。采购方对供应商选择的基本出发点是“择优选择”，即选择那些报价较低、油品质量好、交货较快、具有良好业绩和管理水平的供应商，这样为优化外采业务奠定了基础。

(2) 推行询比价有利于规范外采行为，使公开、公平、公正的原则得以贯彻推行。询比价最明显的表现是供应商之间出现激烈竞争，这种询比价最直接、最集中的表现就是在价格上的竞争，也将到货时间、油品密度、运送方式、油品油源共同参与到竞争中来，采购方的选择面更广。通过竞争确定出外采价格，使其趋于合理或下降，这将有利于外采资源效益最大化。

(3) 推行询比价，建立阳光外采机制，能够起到保护员工、廉政廉洁的作用。一般来说，只要经过正常询比价，最终成交价格非常接近市场价格，很难再出现利益输送。

2. 询比价与招投标的区别

从询比价运行模式来看，很容易联想到招非常投标。但是二者是有区别的。

招投标是严格按照法律规定的程序进行组织实施，从时间、地点、标书内容和参与的投标人和评标人都有明确的资格要求。招投标主要分为公开招标与邀请招标。

公开招标也称无限竞争招标，是一种由招标人按照法定程序，在公开出版物上发布招标公告，所有符合条件的供货商或承包商都可以平等参加投标竞争，从中择优选择投标者的招标方式。

邀请招标也称有限竞争性招标或者选择性招标，即由招标单位根据招标流程选择一定数目的企业，向其发出投标邀请书，邀请不少于三家企业参加招标竞争。

招投标的基本特征有：

(1) 组织性。招投标是一种有组织、有计划的商业交易活动，它的进行过程，必须按照招标文件规定，在规定的时间、地点内，按照规定的规则、办法和程序进行，有着高度的组织性。

(2) 公开性。进行招标要做到四个公开：招标活动的信息公开、开标的程序公开、评标的标准和程序公开、中标的结果公开。

(3) 公平性和公正性。对待各方投标者一视同仁，招标方不得有任何歧视某一个投标者的行为；开标过程实行公开、公正的方式，严格的保密原则和科学的评标办法，保证评标过程的公正性；与投标人有利害关系的人员不得作为评标委员会成员；招标的组织与公开性则是招标过程中公平、公正竞争的又一次重要保证。

(4) 一次性。招标与投标的交易行为，不同于一般商品交换，也不同于询比价与谈判交易。在招标投标过程中，投标人没有讨价还价的权利，这是招投标的显著特征之一。投标人参加投标，只能应邀进行一次性秘密报价，是“一口价”。投标文件递交后，不得撤回或进行实质性条款的修改。

(5) 规范性。按照目前通用的做法，招投标程序已相对成熟与规范，不论是工程施工招标，还是有关货物或服务采购招标，都要按照编制招标文件、发布招标公告、投标、开标、评标、签订合同这一相对规范和成熟的程序进行。

询比价就是从招投标中简化出来的流程，没有固定的法律程序和时限要求，方便操作。询比价综合了招投标里的公开招标和应邀招标，询比价是对公司内部所有供应商的一个公开招标。

询比价也有组织性，但不需要公开的招标文件，在公司需要外采时，就发出询价书，组织供应商进行报价。询比价只有询比价书公开，各供应商报价内容以及最后成交结果不公开。询比价不是一口价，可以针对已报价供应商进行议价，再择优成交。

3. 询比价的模式

(1) 不限量价。在数量及价格上对供应商不设上限；

(2) 限量限价。在数量及价格对供应商设定最高值；

(3) 以量询价。在数量上对供应商设定最高值，但价格不设上限；

(4) 以价寻量。在价格上对供应商设定最高值，但数量不设上限。

思考题

1. 油品外采采用询比价模式有什么必要性?

2. 询比价采购有两种模式，一种是一次询价，即供应商报价后，采购方就低采购；另一种是二次询价，供应商报价后，采购方再进行比价、议价。你倾向哪种模式？请说明理由。

3. 询比价与招投标的区别是什么？

4. 你所在企业适合哪种询比价模式？

5. 询比价会一直适用于油品外采业务吗？

第三节　采购议价

本节目标：

1. 了解外采价格的制订方法和工作流程。
2. 熟悉并运用谈判策略和议价技巧。

故事

讨价还价

周三早上，天空下起了瓢泼大雨，周强急匆匆赶到公司，在食堂简单吃了几口饭就回到办公室准备工作。昨天超哥安排开始询价采购，周强一下感觉待在办公室里不再那么无聊了。

根据昨天会上的采购策略安排，目前只采汽油，柴油暂停采购。超哥安排今天上午询下价，尽快确定本周的采购指导价。周强按照领导要求，一上班就盯着网站、手机上各地炼的报价，挨家记录。海宏化工的价格一直是地炼的风向标，一般它只要调价，基本会带动地炼调价的趋势。还好，虽然国际原油的价格这两天一直上涨，三地原油均价已经变为正向，但海宏石化的网上报价纹丝不动。"看来老王没糊弄我啊！"周强心想。一个小时以后，网上报价基本都全了，周强心里也基本有了数，站起身来走向超哥的办公室。

"超哥，今天地炼价格还是没有大的变化，零星上涨，汽油出厂价格在 7850 元/吨左右，柴油出厂价格在 6700 元/吨。"虽然停采柴油，但是周强还是汇报了柴油价格，说明他做足了功课。

"地炼的总体库存有多少？"

"昨天统计的是 90 万吨左右，汽油 40 万吨，柴油 50 万吨，和上周基本持平，没有特殊的变化。"周强回答道。

"地炼的理论加工利润有多少？"超哥继续问道。

“和上个月差不多吧，最近价格也没有太大变化，应该还在200~300元左右。”

“应该没有那么多，过了快一个月了，部分炼厂的原油成本至少涨了3美元，炼厂的加工利润少了100多元钱。从这个因素考虑，我预计近期地炼就会借势推涨汽油价格，我们要抓紧动手。“

“好，那超哥我们指导价定多少?”周强问道。

“根据今天地炼报价，考虑到我们江南省的运费，我觉得8000元/吨作为限价吧，你觉得可以不?”超哥征求周强的建议。

“嗯，我觉得可以。”

“我上去和王总汇报下，你等我一会儿。”

周强没等一会儿，超哥就回到办公室。

“王总和我们的判断差不多，这个价格他同意，让我们抓紧询价订货。底价不要透漏给供应商，价格方面能低就低，限价范围内能谈下来的以量为先，尽可能多锁量。”超哥吩咐道。

“好，我马上去办。”周强答应一声就准备回办公室。

“先别急着走，上周我让你考虑的那个市场价格监控体系怎么样了?”

“我现在只弄了几个表，还不成体系。”

“你又订货又谈判太占时间，估计让你再弄这些实在忙不过来。我考虑以后就让小海帮你搜集市场价格信息，给我们外采定价提供及时的信息支撑。”

“好，我们一定把这活干好。”

回到办公室，周强就给各供应商发了报价信息，江城需要汽油，请各家报价，陆续收到了各供应商的报价，看上去报价还是很积极的。

这次共计四家供应商报价，分别是：海宏化工8000元/吨，江城实业8020元/吨，华东炼化8050元/吨，苏明科贸8050元/吨。

第一个议价电话，周强打给了海宏化工的王经理。一是因为他的报价最低，二是因为打交道多年，周强对老王了解比较透彻，他觉得这是个突破口。

“王经理，你好，我是周强。”

“周科长，收到你的询价了，你这笔货要多大量?”

“我就补个缺口，量不大，最低多少钱。”周强想先摸出老王的底。

“8000元/吨给你送到家。”老王的出价依然是报价，不过周强感觉还有空间，不杀杀价成就感不强。

“老兄你这不对了，才给我优惠了50元，以前不都是70元吗?”周强说道。

“兄弟，你可能不知道啊，我这只能汽运到你们那。最近你们江南省查车太厉害，运输车队都不愿去啊，愿意去的就得加运费，这20元成本加给你不算多。”

“老哥你不知道，我们公司现在对外采成本严格考核，我这外采岗压力大着呐，多元钱审计部门都得问我怎么回事，这20元钱说什么你也得让给我。”周强装得很可怜的样子。

“兄弟，我这也是很困难啊，现在炼油利润不高，我也很难办。”

“既然老哥不让这20元钱，那我也没办法了，再找机会合作吧。”周强俨然是要挂电话的口气。

“好吧，就这个价吧，7980，到底要多少？”老王还是松口了。

“你能给多少？”周强反问道。

“最多一万吨。”

“好，我请示下领导，如果批准，咱们就签合同。如果领导不同意，您就再让一点。”

首战告捷，周强心头略微涌现点点成就感。

“价格是不是还能压下点来？”周强心里想着。

第二个电话，周强打给了江城本地的贸易公司江城实业的韩经理。

“韩经理，你好，我是周强。”

“周科长，你好，报价收到了吗？”韩经理好像很急切的样子。

“收到了，8020，你这价格有点高啊。”周强说道。

“价格可以再商量，你出个价吧？”

“7950怎么样？”

“周科长，开什么玩笑，地炼出厂价格都涨到7900了，我运过来运费你也清楚。”

“那只是挂牌价，大客户一优惠，到我们江南也就是7950，我现在刚采到一批，最高也就是这个价。”周强巧妙的用了一招“借刀杀人”，来逼迫对手投降。

“我最多可以降到8000，不能再低了周科长。”

“老兄，现在地炼库存都高，价格起不来，过几天我还要降价促销呢，真到时候你更出不了手了。”周强步步紧逼。

“容我考虑考虑，回头再联系。”

“好的，如果价格可以，您给我回个电话。”

周强又陆续打了另外两家供应商的电话，苏明科贸坚持8050元/吨的报价不变，而且丝毫不打折扣，让周强毫无办法。而华东炼化同意在报价基础上再降

30元钱，考虑到华东炼化的最后报价降到与限价只有20元的差距，周强只好请超哥亲自出马。超哥的电话很有效果，华东炼化销售经理很给面子，同意8000元/吨订货5千吨。

一会儿的功夫，周强在限价内订货1.5万吨，而且部分低于限价，也算成绩不小。此时，电话铃声再次响起。

“周科长，我是江城实业老韩啊，7980订5千吨可以吗?”

“好，我请示领导同意后，马上把合同传给你。”

笔记六

1. 价格信息体系的建立

凡是将采购成本控制得很好的企业，都有一个非常完善的价格信息体系。有了完善的价格信息体系，既能确保降低成本的效果，又能提高降低成本的效率。具体来讲有三大优点：

(1) 有助于找准降低采购成本的项目。有了价格信息体系，才能找准方向用对力，在采购成本控制上做到事半功倍。

(2) 有助于在价格谈判中争取主动。谈判双方谁掌握的价格信息最完整、最充分，谁就能掌握主动，谈判的力量就会最强大。

(3) 有助于追求最低的采购总成本。企业不仅要关注采购价格，更要关注采购总成本，并且以总成本最低为导向来指导采购。

2. 谈判的概念及流程

谈判是一方与另一方一起商谈，就某些事情达成共识的过程。谈判的定义可以从三个层面来理解：①影响。谈判是一个相互影响的过程；②关系。谈判是相互关系的重新确立过程；③平台。谈判是冲突双方合作条件确立的过程。

一个完整的谈判过程包括三个阶段：谈判准备、外部谈判以及谈判总结。在采购谈判中有一个重要的20/80原则：80%的准备，20%的谈判。这说明谈判准备比谈判本身重要。

谈判准备越充分，了解的信息越完整，设定的目标越清晰，制订的对策越有针对性，在谈判中就越能争取主动，从而形成更强的谈判优势，获得更低的采购价格，争取更大的胜利。

3. 谈判策略

(1) 涨价时让销售人员当面提出。通常书面通知涨价比电话通知容易，面对面通常比较难以启齿。因此，耐心地等待销售人员提出涨价的妥协意见。

(2) 双重退避。当销售人员报价时，买方采购人员应表示惊讶得难以接受，同时他的老板也应如此。这样才能让对方明白买方无法接受高报价的立场，否则下次卖方可能会食髓知味。

(3) 不要马上谈到正题。这种情形下卖方会承受一股无形的压力而变得焦虑，这样对你的谈判较有利。

(4) 声东击西。先要求对方给一些不是你真正想要的好处，然后再拿这些来交换你真正想要的。

4. 议价技巧

(1) 借刀杀人。通常询价之后，可能有数个厂商报价。经过报价分析与审查，然后按报价高低次序排列(比价)。所谓"借刀杀人"，即从报价并非最低者开始。若时间有限，先找比价结果排行第三低者来议价，探知其降低的限度后，再找第二低者来议价，经过这两次议价，"底价"可能就浮现出来。若此一"底价"比原来报价最低者还低，表示第三、第二低者承做的意愿相当高，则可再找原来报价最低者来议价。以前述第三、第二低者降价后的"底价"，要求最低者降至"底价"以下来承做，达到"借刀杀人"的目的。若原来报价最低者不愿降价，则可交予第二或第三低者按议价后的最低价格成交。若原来最低价者刚好降至第二或第三低者的最低价格，则以交给原来报价最低者为原则。

(2) 过关斩将。所谓"过关斩将"，即采购人员应善用上级主管的议价能力。供应商降价的意愿与幅度，视议价的对象而定。因此，如果采购人员对议价的结果不太满意，此时应要求上级主管(采购经理或更高层级负责人)来和供应商(业务员或经理)议价，当买方提高议价者的层次，卖方有受到敬重的感觉，可能同意提高降价的幅度。若采购金额巨大，采购人员甚至进而请求更高级的主管(比如总经理)邀约卖方的业务主管(如业务经理等)面谈，或直接由买方的高级主管与卖方的高级主管直接对话，此举通常效果不错。因为，高级主管不但议价技巧与谈判能力高超，且社会关系及地位崇高，甚至与卖方的经营者有相互投资或事业合作的关系。因此，高级主管通常只要招呼一声，就可获得令人料想不到的议价效果。

(3) 压迫降价。所谓压迫降价，是在买方占优势的情况下，以胁迫的方式要求供应商降低价格，并不征询供应商的意见。这通常是在买方处于产品销路欠佳，或竞争十分激烈，致发生亏损或利润微薄的情况下，为改善其获利能力而使出的杀手锏。由于市场不景气，故供应商也有存货积压，急于出手积压产品换取周转资金的现象。因此，这时候形成买方市场。采购人员通常遵照公司的紧急措施，通知供应商自特定日期起降价若干；若原来供应商缺乏配合意愿，即行更换货源。当然，这种激烈的降价手段，会破坏供需双方的和谐关系；当市场好转时，原来委曲求全的供应商，不是“以牙还牙”抬高售价，就是另谋发展，供需关系很难长久维持。

(4) 欲擒故纵。由于买卖双方势力均衡，任何一方无法以力取胜，因此必须斗智；买方应该设法掩藏购买意愿，不要明显表露非买不可的心态和处境，否则若被卖方识破，将使买方落居劣势。所以，此时买方应采取“若即若离”的姿态，以试探性的询价着手。若能判断卖方有强烈的销售意愿，再要求更低的价格，并作出不答应即行放弃或另行寻求其他货源的表示。通常，若买方出价太低，卖方无销售之意愿，则不会要求买方加价；若卖方虽想销售，但利润太低，即要求买方酌予加价。此时，买方的需求若相当急迫，应可同意略加价格，迅速成交；若买方并非迫切需求，可表明绝不加价的态度，卖方极有可能同意买方的低价要求。

(5) 差额均摊。买卖双方议价的结果存在差距，若双方各不相让，则交易告吹；买方无法取得必需的物资，卖方丧失了谋利的机会，双方都成输家。因此，为了促使双方的交易，最好的方式就是采取“中庸”之道，即将双方议价的差额，各承担一半，结果双方都是赢家。

(6) 替换补差。当卖方决定提高售价，而不愿有所变动时，采购人员不应该放弃谈判，而可改变议价方向，针对其他非价格部分要求获得补偿。最明显的例子便是要求供应商提供售后服务。在一般的交易中，卖方通常将运营成本加于售价中，因此常使买方忽略此项成本。所以在供应商执意提高售价时，采购人员可要求供应商负担所有运营成本，而不将此项成本进行转嫁。如此也间接达到议价功能。

(7) 善用“妥协”技巧。在卖方价格居高不下时，买方若坚持继续协商，往往不能达到效果，此时可采取妥协技巧，在少部分不重要的细节上做出让步，再从妥协中要求对方回馈，如此亦可间接达到议价功能。

思考题

1. 本企业在价格信息搜集方面有哪些具体措施？
2. 简述谈判的定义及流程。
3. 谈判前要做哪些准备工作？
4. 简述实际经营活动中常用谈判技巧有哪些？
5. 如何更好地使用谈判技巧降低外采成本。

第四节　合同的签订

本节目标：

1. 了解签订外采合同的意义。
2. 了解外采合同的内容构成及主要条款。

故事

小合同中的大学问

大雨倾盆，瓢泼一样的浇灌着被烈日炙烤已久的大地，凉风阵阵，比不上春风的沁人心脾，那也绝对像是沙漠中手里的一瓶冰可乐。超哥打开办公室的窗户，看着大雨，心情舒畅。最近各项工作均在顺利开展，一是销售端因为市场上行期，量价齐升；二是采购端自从将供应商参与询价频率纳入供应商考核评价中，供应商参与报价的积极性变高，外采基本保持住了采购目标进度；三是年中审计于前两日结束，开发的询价系统也是被总部认可，有意将此系统在集团内完善推广，超哥也因此得到领导的表扬。

“和谐社会是多么令人向往啊。”超哥手扶着窗框，感受着凉爽的风。

正当超哥还在自我陶醉的时候，有人敲门，“阿超啊。”王总打个招呼走进超哥办公室。

超哥应声回头一看是王总，连忙快步将王总迎进办公室坐下，说道：“王总，有什么指示？您打个内线，我去您办公室领差就行了。”超哥给王总泡好茶递给王总。

王总对超哥摆摆手，示意超哥坐下，说道：“呵呵，无妨，在办公室坐久了，绕个弯儿出来看看你。最近销量不愁，看你心情也不错吧。”

超哥见王总露出了笑容，心想：“看来营销工作干得顺畅，领导心情也很好啊。”

超哥笑了笑说道：“这两天各项目标都能在进度上，压力确实小了不少，很难得。”

王总抿了口茶，继续说道：“难得就要把握住时机，多休息休息，为下一个市场行情变化做好充沛的精力准备。”

超哥也是连连点头，起身给领导加茶水。王总接着说道：“昨天在商务局的会议上碰见了中庆江南公司的领导，他们最近被审计指出外采业务管理不规范，就想着找我们就外采管理交流交流，刚好近期我们没什么会议，我就答应下来了。”

提到中庆江南公司，超哥就想到前几天，他们以 100 元的涨幅，将本来即将收入囊中的 5000 吨 92 号汽油资源抢走了，超哥到现在还耿耿于怀呢。超哥愤愤道：“他们的外采业务是要好好查查，经常用高价抢我们的外采资源。”

王总靠着椅背笑了起来：“哈哈，你小子还记人家 100 元钱的账呢，那就这次找他们算算。我约他们明天下午 2 点到我们公司交流，你安排个会议室，然后在食堂定个晚餐，晚上就在食堂招待他们。”王总起身准备走。

超哥重重的嗯了声，站了起来，说道：“一会儿我就去安排，一定跟他们好好交流一下。”将王总送出了办公室。

回到办公室，超哥将周强叫进办公室，说道：“准备下会议室，中庆江南公司明天下午 2 点过来进行业务交流，然后去食堂定个晚餐。安排好后再到我办公室来。”

不一会儿周强就搞定了，超哥摸着下巴看着周强：“中庆江南来交流，我们需要提前准备些内容，我想外采业务的核心询价、议价、定价就不说了，因为各自都有自己的方式方法。”

周强想了想说道：“那就从外采流程的角度去交流了，这个是共性，也是比较好统一的。”

超哥点点头表示同意，说道：“谈一谈流程可以，刚好他们被审计指出外采业务管理存在问题。这样你大概梳理下外采流程的节点，不用展开说，列个大纲给我就行。”

周强顿了下，说道：“不展开说的话，就有现成的材料，不用重新梳理了。”说完小步跑回自己的办公桌前拿了份外采合同递给了超哥。

“外采合同包含了外采中起初价格到最终结算的整个流程，按照合同交流下各自日常管理的做法。”周强提议。

超哥拿着合同认真地看起来，说道：“可以，就按照这个思路，不过对于我们自己的这个外采合同，我还从来没细看过，你和我一起逐条看下合同条款吧，顺便给我说说以往外采工作中遇到的情况，这样明天交流我也多点可说的素材。”

周强笑道：“好嘞。”说着搬了一个圆凳坐在超哥旁边。

超哥拿起合同，翻到第一页，开始仔细阅读起来：“第一条款，合同标的物的数量及价格，这个是最基础的，应该没什么说的。”

周强提醒道：“虽然很基础但是也是最核心的，只要量价有变化就一定要签合同的补充协议，才能对原合同进行更改，继续执行。”

见超哥没说话，周强继续说道：“就像前天应对审计，陈姐拿着一份 5000 吨的汽油合同，来问我要补充协议，原因是这个合同刚执行了 4730 多吨，还差近 300 吨没交货，可是合同被我办理了终结。审计就提出了质疑，为什么合同不执行满，是因为市场涨价么？”

周强把超哥合同拿到手里，找到后面的违约部分，接着说道：“您看违约条款中这一小项，约定了合同交货的上下浮动范围，审计陈姐看了后，也就没有再要求签补充协议。”

周强看着超哥，超哥也看着周强，超哥认真听着周强的说明，自己在内心也思考着与中庆江南公司交流的内容。超哥又看了看违约条款，说道：“签补充协议的意思就是合同是一个闭环管理，要么按照原合同执行完毕，当出现需要修改的条款，就需要针对这个合同签订补充协议，成为原合同的一部分，使得合同完成或者终结。”

周强点点头补充道：“是的，虽然很好理解，但是有时候补充协议会被忽略。就像刚刚说的执行量上、下浮动的情况，当合同中没有约定的时候，很多情况下，补充协议都没被重视起来，形成了在审计或者法律角度看来没有完结的合同。”

听完，超哥理解得更透彻了，说道：“这个管理过程，确实是一个严谨的过程。”

“那我们继续。”超哥重新拿过合同，更细心地看了起来，边看边自语道：“油品执行标准、运输模式这都常规条款，应该不存在分歧。”说完看了看周强，周强也点点说了声：“是的，超哥。”

“哎？周强你看看油品验收这里，需要供应商提供这么多单据？有原发量单、油源证明、油源出厂合格质检报告、装货前出库合格质检报告、装货后油品合格质检报告。”超哥给周强指了指相对应的条款。

周强看了看条款，又看向超哥，说道：“超哥，这个是按您的要求来执行的。记得年初江城实业质量事件么？您和王总还特地去总部汇报。”

超哥双臂环抱，回忆了下，说道：“想起来了，江城实业送了一船硫含量指标异常超标的油，就是因为说不清楚在哪个环节出了问题，油品的油源、入库、出库、装船都说没问题，集团认为我们管理存在风险，还暂停了 2 个月江城实业的供应商资格，所以我当时和你说，供应商发货前要多提供两个质检报告，一是装船前的出库检测，二是装船后的检测。你给纳入到合同里的啊？干得漂亮！比口头通知约定有效多了。”

周强接着说道：“是的，今年的化验基本没出现有重要指标异常的情况。”

超哥刚想接着看合同，突然想起了什么事情，又放下合同，说道：“看着质量条款，上周开办公会的时候，数质量部门提出了关于外采进货密度管控的初步方案。方案里提出要明确外采进货的最高密度，92 号汽油初步算出密度最高限为 743kg/m³，其他品号还在测算中。我这两天还在想着外采怎么能做到盯得住、管得住并且执行好，总不能因为超密度退货啊。”

超哥喝了口水，继续说道；“莫不如就把供应商报价的密度放到合同里，通知各供应商我们的密度上限，这样一来可以由供应商在发货前自主地去测量实际交货密度，二来避免我们以后为超密度耗费太多精力，你什么看法?”超哥转向周强问道。

周强专心听着超哥说，提出自己的一点疑问：“要是供应商马虎，发来的一船超密度的油品呢？是和数质量协调呢？还是退货呢？”

超哥看来已有答案，说道：“降价，在合同中就约定好，超过我们的最高限，例如来油密度测得为 744kg/m³，超了 1 个点，按照一个点多少钱，直接扣罚合同单价结算，这样是不是就是一套完整的控制方案了，但是扣罚幅度应该需要具体计算。”

周强在听的过程中连连点头，非常赞同超哥的想法。说道：“流程上可以做到，就是违约金这块儿，我一会儿去和数质量同事聊一聊，看看怎么计算，力求合理。”

超哥也在自己的笔记本上记下这一想法，说道：“等和中庆江南交流完，我们一起去找数质量部门碰一下想法。现在还是继续看合同吧。”

超哥和周强二人继续一条条地看着合同，但是很明显两人心思都有些偏差，不像之前讨论的那么详细。

此刻超哥的内心活动，“合同可以把各项管理要求条款化、标准化，可以让外采管理更精细。我得好好研究，还有什么管理要求可以往合同里写的。”

此刻周强的内心活动，“这 1 个点的损失怎么计算呢?”

笔记七

1. 采购合同的作用

在采购活动中，标的达到一定的金额，都需要签订采购合同。因为合同具有法律效力，可以为交易双方提供必要的保障。有了采购合同，就可以：

(1) 建立评价与支付机制；

(2) 规范采购人员的行为，更能令其真正行事；

(3) 可追溯，便于审计；

(4) 产生强制力，交易双方必须遵循条款约定；

(5) 防控采购风险。

2. 采购合同的基本内容

一个完整的合同，需要将买卖双方的关系、各自承担的风险与责任，以及出现违约的赔偿机制建立起来。合同内容包括的核心要素是关系、风险和责任划分、赔偿机制。

3. 谨慎签署对方的格式合同

采购合同最大的作用就是保障权益，降低风险。因此，采购合同管理的关键就是：谨慎签署来自对方的格式合同。

对方的格式合同旨在充分保障对方的权益。如果签署对方的格式合同，从合同条款的字面来看似乎没有什么不妥，但是一旦出现问题，需要对簿公堂的时候，司法解释可能就会处处有利于对方。签署对方的格式合同相当于加大己方的风险。也就是说一定要有采购方自己的格式合同。

如果不得不签署对方的格式合同，就要通过合同后面的补充条款将自己不同意见清楚地表达出来，以起到保护己方权益的作用。

4. 进行严格的合同评审

不管是格式合同还是补充条款，都要经过严格的合同评审。按照《中华人民共和国合同法》的规定，通常根据合同标的大小的不同，将合同区分为一般合同、重要合同、重大合同与特大合同（油品企业的油品采购合同基本归类为一般合同）。合同评审要由专业的法律人士去做，要么是公司内部的法律部门，要么是公司聘请的法律顾问。通过严格的法律评审，就可以充分保障权益，降低风险。

【范例】

江南石油公司外采合同模板（节选）

甲方：江南石油公司

乙方：＊＊供应商

1. 合同标的、数量、价格：

最简单同时也是最重要的条款，标的、数量、价格出现任何有变动的时候，需要做合同的补充协议进行变更。

2. 交付方式、地点及期限

（1）交付方式：选择第__种。①实行送货制，到货价格，由甲方送达。②其他：

（2）发货地点：____________。

（3）交付地点：甲方指定油库为交货油库。

（4）乙方需在____年____月____日前将本合同约定的油品送达甲方指定油库。

3. 油品质量标准及要求

油品须符合现行国家标准（GB 17930—2016 车用汽油、GB 252—2015 普通柴油、GB 19147—2016 车用柴油、GB 22030—2017 车用乙醇汽油调和组分油、GB 18350—2013 变性燃料乙醇。）

双方约定供应油品标准密度不超____ kg/m^3。

4. 运输管理

（1）乙方负责组织运输车、船只及车、船只运输管理。

（2）乙方负责运输过程管理，确保运输全程受控，杜绝运输途中偷油、换油造成质量风险。

（3）乙方负责协调运输方服从甲方油库调度，配合做好收货工作。

5. 油品验收

（1）乙方负责提供生产企业出厂质量检测报告，作为购销合同附件。负责将随车、船携带出库质量检测报告，装运后船样质量检测报告和装运单据交甲方收货油库。生产企业出厂质量检测报告、随货同行的质量检测报告应与入库实物检测报告数据一致。

（2）如质量检测报告及装运单据不完整、不清晰，生产企业出厂质量检测报告、随车、船质量检测报告与入库实物检测报告数据不一致，到货情况与合同约定不一致的，甲方有权拒收。

（3）质量验收：甲方委托指定接货油库的质检部门负责油品的质量检验。如双方对检验结果有异议，将封存的油样请双方认可的第三方权威机构检验，过错方承担有关费用。质量化验合格后，甲方组织油库收货。特殊情况下，经双方协商一致并由乙方出具书面意见，可边化验边收货。边化验边收货的，在质量指标化验未结束前，已入库油品暂作为甲方为乙方代储油品，如最终化验结果判定为不合格的，甲方按油库实收数量退还乙方。

（4）数量交接：铁路进货方式油品收货按照槽车计量交接，其他进货方式以甲方油库岸罐计量交接。甲方油库人员与乙方或乙方授权人员按要求做好收货前尺和收货后尺的计量，根据罐前尺和罐后尺的差额计算实际收油数量。经乙方申请并经甲方确认，乙方可不参加罐检。以发货方发运数量与收货油库实收数量为依据，如损耗在定损标准________%以内的，按交运数量结算；如损耗超过定损标准________%的，则按收货油库实收数量加定损结算。双方对最终交接数量签字确认。如因实际业务需要，发货或到货流向发生变化导致定损标准变化的，按照流向变化后的定损标准执行。

6. 油品所有权及风险转移

（1）乙方负责将油品送达甲方指定油库，所有权及风险自油品质量化验合格、进入甲方油库且甲方人员完成验收起转移给甲方。

（2）个别批次油品经双方协商做收货处理的，并不视同甲方对该批次油品质量认可为合格，乙方应出具书面承诺，如发生市场销售质量纠纷，由乙方承担责任。

7. 结算

（1）乙方如有多个合同同时履行，甲方可以根据合同价格按先低价再高价的顺序结算。

（2）乙方根据双方确认的交接数量向甲方开具增值税专用发票，否则甲方有权拒绝付款且不承担违约责任。

（3）甲方收到增值税专用发票并收到油库收货确认书后开始申请付款，申请后第__个工作日付清全部油款。

8. 违约责任

一般违约范围：供应商无法交货、超期交货、交货不足、实物超过约定密度，对违约一般处理方式是根据各个违约情况给企业带来的损失，要求乙方支付合同总金额的一部分，具体根据公司要求定。

9. 其他事项

（1）对于本合同的任何修改，须经甲乙双方另签书面协议。

（2）合同执行期间，如遇甲方上级企业发布相关的新规定，双方按新规定执行。

（3）甲乙双方合同内容作为保密资料，乙方未经甲方书面明确同意不得进行任何披露。甲乙双方对在履行本合同过程中而知悉的对方的商业秘密，包括但不限于各自提交给对方的合同、文件、资料、数据等，或其他使用对方处于有利竞争地位的信息，负有保密义务。任何一方不得将对方商业秘密披露给任何第三方或不当使用，但经对方书面同意或按法律规定的除外。任何一方违反本条保密约定，均应承担全部法律责任并赔偿因此给守约方造成的全部损失。本条规定持续有效，不因本合同终止而失效。

（4）本合同一式叁份，乙方壹份，甲方贰份，经甲乙双方签字并盖章后生效。

10. 不可抗力

因不可抗力而不能履行合同或延迟履行合同的，应立即通知对方，在不可抗力发生后3天内，特快专递有关的证明文件给对方确认，以免除部分或全部违约责任。

11. 争议解决

甲乙双方因履行本合同发生的争议，应友好协商解决，如协商无果，任何一方可向甲方所在地有管辖权的人民法院提起诉讼。

思考题

1. 为什么要签定外采合同？

2. 合同应该需要哪些部门会签？

3. 外采合同中要重点关注哪些核心条款？

4. 如果着急与供应商锁价，但是自己内部的合同审批还在流转，有什么办法先约束住供应商？

5. 已签定完的合同应该如何管理？

第三章 风险管控

第一节　质量风险管控

本节目标：

1. 熟悉油品外采各项指标的数值和意义。
2. 了解如何管理外采质量风险。

故事

合格不好用的困惑

正值中秋小长假最后一天，阳光明媚，万里无云，湛蓝的天空给人心旷神怡的享受。超哥端着一杯清茶，悠然地站在阳台窗前看着大都市的繁华。

由于对市场上行趋势的果断预判，外采在节前也是采取先量后价的原则，在月末前完成了外采计划。超哥抿了口茶，心想："难得有这么几天悠闲。"前段时间市场不明朗，外采采不到，销售也不温不火，可把超哥难受坏了。

正想着一会儿带家人去哪里逛逛的时候，手机铃声响了。一看是王总电话，超哥立马放下茶杯："喂，领导，节日好啊，有什么指示？"可王总却是声音低沉："阿超，现在抽空去趟江城分公司，加油站有车辆集体排队投诉质量问题，我们在分公司碰头。"王总语气急而快，超哥脑袋一嗡："大事不妙，立刻浮现出前两年竞争对手中庆江南油品质量事件，那可是影响太大了，销量在很长一段时间一蹶不振。"超哥一身冷汗，早上的心情已荡然无存，和家人打了招呼，就驱车赶往江城分公司。

这越急路越堵，超哥连按着喇叭，心里泛着嘀咕："配置和外采油都是严格按照国家质量标准化验入库，应该都不会出现问题才对，得赶快进入现场了解情况。”

在担忧中，超哥来到江城分公司，发现零售部门林总监和数质量部门严总监的车已经到了，超哥刚下车就看江城公司的李总向自己迎了过来，说道：“超总监，王总他们已经到了，我们赶快上去。”

由于匆忙，超哥来不及握手就跟着江城李总向办公室走去。

在通往办公室的路上，路过一间人声鼎沸的会议室，约莫有 20 多人，林总监站在人前不断地说着什么。李总小声说道：“按照王总安排，把加油站现场投诉的群众集中转移到公司来处理，林总监正在里头进行安抚。”

超哥点点头，在李总的带领下走进办公室，王总和严总监正在交流着。超哥也是快步走近，着急地问道：“王总，严总监，情况怎么样了？”

王总和严总监停止交谈，严总监看着超哥说道：“早上开始陆续有人去我们宏伟加油站投诉，统一反映的都是加了 92 号汽油后，车子熄火和打火困难。站长及时打电话告诉林总监，林总监通知了我。我俩商量后，建议启动应急预案，并向王总作了汇报。王总同意我们的建议。加油站已经暂时停业，油罐封存，抽样化验，王总还要求将投诉人员带离现场，避免在加油站出现群聚效应。现在林总监正在与投诉人员们沟通呢。”

见严总监介绍完基本情况，王总说道：“现在首先要查清楚宏伟加油站储罐里的 92 号合格不合格？其次要查清楚从油库的哪个罐给宏伟站配送的油，这个油是外采资源还是配置资源？我已经让江城分公司通知相关油库暂停对外发油了。”

严总监看了看超哥，又看向王总：“按道理我们的外采和配置都是经过化验合格后才入库的，不应该出现质量问题才对，就连饱和蒸气压，我和超总监在 9 月中旬就商量好，提前通知供应商，及时关注送货指标，目前也没出现不合格的情况，还有什么指标会影响车子发动机的运转呢？”

超哥看着严总监说道：“严总监，我们别自己琢磨了，按照王总的意思，先动起来，我去查油库方面，您就负责质量方面了。”

严总监还是纠结着，说道：“我已经安排人去取加油站油样了，一个送省质量监督局，一个送我们自己的油库再化验一次。”

超哥随后安排李翔和周强，去查清油库发油罐号和对应的进油批次。

王总来回踱着步，在考虑着什么问题。“叮叮叮”王总的手机铃声打断他的沉思，是办公室主任的电话：“王总，按照您的指示，我们把相关情况主动向政府部门进行汇报，并承诺及时通报进展。目前还没有消息传递到政府部门。他们很满意我们能主动上报，答应在事态没有查清之前，帮助监控与这件事相关的报道。”

王总听完，说道：“保持与有关部门沟通，要严防出现负面舆情，有情况及时反馈。”王总挂断电话，将办公室主任汇报的情况大致跟超哥、严总监说了下。

超哥听完，暗赞王总这稳如泰山般的连环操作。

王总这头在等待调查结果，林总监那里也是逐渐平息事态。投诉客户在林总监真诚的解决问题的态度下，慢慢恢复冷静。林总监承诺：“如果真是加油站油品问题，我们公司一定负责到底，会请第三方对您们进行车损报价，并给予赔偿。”

随后在林总监的安排下，对每一位投诉客户进行身份登记，方便调查结果的及时反馈及最后处理情况的沟通。

经过一段时间的等待，周强和李翔那边有了消息。超哥接听了周强的电话，“超哥，已经查到最近一批配送至宏伟站的 92 号汽油是从油库的 3 号罐发出，3 号罐是 3000 立方米的浮顶罐，最近一次进油是在昨天中午，空罐接进了新炼集团的 1900 吨 92 号外采汽油。很巧的是……”

超哥打断了周强问道：“是检验合格后入库的吗?”超哥虽然很清楚应该是，但还是出于职业习惯的问了一句。

周强顿了下，似乎有些惊讶超哥问这个问题，坚定地说道：“肯定是全项化验合格后入库，我一会儿让油库质检室提供化验报告。”

超哥定了定神说道：“你继续说。”

周强接着之前的汇报说道：“很巧的是，因为油库要腾出空容收配置管输计划，3 号油罐今天一早发了一车油去往宏伟站，就没再发过油，目前是停止发货状态。”

超哥把这个情况向王总作了汇报。这时，严总监走了过来，说道：“刚才各地市公司都核实了一遍，除了宏伟加油站外，其他加油站都没有出现类似的质量问题。”

王总听完心里松了一口气，说道：“是个案就好办了。其他罐恢复发油吧，请质检室再次对 3 号罐进行化验，同时取样送省质检局复检。”

严总监立马回复道：“马上办。”

江北李总也回复道：“我去通知油库恢复发货。”

不一会儿，严总监也收到宏伟站油样的化验结果，马上向王总进行汇报：“省质检局及油库化验都是合格，但是省质检的专家指出，其中一项馏程指标，存在疑问，正常汽油的馏程曲线是比较连续的上升到一个值，这个值不大于标准；而我们的油样虽然终馏点也没超过标准，但是过程曲线不连续，这样在使用时会出现熄火或者难打火的现象。”

超哥认真地听着，不想错过一个字儿，严总监说完，超哥看向王总说道：“我们都是按照国家标准化验的，要真是这种合格不好用的情况，那外采环节的风险就直线上升了。我建议我们的质检标准也应升级，增测一些重要指标。”

王总点点头，超哥和他想的一样。王总说道：“质检标准升级很有必要，这件事回头再专题研究，先解决当前的投诉问题。省质监局专家怀疑我们的油品存在质量瑕疵，我们不能回避，也不宜争辩，要淡化处理。毕竟客户的车辆在加了我们的油后，集中出现问题是事实。我们要化被动为主动，把不利变有利，拿出一个负责任企业应有的态度，主动向客户理赔，把这次质量事件变成一次品牌营销。理赔工作具体由林总监负责，顺便把情况向办公室主任说下，请他及时告知政府相关部门，就说油品经省质监局检验合格。尽管如此，我们作为有担当的龙头企业，高度看重社会责任，决定对客户车辆进行集中修理赔付，不让客户利益受损。”

“另外，加油站内问题油品要及时抽回到油库，换合格油品进站，阿超你负责油站换油及恢复营业。既然明确是新炼集团的油品，阿超负责对接新炼集团，配合严总监组织新炼、质监局、市场第三方质检对这批油样进行三方检验分析，找出原因。如果最终确定是油品问题，要同新炼进行退货处理。”

超哥和林总监、严总监分别按照王总要求开始忙碌起来。王总在超哥刚要出门的时候，叫住了超哥，说道：“对于新炼这批油品要和他们进行严肃沟通，请他们仔细核查，提供油源证明。同时也和其他供应商再次强调不准使用调和油，一旦查清，直接取消供应商资格。”

王总交代完，超哥也是抓紧进入到自己的任务中。让超哥心跳直线飙升的质量事件，逐渐平息，但超哥却对外采质量的风险更加关注，已经开始思考怎么在日后的工作中加强外采油质量监管。

笔记八

1. 化工调和汽油的特点

化工调和油一般使用化工原料作为主要成分并加入部分添加剂调和而成，目前市场上使用较多的化工原料包括化工石脑油、轻烃组分、重芳烃组分、碳九、废塑料回收炼制油等；也有加入非常规用添加剂，主要用于提高抗爆性。

化工调和油一般组分异常，通常表现在组分分布不均匀，或某种组分相对于正规油品过高或过低，同时还含有正常汽油中一般不含有的铁(Fe)、氮(N)、硅(Si)、氯(Cl)等元素。

组分异常会导致实际使用时汽车不易启动，加速性能较差，车辆行驶感觉没劲、发抖、熄火；造成喷嘴、进气阀结胶积炭、部件腐蚀、传感器、催化转化器失效、启动困难、操作恶化等影响，甚至会造成发动机和车辆严重损坏，造成行车事故。

2. 主要外采指标使用性能的影响

1）指标对性能的影响

（1）研究法辛烷值和抗爆指数。反映汽油抗爆性的指标，汽油的辛烷值越高，抗爆性越好，抗爆性不符合发动机要求时会导致供油不顺、发动机抖动等，甚至无法正常运行。

（2）铅含量。损坏安装在排气管的氧传感器，氧传感器损坏。

（3）馏程。10%蒸发温度：反映汽油中轻质组分的多少，温度越低轻质组分越多；发动机启动的难易，与产生气阻的倾向密切相关；50%蒸发温度：反映汽油的平均蒸发性能，发动机启动后升温时间的长短、加速性能及怠速平稳程度；90%蒸发温度：反映油品中重质馏分的多少，温度较高表示重质组分较多，燃烧不完全会增加发动机积炭及磨损同时增大发动机油耗。

（4）终馏点和残留量。发动机内沉积物的多少。

（5）蒸气压。蒸气压越大，发动机越易启动，同时易产生气阻。

（6）溶剂洗胶质。使进气管、汽化器、喷嘴和进气阀产生沉积物，黏住进气阀，堵塞喷嘴，燃烧室积炭增多，热效率下降；随着实际胶质的增大，直接影响发动机运行。

（7）诱导期。诱导期越长，表示汽油的氧化安定性越好。

（8）硫醇。硫醇主要腐蚀镉和青铜，堵塞喷嘴、过滤器，破坏发动机的正常工作。

（9）铜片腐蚀。反映油品在使用时对金属腐蚀的程度。

（10）水溶性酸或碱。对部件的腐蚀(对铝的作用明显)、加速油品氧化变质。

（11）苯含量。苯有剧毒，蒸发后或其燃烧产物对人体健康造成危害。

2）柴油的指标对性能的影响

（1）色度。与油品的氧化安定性相关，一般来说颜色越深越易氧化变质。

（2）十六烷值。自燃能力，太低会导致爆震的产生。

（3）闪点。储运和使用中的安全指标，过低会使安全系数降低。

（4）凝点。划分牌号的依据，反映低温性能。

（5）冷滤点。反映低温性能，对应其最低使用温度。

（6）氧化安定性。储运中易氧化、变色、胶质增大，从而增大酸度和腐蚀性。

(7) 水分。降低柴油的发热量，0℃以下结冰会堵塞燃油供给系统并加速腐蚀。

(8) 10%蒸余物残炭。积炭的形成，将导致磨损的增加。

(9) 灰分。油品中不能燃烧的矿物质，会造成气缸壁与活塞环磨损。

(10) 运动黏度。流动性和雾化性能。

3. 外采增测追加指标

由于国家汽油标准没有限定某些成分的含量及指标，但通过以往发生的质量事件来看，在国家标准基础上，还需要追加增测指标，确保油品质量合格。外采汽油、车用柴油、普通柴油和变性燃料乙醇(甲醇)的质量内控指标详见表3-1~表3-4。

表 3-1　外采汽油质量内控指标

<table>
<tr><th colspan="2">项　目</th><th>质量指标</th><th>试验方法</th></tr>
<tr><td colspan="2">气味</td><td>无异常</td><td>由3名持证质检员判断</td></tr>
<tr><td rowspan="3">馏程/℃</td><td rowspan="2">50%蒸发温度</td><td>77~110
(车用汽油)</td><td rowspan="3">GB/T 6536</td></tr>
<tr><td>77~113
(车用乙醇汽油调和组分油)</td></tr>
<tr><td>90%蒸发温度</td><td>130~190</td></tr>
<tr><td colspan="2">C_9^+含量(质量分数)/%
(90%蒸发温度高于167℃时增测该项指标)
不大于</td><td>25</td><td>SH/T 0693</td></tr>
<tr><td colspan="2">胶质含量/(mg/100mL)</td><td>未洗胶质10~30之间的，
溶剂洗胶质不得大于2.5</td><td>GB/T 8019</td></tr>
<tr><td colspan="2">烯烃含量(体积分数)/%　不小于</td><td>4</td><td>GB/T 11132
GB/T 28768
GB/T 30519</td></tr>
<tr><td colspan="2">苯胺类物质(体积分数)/%</td><td>未检出</td><td>XSNK-01
GB/T 33648
GB/T 33649</td></tr>
<tr><td colspan="2">甲缩醛(体积分数)/%</td><td>未检出</td><td>XSNK-01
GB/T 33648
GB/T 33649</td></tr>
</table>

续表

项　　目		质 量 指 标	试验方法
碳酸二甲酯(体积分数)/%		未检出	XSNK-01 GB/T 33646 GB/T 33648 GB/T 33649
乙酸仲丁酯(体积分数)/%		未检出	XSNK-01 GB/T 33646 GB/T 33648 GB/T 33649
氯含量/(mg/kg)	不大于	20	微库伦法 GB/T 33465 ASTM D7536
水溶性酸或碱		未加指示剂时抽提物无色	GB/T 259
硅含量/(mg/kg)	不大于	未检出	GB/T 33465 GB/T 33647 ASTM D7757
铁含量(过滤后)/(g/L)		未检出	SH/T 0712 ICP 法

表 3-2　外采车用柴油质量内控指标

项　　目		质 量 指 标	试验方法
气味		无异常	由 3 名持证质检员判断
硝酸酯型十六烷值改进剂(体积分数)/%	不大于	0.05	GB19147 的附录 B XSNK-04
浊点/℃		浊点不高于冷滤点实测值 5℃	GB/T 6986
堵塞倾向性(20℃±1℃)/(min)	不大于	20	XSNK-05
分水性能(20℃±1℃，15min)		合格(油相无浑浊)	XSNK-06
氯含量/(mg/kg)	不大于	20	微库伦法 GB/T 33465 ASTM D7536

表 3-3　外采普通柴油质量内控指标

项　　目	质 量 指 标	试验方法
气味	无异常	由 3 名持证 质检员判断

续表

项　目		质量指标			试验方法
硝酸酯型十六烷值改进剂(体积分数)/%	不大于	0.05			GB 252 的附录 B XSNK-04
浊点/℃		浊点不高于冷滤点实测值 5℃			GB/T 6986
堵塞倾向性(20℃±1℃)/(min)	不大于	20			XSNK-05
分水性能(20℃±1℃, 15min)		合格(油相无浑浊)			XSNK-06
氯含量/(mg/kg)	不大于	20			微库伦法 GB/T 33465 ASTM D7536
十六烷值	不小于	45			GB/T 386 GB/T 33298 NB/SH/T 0883
十六烷指数	不小于	43			SH/T 0694
闪点(闭口)/℃	不低于	5 号	0 号	-10 号	GB/T 261
		60			

表 3-4　变性燃料乙醇(甲醇)质量内控指标

项　目		质量指标	试验方法
钠含量/(mg/L)	不大于	5	XSNK-07

1) 汽油增测指标

(1) 气味。气味是最快捷的发现油品质量异常的有效手段。化工调和汽油有的表现为气味异常，常带有异于正规汽油的气味，有时还伴有恶臭的味道。伴有恶臭的味道有的是由于汽油中硫醇含量过高，主要表现为硫醇硫含量超标，也有可能是加入了化工产品或添加剂导致气味异常。

(2) 馏程。通过馏程可快速判断油品质量是否异常。

(3) 蒸发指数 DI。也称驾驶性能指数，可以更好反映在汽车使用过程中油品组成分布是否合理。控制 DI 值可以保证良好的冷启动和暖机性能。

(4) 胶质。在实际应用中发现虽然化工调和汽油的溶剂洗胶质含量可能满足标准要求，但是未洗胶质含量过高也会对实际使用产生较大的影响。在世界燃油规范中规定了未洗胶质含量要求，要求不大于 30mg/100mL。实际胶质不大于 5mg/100mL。内控指标中对胶质含量更加严格，未洗胶质含量大于 10～30mg/100mL 的，实际胶质小于 2.5mg/100mL。

(5) 烯烃含量。目前国内汽油调和组分以催化裂化汽油组分为主，所以一般烯烃含量在15%~30%。而化工调和油主要由化工产品调和而成，烯烃含量较小，一般在10%以下，有的甚至为0，而芳烃含量一般较高。烯烃是汽油前部辛烷值的主要提供者，有利于保证汽油辛烷值前后均匀分布，避免前低后高，可以改善汽油使用性。我国汽油标准中只有上限要求，无下限规定。

(6) 苯胺类物质。对人体具有较大毒性，同时试验表明，将其加入汽油中会使汽油的颜色变深，胶质增大，铜片腐蚀加重。对汽油氧化安定性有一定的影响，储存期短。对橡胶有一定的溶胀性，造成汽车胶管及密封圈的腐蚀，易造成漏油。

(7) 甲缩醛。甲缩醛为无色、澄清、易挥发可燃液体，主要用于生产杀虫剂、皮革和汽车上光剂等，是现行的车用汽油国家标准中不得添加的有害物质。

(8) 乙酸仲丁酯。由于乙酸仲丁酯是化学溶剂，它对于橡胶具有一定的溶胀性，在实际使用中会有一定的影响。

(9) 氯含量。有机氯可能会因为汽油中掺杂化学物质或废溶剂而被引入。在燃烧过程中氯会形成高腐蚀性酸，会严重缩短发动机、燃油系统和排放控制系统的寿命。严重时，氯会造成喷油嘴失效或者操作不当，从而引起发动机灾难性故障。

(10) 硅含量。硅不是汽油中的天然存在的元素，但是在一些市售的汽油中发现了硅元素。硅的来源通常是含硅废旧溶剂加入造成的，部分污染物会对发动机和排放控制系统造成严重的负面影响。硅元素，即使是低浓度，也会造成氧传感器失效以及在发动机和催化转化器上更多地沉积。使用不超过一箱含硅汽油，就会引起发动机灾难性的故障。

2) 柴油增测指标

(1) 硝酸酯型十六烷值改进剂。硝酸酯型十六烷值改进剂添加量过大或者添加方式不当，有可能造成柴油发动机滤网堵塞，影响发动机正常运转。

(2) 浊点。一般柴油浊点和冷滤点的差值基本在5℃左右，也有的极个别相差在6℃以上。浊点与冷滤点差值过大，表明柴油中加有降凝剂。通过规定浊点与冷滤点的差值，可以限制柴油中流动改进剂的过量加入。

(3) 堵塞倾向性。近年来车用柴油和普通柴油相继升级，对于十六烷值和润滑性的要求越来越高，柴油中使用的十六烷值改进剂、润滑改进剂、低温流动性改进剂越来越多。若炼油企业对于各种添加剂的质量把关不严、配伍性研究不够、添加方式不当，会造成柴油在使用中堵塞性问题越来越多。

(4) 分水性能。如果进入发动机的油中含水量多，会造成发动机工作异常，严重的会导致发动机受损。

思考题

1. 如何看待外采油品质量风险？
2. 如何监管外采油品的真实来源？
3. 出现油品质量问题时，要采取哪些措施妥善应对？
4. 化工调和油有哪些危害？
5. 如何做好外采油质量监管？

第二节　资金风险管控

本节目标：

1. 了解外采付款方式。
2. 了解外采预付款流程及风险。

故事

左边是效益，右边是风险

上班路上，周强边接电话边往办公室走去，“真是头疼啊。”周强接完电话抱怨了一句，完全没有注意到身后的超哥。

超哥快步赶上周强，并肩的时候说：“怎么啦？一早垂头丧气的。”

周强抬头一看是超哥，说道：“超哥早，海宏化工发来的92号汽油，我们油库对其中25节罐车进行开封检尺，按照罐车罐容表经过计算，扣除定损后，25节罐车共少了20吨油，损耗异常，油库打电话咨询怎么处理？”

超哥拍拍周强的肩膀说：“虽然问题不大，但要认真处理。你与海宏化工确认要不要复检，尽快给出处理结果。我们这边可以让油库取样先进行质量检测，等数量协调结束，就可以直接卸油了。”

“是的，质量检测已经正常开始，我马上联系供应商要不要复检。关键是这批油是执行的海宏化工预付款合同，合同中约定的交货期就是今天，如果不能化验合格入库，核销预付款合同，就会对海宏化工的信用评价产生影响，影响下一次信用付款。真是看着肉香，吃不着啊。”周强无奈地说。

超哥皱了皱眉，一直以来是不想签定预付款合同的，只是最近行情一路上扬，外采端也是竭尽全力询价比价。海宏化工那天的报价太诱人，比正常报价低了150元/吨，可条件就是先款后货。热豆腐虽然好吃，但吃急了也会烫嘴。

超哥停下脚步对周强说："还是先抓紧处理损耗异常问题，一旦确认结算量，让供应商第一时间开票，尽快核销预付款。"

周强连连点头，两人加快脚步走向办公室。

"王经理早上好，刚接到油库电话，前两天发到我们油库的92号汽油，刚开封25节罐车，计量后就少了20来吨。"周强坐下一边开电脑一边赶紧和海宏化工联系。

只听电话那头传来惊讶的声音："啊？亏了这么多，不会吧，你们复检过么？"

周强用笔敲了敲桌面："肯定复检了啊，而且发现损耗异常，当即油库还换了一批计量员重新测量，排除误差，两次计量结果基本一致。"

王经理犹豫了一下："这亏得太多，我们可能需要过去一起参与复检。"

周强也是想不出其他解决办法，只好答应说："别可能了，刚好另外25节(罐车)还没开封，您安排人员尽快动身去我们油库，一起进行复测及计量。这个合同是预付款，给您交货的信用期限就是今天，超期很麻烦啊，不但对您的信用评价有影响，我们公司内部财务部门要考核我们领导的。"

王经理重重地答应了声，说道："好的，马上安排相关人员和油库对接。"

周强放下电话，准备去和超哥汇报下进展，刚进超哥办公室，超哥的座机就响了。超哥看下号码显示，接电话之前看了下周强，用口型示意："是财务。"

"钱总监，什么指示？"超哥打趣道。

"哪敢指示您啊，海宏化工预付款合同今天到期，实物和发票都拿回来了吗？那天签定预付款合同，您可是说服我保证没问题的啊。"钱总监直接切入主题。

超哥理了理电话线说道："东西已经在家门口了，有点数量纠纷，正在处理呢，今天肯定可以完成。"

钱总监听闻说道："能看见东西就踏实点了，处理好了就让周强找我们对接吧，核销信用额度。千万不要超期，否则系统会自动预警，比较麻烦。"

挂完电话，超哥看向周强："怎么样，供应商那头承认我们的测量结果么？"

"亏得太多，供应商要求现场参与复检，我让他们加快进程了。"周强回复道。

"还好海宏化工离得近，你亲自盯吧，一定要在今天解决好。"超哥安排道。

周强已安排海宏化工与油库对接上，了解到对方人员已经到达油库，一直焦急等待着双方的复检结果。将近中午，油库主任来了电话："复检已开封的25节罐车结果无异议，但是双方共同开封检测的部分溢余了10多吨。这样一来一回，扣除千分之二的定损后，还亏了5吨多油。供应商也在计量确认书上签字了。"

周强奇怪了，还是头一次遇到这个问题，反问道："那什么情况导致第一批次计量亏那么多呢？"

油库主任也是无语地抱怨道："供应商提供的量单，与实际都对不上，油高及密度与测量都有出入，不知道供应商是怎么干活的。"

周强知道结果后，立刻打电话给王经理："共同计量结果您知道了吧，你们的出库量单要好好把关啊，除了罐车号能对上，其他文不对题，再出现类似情况，就要纳入供应商基础管理评价了，扣分处理。"周强也是有些着急了。

刘经理连连道歉："唉，我刚也问了，那天刚好两列车油连装，数据可能填得有些出入。"

挂断电话，周强向超哥汇报了情况，超哥指了指周强："一是赶快把预付款合同和财务进行核销，二是供应商提供的单据还需要加强管理，这种原发数据不准确的情况，怎么避免或者怎么处理，要想一想，现在定损千分之二，也是一块效益啊。"

周强领会到了超哥的意思后，转身出去干活了。

结算数量与海宏化工对接完毕，收到海宏化工开具的发票后，周强刚准备将相关单据整合发给财务，又发现了新情况："咦？不对啊，加上这列车油，离预付款数量还差了 15 吨，这是够头疼的，还得再补啊。"

周强使劲挠了挠头，感觉今天干活一步一个坎。拿着核销材料走进超哥办公室，超哥看着周强一副失落的表情，先开口问道："还有啥问题？"

周强撇了撇嘴，哀怨地说道："唉，我也是服了，这不像海宏化工能办出来的事儿啊。实物到货和我们预付款数量还差了 15 吨，一下子就让我感觉，从淘宝上买了一件看起来很满意的东西，结果拿到手发现实物和照片有天壤之别啊。海宏化工是资金出问题了吗？光着急要钱，对实物的执行一点不上心。"

超哥悬着的心放了下来："99%都执行了，问题不大了，我和财务沟通下。"

说着拨通了钱总监电话："钱总监，预付款合同事情落实了哦，不过有个小问题，还差了 15 吨，这个怎么解决呢？"

钱总监听完叹了口气："这个小苍蝇比较麻烦，我们是收支两条线，供应商就算退款入账也没法用来核销预付款啊。海宏化工自己不就是炼厂嘛，让他们再送一车油补齐吧。"

在超哥与财务沟通的时候，周强也和王经理通了电话。超哥看向周强，周强说道："供应商可以退款，也可以补送，不过要等下批油切出 15 吨，单独送货执行不了。"

超哥和周强示意点点头，继续和钱总监说道："和供应商沟通送货可以，但是没那么快。"

钱总监在电话那头一脸无奈，说道："那就只能向集团申请预付款合同延期了，需要重新准备下材料，再次找相关部门会签后，我们报集团加快审批，否则系统判断预付款合同超期，是要考核我们公司的。还好 15 吨量比较小，集团审批应该问题不大。"

超哥在电话这头点了点头，回答道："我马上就让周强去办，为了这批低价油，也是不容易啊，钱预付出去那一刻开始，我的心就一直悬着。这实物好不容易盼来了，结果还得折腾一回。"

钱总监附合道："是啊，我也是。虽然这个供应商比较有规模，信用等级也高，但是毕竟数额巨大，害怕出现纠纷啊，好在这次稳妥地接到了实物，效益也能稳稳当当进账了。"

挂断电话，超哥把财务要求告诉周强，周强侥幸的说道："还好当时让海宏化工提供两套盖公章的证照，及公司资产情况简介，一套用来签字，一套留着被查的，没想到这么快就派上了用场。"

待周强处理完信用延期的审批，本次预付款采购也是告一段落，超哥安排完周强后续务必先行解决这 15 吨油后，又叫住周强，说道："这两天有空跟踪下海宏化工近期的经营及生产运行情况，这么大炼厂还能把发货量单做错？15 吨油还要等下批次切量配送？"

周强同意地点点头说道："是的，海宏化工在地炼序列里是有实力的，办事干活一向很利落，不像经常给人挖坑的供应商，我去全面了解下。"

待周强走出办公室，超哥靠在办公室的椅子上想："当风险与效益并存的时候，是严防风险，不越雷池半步；还是承担风险，大胆前行呢？"

笔记九

1. 外采付款模式

1）货到付款

采购合同中约定，待合同约定标的物合格入库后，双方确认的结算数量，收到供应商开具增值税专用发票后，进行付款。

2）预付款

采购合同中约定，在采购方支付货款后几日内，供应商需将合同约定标的物送至采购方油库，并合格入库。

2. 供应商信用等级评价

供应商信用等级评价运用标准 GB/T 23793—2009《合格供应商信用评价规范》。

合格供应商：长期信用状况及经营的稳定性达到采购方要求的供应商。

评价主体：符合相关要求、从事信用评价的信用中介组织或其他机构。

评价对象：被评价的机构。例如合格供应商。

1）评价内容

对合格供应商的信用评价应包括：企业基本条件；企业经营管理能力；企业财务状况；企业社会责任；企业发展潜力；企业产品或服务；交易信息。

2）参考标准

信用等级及表示方法应遵照 GB/T 23793—2009 的规定。合格供应商的信用等级应达到 BBB 以上，包括 AAA、AA、A 和 BBB 四级。

(1) AAA。合格供应商经营的稳定性极强，对履行相关经济和社会责任能够提供极强的安全保障，尽管环境因素可能会发生变化，但这些变化对供应商的影响不会从根本上损害其相当稳定的发展趋势，违约风险极低。

(2) AA。合格供应商经营的稳定性很强，对履行相关经济和社会责任能够提供很好的安全保障，环境因素发生不利变化时其稳定性可能会受到影响，但违约风险很低。

(3) A。合格供应商经营的稳定性较强，对履行相关经济和社会责任能够提供较好的安全保障，对于抵御环境发生不利变化时的能力较弱，但违约风险较低。

(4) BBB。在正常条件下，合格供应商在履行相关经济和社会责任时可以提供充足的安全保证，但在发生不利经营环境时，存在或有违约风险。

当评价对象的信用等级未达到 BBB 以上级别时，用 NR 进行标识。

3）评价流程

评价主体应履行尽职调查义务，确保信用评价过程公平、公正。合格供应商信用评价流程一般包括受理申请、信息核实、信用等级评定、结果公示、跟踪复评等程序。

(1) 受理申请。评价主体在接收到评价对象申请后，应初步审核申请方提交材料的完整性，确定是否接受信用评价申请。

(2) 信息核实。评价主体应对评价对象提供的各类信息进行甄别和核实，对信息真实性进行分析。评价主体的信息核实方式包括：函电确认；数据分析；数据库查询；实地考察；其他。

(3) 信用等级评定。

① 初评。评价主体应根据行业分工和专业背景成立信用评价小组，信用评价小组应不少于两人。

信用评价小组根据合格供应商信用评价内容，对合格供应商的基本条件、经营管理能力、财务状况、社会责任、发展潜力、产品或服务等进行分析，撰写信用评价报告，并提出合格供应商的信用等级建议。

② 等级确定。评价主体应在内部设立信用评价委员会，应由5名以上相关专业人员组成。

信用评价委员会应对信用评价小组提交的信用评价报告及其他相关资料进行审核并提出评审意见，确定评价对象信用等级。

如果信用评价委员会无法确定信用级别，应暂停信用评价委员会工作，将信息反馈给信用评价小组，由信用评价小组重新整理、核实相关数据，直到信用评价委员会能确定信用等级。

(4) 结果公示。评价主体应根据国家法律法规及相关要求，发布信用评价结果及相关内容。

(5) 跟踪复评。在信用评价结果公布之后，评价主体应在信用评价结果有效期内进行定期或不定期跟踪，对相关信息进行及时更新。

信用评价结果有效期一般为一年。如果某些因素致使评价对象的信用等级发生变化，评价主体应及时调整合格供应商的信用等级。

4) 合格供应商信用评价报告的撰写

(1) 基本要求。合格供应商信用评价报告应当采用易懂、简练、平实的语言，不能有误导性语句，评价结论的标识和符号应有明确解释。

对合格供应商的信用风险应当尽可能做定量分析，无法进行定量分析的，应当有针对性地做出定性描述。

合格供应商信用评价报告应加盖机构公章。

(2) 报告的结构。合格供应商信用评价报告内容应包括封面、声明、概述、正文、评价结论及附件等。

(a) 封面。报告编号；报告密级；报告名称；评价对象名称；评价主体名称；出具报告时间；其他。

(b) 声明。表明报告内容公正、合规的说明性文字；对跟踪评价的说明；自愿接受监管的声明；其他。

(c) 概述。评价对象名称；信用等级；评价小组成员；评价主体名称；出具报告时间；其他。

(d) 正文。格供应商基本条件；合格供应商经营管理能力；合格供应商财务状况；合格供应商社会责任；合格供应商发展潜力；合格供应商产品或服务；合格供应商交易信息；其他。

(e) 评价结论。信用等级；对该等级含义的明确解释。

(f) 附件。信用级别分类及释义；近年度主要财务数据及财务指标；企业获奖情况；许可证情况；获得认证情况；产品综合评价情况；产品质量与服务的违法、投诉情况；其他需要附加的资料。

评价主体应建立档案及其管理制度。对用于信用评价的数据和信息，包括复印件等资料进行分类、建档保存。

评价主体应严格保守其所获取的保密信息，应对相关保密信息单独存档。

3. 预付款的管理

油品外采尽量避免采用预付款方式，如确属业务需要，应注意以下几点：

(1) 加强对受信对象的审核。

(2) 对供应商生产、经营、资金状况持续跟踪。

(3) 对已发生业务进行严密监控及到期预警，安排相关人员现场督办。

(4) 对单个供应商预付款合同一笔一清。

(5) 施行分批预付：

(a) 合同签订后，预付合同总金额10%作为定金。

(b) 油品装出在途后，预付合同总金额40%。

(c) 油品合格入库后，预付合同总金额40%(一般保留与增值税等同金额，预防后期增值税发票风险)。

(d) 收到增值税发票后，支付余下全款。

思考题

1. 如何看待预付款？在效益诱惑面前，你是否会像超哥一样勇担风险选择预付款？

2. 对预付款的防范监管措施还有哪些？

3. 如何将供应商信用等级与信用额度挂钩？

4. 如果供应商来油全部开封后，或者进罐后，发生数量纠纷，你会怎么处理？

5. 你怎么看待故事结尾超哥的思考？

第三节　合同超期风险

本节目标：

1. 了解合同超期履约存在的风险。

2. 了解超期合同的处理方法。

故事

来了个赖皮的

“近期地缘政治不安定，国际油价一路上行，中美贸易战也是焦灼，预计短期内不会调头了。外采方面目前形势不好，供应商看好后市，近期报价也是水涨船高……”超哥在处室会议上正听着周强关于近期外采情况的汇报。

“嗡嗡嗡……”手机突然震了震，超哥撇了一眼，是江城实业韩经理的电话，超哥没做理会继续听着汇报，不一会儿收到了韩经理的短信：“超总，我上个月签的5000吨92号汽油合同，现在交了2000吨，后续3000吨因炼厂工艺出现问题，可否申请不交货?”

超哥看见信息皱了皱眉头，心里不悦地想：“是想赖账吧。”

散会后，超哥将周强叫进了办公室，放下笔记本，说道：“最近外采合同执行的怎么样，尤其是和目前外采价格差异较大的合同是否执行到位?”

听见超哥的发问，周强似乎有些蒙，最近外采追涨，天天忙着完成采购目标，也是忽略了合同的执行情况，底气不足地回道：“执行得还行吧，应该都在正常履行。”

超哥转身倒了杯水喝了口，也是理解周强有时候难以分身而为，看向周强说道：“去整理一下外采合同的履行情况，尽快汇总出来给我。近期价格持续上涨，一定要盯住外采合同执行。”

听超哥这么一说，周强马上领会了领导的意图，“收到，我这就去把近期合同履行台账整理出来。”转身走出超哥办公室。

看着周强的背影，超哥有些担心，叹了口气：“天天事儿赶事儿，有些基础的管理确实很难盯住。”

周强紧锣密鼓的整理着外采合同的执行情况，“这合同不知不觉签订了这么多!”周强边梳理边头疼着。安坐不动大半天，终于把近期外采合同梳理完毕。看着梳理结果，周强眼光聚焦在江城实业上，“怎么还有3000吨没执行，还是7120元/吨的单价，昨天已经7950元/吨成交了，差价都830元/吨了，这是要撂挑子的节奏啊。”

周强赶紧和江城实业的韩经理联系：“韩经理，您那5000吨单价7120元/吨92号汽油合同还差我们3000吨没执行到位呢，这外采价格不断上涨，不能再拖了。”供应商电话那头也是道歉声音多，具体怎么执行合同说的少。周强感觉大大不妙，快步走进超哥办公室进行汇报。

超哥看着合同履行表，心里还稍稍踏实了些，没有像自己预想的出现大规模的低价合同欠量情况。

只听周强说道："刚和韩经理联系了，他在电话里支支吾吾的，这价差这么大，不会赖账了吧？"

超哥放下报表："什么叫不会啊，已经赖账了。早上老黄同志发信息给我说炼厂工艺出现问题，3000 吨提不出来，交不出货了，想协商终止这个合同。"

周强挑挑眉，说道："赖账的理由倒是编的像模像样。我看了下，江城实业前期货款已经结清，后续也没新签的合同，无法制约他了。"

超哥起身来回踱了几步，说道："我想了想，这个终止合同的口子还是不能轻易开，尤其在市场上行期，这口子一开就是一传十，十传百，对我们合同执行非常不利。还是逼着交吧，先发业务函给他。"

周强走出办公室后，超哥坐下摸了摸下巴，想着还是得面对，先和韩经理博弈博弈吧。超哥拿起电话："韩经理，我上午一直在开会，没来得及回复您，这么低价格合同……"

没等超哥说完，韩经理急着抢先说："哎呀，终于等到超总您的回音了，我也不饶弯子了。说实话啊，我当时资金有限没锁定油源，前期也是因为炼厂检修问题，耽误一段时间，等现在有货再发，炼厂要给我涨价，按照现在价格，我每吨油要亏 800 多元啊，总共 240 万元，数额巨大，承受不起啊。"

"知道自己理由编不下去了吧。"超哥听着心想，然后说道："那不行啊，别家的供应商不也都咬牙执行完了嘛。不能搞特殊啊，不然后面我的外采工作怎么做呢？韩经理您说是不是？"超哥把问题又抛回给了韩经理。

韩经理叹口气："知道给超总带来麻烦了，但是我这一年也赚不到多少，这么一弄今年就白干了，超总再帮帮忙啊。"

超哥心想："还拿哭穷老戏码来说事儿，真没新鲜感。"超哥也故作委屈地说道："韩经理啊，您也理解理解我们啊，我这也不是自己一个人在干业务，公司内部纪检、审计、财务部门可都盯着外采这个重点工作呢，现在又是市场上行期，取消低价合同，我交不了差啊。我刚上任没多久，您这是对我意见很大啊。"

韩经理听闻连忙说道："不不不，超总，绝对支持您工作。这次真的是遇到难题了，我也不知道，炼厂突然唱这么一出，弄得我焦头烂额。"

超哥无奈地摇摇头，听着韩经理的意思，也没法谈下去了，说道："韩经理，我建议啊，您再找炼厂沟通。合同必须要严格执行，否则要考虑您供应商的资格问题。"

韩经理顿时有些哑语，随后开口说道："超总，我和炼厂沟通很多次了，不然也不敢麻烦您。我再去和炼厂沟通沟通，您也帮我想想办法吧。”

挂断电话，超哥走出办公室来到周强办公桌前，说道：“把江城实业的合同拿出来，我看下。”

周强见超哥走来，也是随即起身，将江城实业的合同交给超哥。超哥翻到合同违约条款仔细看了看说道：“对于违约不交货的我们可以选择收取合同总金额的3%作为违约金，然后有权取消合同，但是这个违约金太少了，5000吨7120元/吨，也就100多万元，这3000吨油现在至少要拿出240多万元才能补齐，这黄总肯定乐意啊。”

周强接过话：“是的，当时做合同范本考虑到就是每个合同必须执行，违约条款也是和法律部门按照常规比例确定的，具体赔偿多少违约金来终结合同，是要在具体事件中判断违约带来的损失才能确定，就算合同中约定了高额的违约金，供应商也可以通过法律途径进行申诉重新判断，依旧存在法律风险。”

超哥点了点头，放下合同：“对于这种超期又遇到市场快速上行的合同，违约金怎么约定是个问题。太少的话，我们的利益受损失；太多的话，供应商又很难接受。刚电话和韩经理沟通了下，我估计他们是铁了心了。再拖一拖，与当期价差就要到1000元/吨了，后面交货更没戏了。”周强听闻，一时间也是无话可说。

这时，超哥的手机响了起来，一看是王总电话，超哥边接听边走回办公室。

电话那头，王总问道：“阿超，韩经理那边合同怎么回事儿，我看他说得急，讲得也是不清不楚的，一会儿说亏损300万元，一会儿又说我们要取消他供应商资格。”

超哥走到桌前拿起合同履行表说：“领导，我还正想着跟您汇报这个事儿呢，我马上过来。”说完超哥快步走向王总办公室。

在王总办公室，经过超哥说明，王总将表放下，说道：“此风不可长，这件事不能轻易放过。”

超哥赶紧接话道：“是的，那会儿和韩经理沟通了好久，最后也是实在没办法，只好用取消供应商资格进行敲打了。”

王总起身准备加点水，笑了笑说道：“敲打一下是对的，首先要让供应商知道严重性，但是遇到这种问题就用简单粗暴的方法，多少个供应商也不够取消啊。”

超哥顺势接过王总的杯子，添满水后递给王总，说道：“领导，不用一些严厉的手段，怎么让大家服管呢？我感觉现在就僵在这里了，估计真逼江城实业交货的结果就是他们赖账，我们取消他们的供应商资格。如果不逼江城实业，我们主动取消低价合同，我担心审计、财务部门不会同意。"

王总也是叹口气："找这几个部门开个协调会吧，一起研究下，毕竟这是个现实问题，不能回避，要尽快解决。"

超哥一看王总是要出马帮着解决难题了，想着："领导太好了，不用我一个人痛苦了。"原本一直紧皱的眉头稍稍松了松。

王总用手指了指超哥，说："你小子先别乐，先开会，会后再批评你。"

超哥吸口气，暗叹领导的观察力，赶紧出门通知财务、审计人员在会议室集合。

会议开始后，王总让超哥介绍了事情的原委，然后看向大家说道："问题很棘手，但是这个问题在业务执行中又不可避免，叫大家一起来也是想想怎么解决这种问题，以及后续如何避免？"

财务部门钱总监首先说道："低价合同取消，影响效益啊，3000 吨油，毛利也是客观的。不能供应商提出个理由，我们就直接取消合同，真要取消的话，必须缴纳违约金。"

审计部门沈总监看着超哥："1 个月前的合同，为什么到现在才暴露出来呢？不然在涨价前期还是有能力去解决这个问题的，拖到高价位，肯定就越来越难办了。"

超哥抿了抿嘴，皱眉说道："江城实业在这个合同后就没签过新的合同，我们在后期执行时，没有及时梳理，就落下了。"

看着沈总监没继续追问，超哥接着说道："合同中对不交货违约倒是有约定，只是参照超期违约条款的话，我方有权要求供应商赔付合同总金额的 3%，这样算来，违约金 106 万元。"

钱总监一挑眉："我要是供应商，就认违约交违约金了。"

超哥附合道："对啊，我算着不划算，就没和供应商提违约金的事。从公司效益考虑，还是逼着供应商交货的好。我都用供应商资格进行威胁了，但是看供应商态度没有转变，这才着急请王总和各位帮忙协商。"

王总看了看大家说道："如果真的是因为突发情况，还是要理解供应商的，毕竟都是合作伙伴，也帮助过我们，我觉得按照现行合同条款缴纳违约金终结合同，没必要再纠结了。"

王总顿了顿，又看向了超哥，继续说道："但是要以此为鉴，举一反三，完善管理。首先，要紧盯合同的执行，要注意及时性，严防出现超期合同，特别是市场大幅波动的时期。其次，要对合同违约的部分条款，落实得再细致一些，做到解决问题的同时，也兼顾到我们和供应商的利益，不能把活干死了。"

超哥重重地点点头说道："请领导放心，对于外采合同，我们一定修改完善，加强监管。"

超哥表完态，王总看向了钱总监，说道："财务部门，也要配合业务，对于已经签订合同，长时间没付款的，也要及时沟通提醒。审计部门对于后续再出现这种合同，要严格审查，靠前监管。"

几位总监都看向王总，纷纷点头，表示后续将积极执行并配合。江城实业合同超期的问题大体有了解决方案。虽然松了口气，但是超哥的心情还是有些沉重，确实是自己工作没做到位。超哥自己反思的同时，也把周强叫进办公室。

看到超哥严肃的表情，周强没有说话，等着超哥发话。不一会儿，超哥开口道："这次合同问题，有部分原因是我们拖太久造成的，后面要花些精力在合同管理上，及时发现问题，提早预防，这样我们就能化被动为主动。"

周强看来也是有了自己的反思，说道："外采量逐步加大，合同也越签越多，合同再像之前那么管理就跟不上业务需要了。我争取每周一出一张合同执行表，对于超期合同进行汇总，及时发现、及时汇报、及时解决。"

超哥点点头表示同意，说道："遇有超期合同，要对供应商进行函告，并请供应商确认回传，既是提醒，也是留下证据，方便后续维权。"

合同超期问题有了闭环管理后，超哥才算放下心来，同时不禁感叹："管理，永远在路上啊！"

笔记十

1. 超期合同的风险

超期合同是指在供应商执行或未执行时间大于原合同约定时间，存在合同不能继续执行的风险，主要会造成企业的效益流失，但是不排除非人为因素存在的不可抗力导致的合同超期以致无法履行。超期合同是油品外采业务中常见问题，值得重视和防范。

2. 超期合同的管理

（1）建立规范的合同台账。内容包含合同编号、合同签订日期、合同标的、合同数量、合同单价、合同执行期限、实际执行数量、实际执行价格、实际执行日期、合同是否双方签字盖章、合同是否归档。

（2）建立超期合同跟踪台账。内容与合同台账基本一致，加上超期天数，与供应商沟通超期原因。

（3）超期合同通知函。内容包含合同签订日期、合同编号、合同约定到期时间、合同执行情况。供应商需要对此回函。

如果合同数量大，需配备专职人员；若合同数量小，考虑配备合同兼职人员。

3. 处理超期合同办法

1）供应商明确不交货

当供应商明确不交货时，考虑暂停或取消供应商资质；考虑是否走法律程序追回部分损失利益。

2）供应商明确需要继续交货

当供应商明确需要继续交货时：

(1) 市场价格稳定及上行期。给予供应商适当延期；考虑按照超期天数对超期部分进行违约罚款(例如超期一天扣减2元/吨)。

(2) 价格下行期。将合同价格与当前市场价格对比，选择低价成交；同时考虑是否按照超期天数再进行违约罚款。

(3) 变品号处理。确定因为生产问题导致合同不能履行的，可以考虑升级或降级为其他品号进行结算，同时根据合同签订当期各品号间的价差相应调增或调减合同单价。

思考题

1. 超期合同是一种违约风险，在哪些市场环境下容易出现？
2. 如何防范避免出现超期合同？
3. 除了合同台账外，还有什么办法保障合同的执行？
4. 合同中违约金如何合理确定？
5. 合同管理除了超期风险，还有哪些风险？如何防范？

第四章 供应商管理

第一节 前期准入管理

本节目标：

1. 理解规范管理供应商的必要性。
2. 理解规范供应商开发工作有助于从源头加强供应商管理。
3. 了解供应商采购的七因素理论， 熟悉供应商开发的模板和流程。

故事

问题接踵而来

超哥最近有点烦心。近期国际油价出人意料地十三连涨，加上国内一艘数十万吨级进口油轮在海上倾覆，国内油价以爬楼梯的速度节节攀高。各炼厂出厂价大涨不说，出货意愿也在下降，油品外采的任务越来越难完成。时间过半，采购任务才完成三分之一，油品库存持续下降，要不是月初紧急协调江南石化和江州炼油厂，分别增加 2 万吨配置资源，眼下保供都要成问题了。本月要想完成采购任务，后面每天至少要采 1.5 万吨。即使油能顺利采到，供应商能不能按时发货，油库能不能保持高强度接卸作业，这些都是问题啊。

超哥搓了搓脸，拿起办公桌上的电话，叫来周强和李翔，询问今天的采购和前期采购油品到货情况。等二人坐好，超哥先问周强，“今天的外采情况怎么样？”

周强苦着脸回答：“超哥，今天的情况还是不理想啊。价格在昨天的基础上又涨了一百，只有 3 家供应商交货，总量才 1 万吨。”

超哥听了，皱了皱眉，说道：“你说说具体情况。”

周强翻开手里的笔记本，汇报道："海宏化工 95 号汽油 5000 吨，8800 元/吨；汇金石化 92 号汽油 2500 吨，8630 元/吨；华东炼化 95 号汽油 2500 吨，8810 元/吨。"

超哥眼睛直盯着周强，看得周强心里直发毛。超哥问："十二家供应商，你都联系到了？"

周强回答："一个不落地打了一圈电话，都答应积极报价的，不过东阳化工说过两天计划检修，新炼集团、东海石化都抱怨原料价格高，不挣钱。"

超哥接着问："那些贸易型供应商这个月怎么都没动静？"

周强斟酌了下，回答道："上午问过江城实业和易达商贸，他们手里都没有资源，现采又采不到，想支援我们也有心无力。苏明科贸、方圆石油和冠通工贸干脆都玩失踪了，电话也不接。现在这个困难时期，也就海宏化工、汇金石化和华东炼化能积极响应我们，盛大化工偶尔也给点惊喜。"

这时，坐在周强旁边的李翔插话道，"汇金石化近期发货节奏不好。上月中旬采的油，今天才刚到货，比约定到货时间晚了一周。我担心他们这个月之前答应交付的货会有一部分被拖延到下个月，更别说今天和下旬采的油了。我们现在库位很低，拖不起啊。"

超哥问："他们上半年发货情况怎么样？"

李翔答："上半年总体情况还是可以的，基本能做到约定时间内到货，跟我们的接卸档期衔接很紧密。偶尔有延缓的，最多也就晚一两天。"

超哥接着问："看来汇金石化延缓发货也就是这两个月的事，有没有了解过是什么原因？"

李翔回答："跟汇金石化付经理打电话问过，我上周四也专门去汇金石化实地了解过。当时跟您请示过的，出差回来还没来得及跟您汇报。"

超哥点点头，"嗯，我有印象，什么情况，你说说。"

李翔答道，"有两个原因，一是近期原料上涨，油品出厂不挣钱，他们停了一个装置检修，现在的开工率只有一半；二是最近市场资源有抽紧态势，他们又开拓了一个新客户，就是浙东石油公司。资源本来就少，他们还优先保了其他地方。而且……"李翔看了一眼超哥，有点犹豫。

超哥皱了皱眉，"而且什么，说吧，不要吞吞吐吐的。"

李翔接着说："我私下里听汇金石化装车车间的老李说，我们的发货顺位是很靠后的，比不上浙东石油公司，也比不上江北石油公司。"

超哥疑惑地问："为什么？"

李翔小声说："老李说江北石油公司考核严，到货晚了要追究的，江南石油公司晚就晚一点，反正也没事。”

超哥听到这里，右手紧握成拳，有种想砸桌子的冲动。这时听得有人敲门。

坐在门边的李翔赶紧站起身，打开门，只见数质量部门的严总监站在门口。李翔把严总监让进屋，超哥也走到门口请严总监在沙发上坐好，然后转身对李翔说，“你给汇金石化付经理打个电话，重点沟通下加快发货节奏的事，顺便告诉他，我明天会专程去他们厂里拜访他。”

李翔点头答应，然后和周强一起离开了。

超哥挨着严总监坐好，换了一个轻松的表情后问道：“有什么大事劳驾我们数质量专家亲自过来?”

一身学究气的严总监办事向来一丝不苟，他把手里的一份文件递给超哥，同时说道：“有一个关于外采质量的函需要超总会签并转发下，怕工作人员说不清楚，我想我还是自己过来一趟，咱俩当面沟通下。”

听严总监说得认真，超哥心里一紧，赶紧问道：“有外采油品质量不合格，要退货?”

严总监回道，“这倒没有，就是一个质量卡边的问题，存在质量风险。您先看看。”

超哥松了一口气，快速地看着手里的函。

见超哥看完了函，严总监说道：“华东炼化的质量表现一直不是很好，近几列的油品质量都卡边。我们抽取了他们最近 3 个月中标的 7 列 95 号汽油的化验结果，平均辛烷值是 95.2，仅比控制标准值高 0.2 个点，甚至有一列辛烷值刚刚达到 95，潜在的质量风险很大，如果运输过程中任一环节出现不可控情况，油品质量就可能不合格。”

超哥解释道：“华东炼化质量卡边的事，我倒是知道一点情况，这跟他们品质不过剩、降本保效的理念有关。他们是想通过降品质降成本，确保价格有竞争力。这么做虽然无可厚非，但质量风险确实大，对物流运行要求高。”

严总监接话道，“是这个情况，接他们的油，我们质量控制老有种走钢丝的感觉，压力太大。好在我们的配置油，品质过剩的多，有调和的空间。不过，这不是长久之计。我们研究了一下，也跟王总汇报过，准备从下个月起调整我们的外采油控制指标，把汽油辛烷值的合格标准在国标基础上提高 0.5，今后 92 号汽油辛烷值按 92.5、95 号汽油按 95.5 验收。今天来主要是跟您通个气，会签完成后，我们会给每家供应商准备一份公函并加盖公章，到时还请您安排人帮忙送达。”

超哥犹豫道，“这件事我原则同意，但能不能缓一段时间再执行新标准？现在这个市场行情，我们外采任务都完不成，保供压力太大。”

严总监说：“缓一两个月行，长了我们也有压力。”

超哥考虑了一下，说：“两个月吧，到时双节备货需求高峰期过去了，市场行情一般会下行，我们外采的压力也会小很多，那时候推出新标准供应商容易配合。”

严总监很理解地点点头，说：“行，到时候您再帮着多做做供应商工作。”

送走了严总监，超哥刚准备处理一下办公系统里的公文，又见审计部门沈总监拿着一叠 A4 纸打印的材料走了进来。超哥赶紧迎上去，强装热情地说道，“以前不都是小郭跑腿吗，怎么今天您亲自来了？”

沈总监看着超哥打趣道，“怎么，不欢迎啊？”

“哪能呢，审计两个月，我可是积极配合了两个月。您还想问啥，随时可以来问。我是知无不言，言无不尽。”超哥接着用比较夸张的表情说道。

沈总监听了抿嘴一笑，指着手里厚厚的材料道，“瞧您紧张的，上年度的专项审计基本结稿啦。这是给您们的审计底稿，需要您签字确认的。”

超哥接过审计底稿，诧异地看着沈总监问，“这么多？”

沈总监回道：“确实不少，有 30 份审计底稿。不过有 12 份是描述情况的，不需要整改。查出问题是 18 个，集中在履约率不足、制度缺失、供应商引入程序瑕疵和合同倒签这些方面。”

超哥皱紧了眉头，说道：“前三类问题我认，确实是我们管理上的薄弱环节。但是合同倒签的事之前不是解释清楚了嘛，怎么还往里写？我们把合同期签短些，是为了控制供应商的交货节奏，对我们物流调度是有好处的。但是公司签合同审批流程耗时太长，合同期短导致有些货都到了，合同还没签下来。明明是合同发起在先，怎么能被认定是倒签合同呢？”

沈总监看着激动的超哥，赶紧安抚道：“我也帮您们协调过，但集团审计组的专家坚持认为是倒签合同。不过，他们也作了让步，这个问题不写进汇报材料，只记底稿。”

超哥愤然道：“都写进审计底稿了，通报会上点不点也没太大区别，那点颜面不要也罢。”

沈总监继续安抚道，“还是有区别的。你不在乎颜面，赵总、王总还要的。您冷静冷静。”

超哥认真地看着沈总监说：“沈姐，我叫您一声姐吧。您放心，我现在很冷静。我是做业务的，我心里有追求效益的执念。任何能给公司多挣钱的机会，我都想办法抓住；业务操作上任何能给公司多创效的方法，我都想用起来。合同倒签这个问题，其实很好解决，我只需要把合同期延长就行，那样子我踏踏实实地，压根不用操心受累。但是，不行啊！延长了合同期，意味着我们把交货的主导权拱手让给供应商了。市场平稳时还好些，我们只是物流调度难度大些，但遇到市场波动的时候，我们面临的可不仅仅是增大的物流调度难度，还有实实在在的效益损失啊！因为供应商可以选择在对他们有利的时间点交货。”

沈总监叹了口气，向超哥身边靠近了些，小声对超哥说，“看在这声‘姐’的份上，我也说点掏心窝子的话吧。业务我不懂，我相信你说的是对的。可是你费劲巴拉多挣的钱是公司的，出了问题却要你个人来背，值得吗？”

超哥没有直接回答这个问题，而是缓缓地说道，“因为外采合同期限短带来的疑似合同倒签问题，已经存在很多年了，也争议了很多年。王总的前任有，王总任内有，现在到我这继续有。一个延长合同期就能整改的简单问题，为什么到现在都没有整改到位？我之前不是很理解，现在我真的理解了。沈姐，您知道为什么吗？”

沈总监狐疑道，“是因为在其政，谋其位吗？”

超哥来到窗前，坚毅的目光像剑一样刺向天空，一字一句地说道，“是因为业务人的传承，对捍卫效益的传承，就像士兵捍卫和平一样。”

看着超哥挺拔的背影，沈总监突然不知道说啥，摇摇头，提醒一句明天签字返还的话后离开了。

这时，周强和李翔冲了进来，齐声喊道：“超哥，您说得太好了，我们支持您！”

超哥摆了摆手，说道：“漂亮话说得再好，不解决问题也没意义。除了合同倒签这一条，审计底稿反映的供应商引入程序瑕疵、制度缺失这几类问题还是客观的，我们应该自我反省，认真整改。”

周强附和道，“是的，我们供应商引入程序确实有瑕疵。供应商入围的时候把关不严，也没有严格的开发流程。当然，这跟以前的市场形势有关系，资源比较紧，供应商是卖方市场，为了扩大进货渠道，我们基本上是来者不拒，所以就没有对供应商进行初期的考察，供应商的生产能力、技术能力、资信状况等都不是太清楚。甚至还吸收几家贸易型供应商。”

李翔也表示，“制度缺失也是我们的现状，我们对供应商缺乏系统的管理，从前期的引入，到中期的管理，以及后期的考评，这些配套机制还没有完全建立起来。”

超哥点点头，算是认同两人的话，然后说道，“当前的经营形势让我们的外采遇到困难，供应商们关键时候掉链子，问题层出不穷。这些问题与其说是供应商的问题，还不如说是我们自身的问题。因为我们管理的缺失给了供应商钻空子的机会，才出现现在供应商消极报价、交货延迟、减量履约、忽视质量种种现象。加强和规范供应商管理刻不容缓啦。亡羊补牢为时不晚，供应商管理体系应当建立。当然，这是个大工程，咱们就从抓好供应商开发做起，先拿出一个供应商开发的流程，然后按照这个流程对现有供应商集中梳理一次，也算是源头治理，摸清家底吧。”

半个月后，供应商开发流程出台。超哥开始马不停蹄地走访考察各个供应商，当年销售的拼命三郎在采购的路上“拼上了命”。

笔记十一

1. 供应商开发之七因素理论

七因素是指：质量、价格、交货、创新、技术、服务、社会责任。

(1) 质量。要求供应符合或超出质量目标，这包括油品技术指标、抽样化验、考察油品质量稳定性等。

(2) 价格。要求供应商具备价格优势，需要进行供应商多方价格比较，并且进行价格结构分析与价格趋势分析。

(3) 交货。要求供应商具有简洁快速顺畅的物流系统，能够不断缩短交货周期，确保快速准时交货。

(4) 创新。要求供应商关注管理系统的创新与信息系统的创新，是为了确保双方管理理念与系统一致，以便进行对等交易，并推动信息集成和在线采购的实现。

(5) 技术。要求供应商提升油品质量升级与配套的能力。响应国家环保治理要求，油品不断地升级换代，需要供应商能够持续配套，这需要考察供应商的技术储备、技术平台、技术人才与技术支持。

(6) 服务。要求供应商提高对客户需求的响应速度，完善的售后服务(质量争端处理、交货节奏变更、投诉处理)以及增值服务等。

(7) 社会责任。要求供应商具备承担企业社会责任的意识和能力。社会责任包含基础层次和高级层次两方面。基础层次是指经济责任和法律责任，也就是企业要合法赚钱，要“为富”。高级层次是指道德责任与慈善责任，也就是“为富”之后还要“仁”。通常说的社会责任更多指的是高级责任，主要包括三个内容：环境保护、员工关怀与社区和谐。

2. 供应商开发之建立选择模板

弄清楚供应商选择因素之后，就需要建立选择模板。建立供应商选择模板有四个步骤：

第一步，确定主因素。主因素是指“维度”，即从哪几个方面去选择供应商。企业可以根据要求的严格程度从七因素中选择部分或全部去考场筛选供应商。

第二步，确定子因素。子因素是“指标”；无论确定几个主因素，每个主因素究竟怎么衡量，就必须建立相应指标。下面将七个因素的衡量指标汇总如表4-1所示。

表4-1　各个主因素常用衡量指标

主因素	衡量指标
质量	油品检验合格率、降级处理率、拒收率、质量改善等
价格	同类企业价格水平、价格优惠幅度、运输方式、库存方式
交货	准时交货率、交货周期、合同履约率
创新	管理系统的数量与效率、信息系统的发展阶段等
技术	技术储备与升级、技术人才数量与结构、技术支持等
服务	反应速度、质量争端处理、投诉处理、增值服务等
社会责任	社会责任体系、员工流失率、员工满意度等

第三步，分配权重。分配权重通常是二次分配，先对主因素分配权重，再将各主因素的权重分配到具体的指标上。权重总量通常计为1。

第四步，加权求和。计算每个候选供应商的总体表现，最高分者就是优先选择的供应商。

3. 供应商开发之建立流程

供应商开发的流程可以按照以下9个步骤建立并实施。

(1) 选定目标。主动联系搜集或各种渠道推荐，圈定待考察的目标供应商。

(2) 评审小组。组织业务、数质量、财务、信息等部门专家共同成立考察评审小组。

(3) 书面调查。向拟考察的目标供应商递交调查表，收集关键信息并进行对比分析，确定是否进行实地考察。书面调查的项目可以包括以下12项中的全部或部分：一般经营状况信息调查、供应商能力评估、供应商技术能力、供应商质量保证能力、商业体系、供应商商业资料、供应商管理团队、财务稳定性、资源配置、合法性、道德操守、对环境维护和社会承诺等。

(4) 实地考察。根据调查表的内容实地访问评估。

(5) 产品认证。主要是确认目标供应商提供的油品是否能够满足需求，可以进行油品质量检验、生产装置能力评估、化验室技术能力评估、油品升级技术能力考察、物流发货能力评估等。

(6) 评选结果。评选通过则视为入围供应商，进行正常商务合作。未通过请其继续改进，并保留为候补供应商。

(7) 厂商辅导。对入围的供应商进行管理和合作要求上的沟通辅导。

(8) 追踪评估。每月做好有关交货、数量、品质和服务的统计或图表，以便评估。

(9) 不良筛选。优胜劣汰，但依然要由评审小组来决定。

4. 供应商开发之资料清单

供应商开发需要的资料有：

(1)《成品油质量承诺书》(原件)。

(2)《成品油批发经营批准证书》《危险化学品经营许可证》和《安全生产许可证》(复印件)。

(3)《营业执照》(复印件)。

(4)《银行开户许可证》(复印件)以及银行开具的资信证明(原件)。

(5)《供应商实地考察报告》。

上述相关资料复印件均需供应商法人代表签字并加盖公章予以确认。采购方应将供应商相关资料信息存档。

思考题

1. 为什么要加强对供应商的规范管理？
2. 如何理解做好供应商开发是加强供应商管理的第一步？
3. 供应商开发需要做哪些工作？
4. 供应商管理除了源头治理，还有哪些工作可以做？
5. 你理解的供应商管理体系应该有哪些内容？
6. 在供应商管理中，需要公司哪些部门参与，各自发挥什么作用？

第二节　过程考核管理

本节目标：

1. 理解对供应商实施绩效考评管理的必要性。

2. 熟悉供应商绩效考评管理的相关要素，并理解各要素在生产经营决策和供应商绩效考评管理中发挥的作用。

故事

淘汰不是管理

超哥坐在办公室里看着手里的《供应商考评管理办法》，一边看，一边思考着。接管资源外采工作不到半年时间，超哥发现供应商存在诸多问题，如报价不积极、价格高、到货晚、质量卡边、单据寄送不及时等，他感觉到供应商的管理必须要加强。于是先出台供应商开发流程，并紧锣密鼓地考察一遍现有供应商，算是对供应商情况有个全面了解。紧接着，超哥组织周强等人一起加班加点从鼓励供应商积极参加招标、按时发货、把控质量、寄送单据、风险防控、事后评估以及奖优罚劣等各方面进行了研究论证，最终拿出了这个适用于过程管理的考评办法。

办法制订得虽然还略显粗糙，但大的方面都考虑到了。周强工作很细心，按这个考评办法的评分标准对第一、第二两个季度供应商情况进行了考评，两份考评结果也一并呈报给超哥。看着这份考评结果，超哥陷入沉思，显得有点纠结。

指标细化后的打分结果还是很客观的，各供应商的得分与实际情况相符，表现比较好的海宏化工、汇金石化排名都靠前，但方圆石油、冠通工贸和东海石化这三家供应商的问题比较大，两个季度综合排名处于后三名。除了出现延期交货、合同履行率不达标、质量不合格等问题外，主要是在市场上行的二季度消极报价导致没有实际合作，方圆石油甚至玩起了失踪。在公司资源采购困难、需要供应商出力保供的时候，这三家供应商基本没有贡献。周强给出的建议是严考核、硬兑现，直接把这三家供应商淘汰掉。

超哥抬起头，看着周强期待的眼神，说道，“你的想法我理解，但是都淘汰掉是不现实的。我们每个月的外采规模超过 30 万吨，采购压力很大。这三家供应商对我们的外采是个有益的补充，去年每个月也有 3 万吨左右的供应量，今年虽然时断时续，平均下来也有 2 万多吨。如果把他们淘汰了，这块量需要新的供应商来补充。你知道我们补充新供应商要进行前期考察，要组织入围评审，再加上报批，短期内是增补不了的。”

“超哥考虑得就是全面。”周强适时拍了下超哥马屁，然后给自己解释道，“我是就考核论考核，要想让这个考评办法真管用，就得动真格的嘛。”

超哥点点头，“考评办法的权威性必须要树立起来，的确需要有祭旗的，但要注意策略。一次淘汰三家不合适，可以淘汰一家，把我们要强化考评办法执行力的意图传达给供应商就可以了。”

周强接话道，“嗯，这样比较稳妥。淘汰一家的话就建议淘汰东海石化吧，他们今年以来的报价一直很高，成交量在 12 家供应商里是最少的，仅有的两次成交都出现过交货延期的问题，调运那边对他们也有意见。”

超哥想了想还是摇头，“东海石化是生产型供应商，柴油供应能力较强，马上就要四季度了，柴油需求启动后我们肯定要增采柴油的。前几个月东海石化的表现不好，有他们装置检修的影响，也跟我们多采汽油、控采柴油的策略有关。保留东海石化对我们更有帮助，至于交货延期的事，可以跟他们再沟通沟通。”

周强的两次建议虽然连续被否，但听超哥分析的有道理，心里还是服气的，不过建议是不敢再提了，于是直接问道，“您看淘汰哪一家好？”

超哥指着表中的方圆石油说道，“就这一家吧，纯贸易型的，供应量少不说，还经常出问题，跟他们合作，始终让人心里不踏实。不过，这件事我还需要跟王总汇报，请领导帮我们把把关。”

超哥捋了捋汇报思路，然后上楼去王总办公室。

王总刚听取完零管部门关于推进无卡加油的专题汇报，精神略显疲惫。超哥看到王总桌上的茶杯已经半空了，顺手拿起茶座上的暖壶给王总续满了杯子，然后在王总办公桌对面坐下。

王总用欣赏的眼神看着面前坐着的超哥，看着这个自己一手培养提拔的小伙子，王总依稀看到了当年自己奋斗打拼的影子，爱学习、有闯劲、有思路，最难得是处理事情时懂得讲策略，不生硬，短短几年就从一个青涩的新毕业大学生成长为业务精英，按照现在这个发展势头再历练几年，将来成就不可限量啊。不过，小伙子好像遇到什么难办的事啦，看他故作轻松的表情里怎么有一种沉重感呢。

“上周你说的供应商考评的事有进展了？”王总主动问道。

“是的，领导。办法出了初稿，也搞了个考评，今天就是想跟您汇报这个事。”超哥一边回答，一边把手里的材料递给王总一份。

王总接过材料，也来了精神，“效率很高嘛，我先看看，你接着说。”

超哥站起身，绕过办公桌，走到王总身边，顺着王总看材料的顺序适时解释，把考评方案的总体设想、基本原则、各项考评要素及其关键点、奖优罚劣的措施等一一汇报清楚。王总边看边听，不时点头鼓励。不一会就翻到最后的考评结果。超哥微微顿了一下，然后把考评的结果也作了说明，并建议淘汰方圆石油，然后回到对面座位上坐好。

王总把考评办法从头到尾又细看了一遍，思考了几分钟后对超哥说，“办法做得不错，各个环节点都考虑到了，还是很全面的。但是办法写得再好，也要看管不管用。你们最后这个奖优罚劣的设想能够确保办法的执行。表现好的免检续约、三个优先、合作发展很好，对供应商有足够的吸引力；末位淘汰更是一个大杀器，足以促成那些想跟我们把生意做长的供应商好好合作。”王总说到这，故意一顿，然后打趣道：“还是年轻人有魄力啊，这一手威逼利诱玩得炉火纯青，连我这个老头子都很佩服哦。”

超哥不好意思地笑了笑，“都是在您的点拨和支持下才敢这么做，否则我一个小资历镇不住啊。您看还有什么地方需要修改的？”

王总肯定地说，“办法很实用，考评结果又与实际相符，非常好，我就不提修改意见了。”

听了王总的表扬，超哥心里感觉很是开心，刚想接过话茬，见王总手指轻轻敲打着桌面，一幅还有话说的样子，便耐心等待。

稍微缓了一会，王总接着说，“但是……”

听到王总说“但是”，超哥又紧张起来。王总低沉浑厚的嗓音又响了起来，语速很慢，一边说一边考虑措辞，“毕竟没有包治百病的药，百密还有一疏嘛。这样吧，把这个办法先发给供应商们广泛征求意见，一来吹吹风，试探一下各方反应；二来拾遗补缺，借大家的智慧完善方案。这样以后实施起来也能得到供应商们的认同和配合。”

见王总没有提淘汰的事，超哥吃不准王总是同意还是不同意，便主动追问，“按照这个办法，前两个季度考评下来，方圆石油是第一个被淘汰的对象。您看要不要在发布办法的时候，一并处罚并公布，起到杀鸡骇猴的作用，让这个办法更有约束力？”

王总看着超哥期待的眼神，笑了笑，然后温和地说道，“办法可以发，淘汰的事先放一放。”

先放一放？超哥不是很理解，继续问道，“那我们还搞不搞末位淘汰？”

王总这次明确地告诉超哥，“末位淘汰是要搞的，但这次不淘汰，从办法发布后的下个季度开始。”

超哥抬头看着王总，下意识地问道：“为什么？”

王总认真地看着超哥说，“《道德经》上有言：不教而诛是为虐。没有教育、教化，就去惩罚，没有尽到管理的义务，也达不到管理的目的啊。你出的考评办法很好，管将来，没有问题；追过去，就不合适了。”

超哥急忙解释，“我们想这么做，一来是强化效果，提高考评办法的约束力；二来年初的时候跟供应商们吹过风，说过要出办法考评全年的，所以现在倒追也说得过去的。”

王总耐心地对超哥说，“你要是倒追着奖励，也许没人挑理。但你要追罚，罚到谁，谁都不会接受的。这是人性使然啊。”看到超哥不甘的表情，王总接着安抚道，“我理解你想把供应商管好的初衷，也会支持你这么做，但不要操之过急，心急是吃不了热豆腐的嘛。”

王总一边说，一边站起身来，走到旁边的书柜旁取出一本书，然后坐回座位，顺便翻了翻书。超哥打量了一眼，是一本精装版的《西游记》。王总拍了拍《西游记》，对超哥说，“阿超啊，我的小孙子爱听故事，我这年纪大了，好多故事记不全，就找这些故事性强的书来看。越看越觉得有意思啊，一个妇孺皆知的《西游记》里面居然揭示了很多管理的道理。今天我们既然聊到这了，我再多说几句。你是我看着成长起来的，你身上有股朝气，能吃苦也用心，我很欣赏，也希望你走得更稳。要想管好供应商，一定要把握好三点。”

超哥感受到了王总的真诚，慢慢冷静下来，开始用心聆听。

王总继续讲道，“一是管理要有政策。没有规矩，不成方圆嘛。唐僧取经还要跟孙悟空约法三章呢。现在都讲现代企业治理，要求有制度，有规范，按章办事，依规治企。这个考评办法就是供应商管理的章程，虽然还需要继续完善，但这第一点基本满足了。”

超哥接话道，“您放心，我会组织征求供应商意见并完善好，今后也会根据新情况每年修订。”

王总点点头，“二是政策代替不了管理。光有政策，没有管理是不行的。唐僧管理徒弟有没有政策？当然有，这个不能做，那个不能做，做了的话会念紧箍咒，甚至被逐出师门。但唐僧有管理吗？很少。如果说有也只能说是事后管理，即孙悟空犯了错误，唐僧就上纲上线，念紧箍咒，直至开除。作为管理，其核心是围绕目标制订计划、围绕计划来实施、根据实施来调整计划和目标。唐僧制订计划和目标了吗？比如5年内到西天，第1年走到阿富汗，第2年走到巴基斯坦什么的。定期评审进展了吗？比如每周开例会，总结上周表现，提出下周期望，以及哪些地方要改进。都没有。西天取经是走到哪里算哪里。”

“在供应商管理上，油圈里这些大的企业，就我所知大体可以分为三流吧，一流的企业有政策、有管理；二流的企业有政策、没管理；三流的企业没政策、没管理。我们以前政策粗糙，管理也粗放，勉强算个二流吧。当然这跟当时的市场形势有关系，也不是我老王给自己开脱，确实是这么个情况。前几年资源紧张，炼厂独大，求还求不来，又怎么敢放手管，咱们是腰不硬，气不足啊。现在资源宽松，轮到炼厂愁销路了，是该咱们跟炼厂讲讲规矩的时候了。现在考评办法出的很及时，但你要切记：空有政策，不管不落实，政策也就是墙上的年画，田里的稻草人，都是摆设。”

超哥若有所思，主动迎着王总的目光，坚定地点点头。

王总看着超哥年轻的面庞，语重心长地接着说，“三是淘汰代替不了管理。末位淘汰是有威慑力，但对我们也有反制，它是一把双刃剑啊。唐僧动不动就把孙悟空逐出师门，跟我们一些公司管理供应商很相似——你不好好跟我做生意，我就把你淘汰掉。淘汰不是供应商管理。淘汰本身要花费大量精力，我们的精力如果都花在淘汰供应商上，就没有足够的时间来寻找更合适的供应商。结果一边淘汰劣质供应商，一边又有劣质供应商混进来。于是越淘汰越忙，陷入‘吃二遍苦，受二茬罪’的恶性循环啊。《西游记》里花在淘汰孙悟空的时间远比花在打妖怪上的多。唐僧的取经大业曲曲折折，并不是因为妖怪有多厉害，而是因为淘汰造成的内耗太多，导致进三步、退两步，一路故事多多，问题多多。”

“另外，有些供应商不是我们想淘汰就能淘汰的，或者说不是我们舍得淘汰的，比如海宏化工、汇金石化，合作年限长共患难不说，他们供应了我们一半还多的量，把他们淘汰了，这个缺额你得找多少新的供应商来弥补？能不能补得上，我们的企业能不能经得起旧供应商淘汰，新供应商更新期间的供需波动？很难啊！就像孙悟空的作用，你淘汰不掉他。想想看，孙悟空被淘汰了，还可以回花果山，虽说没了理想，但浑浑噩噩过日子，也没什么大不了；唐僧没了孙悟空，则马上就可能被妖精吃了。孙悟空对唐僧来说就是核心供应商啊：他可以没有你，但你不能没有他，当然双方合作对两者都好。所以，想要管好供应商，达到一流企业的水平，我们还有很多的工作要做啊。”

姜还是老的辣。听完王总一席话，超哥确实受到了触动，由衷地对王总说，“您说的对，我还是考虑不周，把问题想简单了。下一步，我们不仅要完善这个办法，还要抓好系统管理。经您这一启发，我发现供应商管理这块还有好多漏项，比如供应商开发引进的标准和流程需要固化、供应商的考评需要再完善，还有供应商管理也需要差别化等，我会花时间把这些内容补全，使供应商管理成体系。”

王总听了，欣慰地笑了，“阿超啊，你能举一反三，我很高兴。今天呢，我们把这个题破了，至少今后的工作方向是明确了。不过，饭要一口一口吃，路要一步一步走。你毕竟接手营销工作的时间不长，营销工作也不止外采这一块，所以呢，急不得。你可以用一到两年的时间去实践、去完善，我相信你能做好。”

感受到王总的鼓励和信任，超哥用力点点头。一看时间，两个小时过去了，再看王总也略显疲惫，超哥赶紧起身准备道别。王总又拦住了超哥，“你回头给方圆石油的方总打个电话，邀他明天过来一趟，请沈总监一起，开个会。”看到超哥疑惑的眼神，王总解释道，“警示约谈啊，虽然不能倒追处罚，也得敲打敲打。虽然过去帮过我们的忙，救过急，保过供，但他们也不能老是躺在功劳簿上任性：有钱挣就来，没钱挣就躲。之前我是念旧情，下不了手，现在你主动跳出来拿刀子，这把烫手的刀我还不得赶紧扔给你啊。”说完，王总哈哈大笑。

笔记十二

1. 认识对供应商实施绩效考评管理的意义

(1) 采购成本高低决定企业盈利水平，加强供应商管理，对供应商进行绩效考评就是管理企业的创效能力。尤其是油品外采资源创效水平远高于配置资源，加强对外部供应商的绩效考评就显得更为必要。

(2) 供应商没有考评约束会带来很多负面影响，如交货期长，价格高，质量也不稳定，整个采购团队疲于应付，催货成常态等。供应商的绩效直接决定了公司能否把成本降下来，把速度和质量做上去。

因此，供应商不是简单的持币待购的对象，而是公司效能管理的延伸，应该深入管理，让供应商作为公司价值链上重要的一环发挥创效作用。

2. 考评周期选择

油品供应商实施绩效考评，考评周期应如何确定？

首先，年度考评是必要的，既与经营的年度考评相匹配，又方便使用考评结果动态调整供应商。其次，由于年度考评的周期过长，还需要一个短周期考评机制，以便加强过程控制。油品采购，从招标组织到供货到位，乃至完成结算的周期通常需要一个月甚至更久，跨月供货和跨月结算的比例很高，实施月度考核的评价依据不充分。比较而言，实施季度考评具有很好的可操作性，不仅样本数据充足，还可以起到阶段性鞭策供应商的效果。

因此，对油品供应商实施绩效考评管理，考评周期以季度和年度为宜。

3. 考评指标体系

对供应商实施绩效考评管理，其核心就是要围绕实际业务需求确立系统的考评指标体系，并依据指标体系量化测评得出考评结果。指标体系的设立应分布到应标、中标、供标、结标 4 个环节。每一次单笔采购完成后，采购方应及时评标，做到采购全生命周期管理。

【范例】

江南石油公司供应商绩效考评实施细则(节选)

……

1. 应标情况

(1) 供应商应标环节总分值20分。

供应商应标环节得分=参与报价次数/当月询比价总次数×20

(2) 一个月内不投标的供应商，营销总监与供应商约谈，并提出口头警告；两个月内不投标的供应商，我公司将发函给予黄牌警告；三个月内不投标的供应商，给予停供一个月的处罚。

2. 中标情况

供应商中标环节总分值30分。

供应商中标环节得分=当月累计中标数量/当月询比价总量×30

3. 供标情况

(1) 供应商供标环节总分值40分。其中供标合同签约依据及签署占10分，供标到货及时性占10分，供标合同履约率占15分；中标油品密度占5分；油品质量为否决指标。

(2) 合同拟定流程管理。合同签约依据在确认中标三天内，供应商及时提交真实原厂证明、该批次油品的质检单，超期一次扣2分，扣满5分为止；当月仅中一次标的供应商，出现一次即扣满5分。合同签署页在我公司合同管理员提供的两天内，供应商及时回寄我公司，超期一次扣2分，扣满5分为止；当月仅中一次标的供应商，出现一次即扣满5分。

(3) 到货及时性管理。由于供应商原因到货晚于中标确认时间的一天扣1分；当月仅中一次标的供应商，晚到1天扣2分。不同批次油品可以累加天数，扣完为止。由于我公司库容原因不能及时接卸的，不予扣除。

(4) 合同履约率管理。当月合同履约率在范围内的，得15分。单笔合同履约率不足90%的，当月发生一次扣10分；两次不得分并警告；三次停供一个月；四次停供三个月，待欠缺资源补足后再议定其继续供应资格。当月仅中一次标的供应商，发生一次扣15分。

(5) 中标油品密度。油品密度全部低于上限值的得5分，超过密度上限值一次扣1分，扣完为止。当月仅中一次标的供应商，超过密度上限值一次扣5分。

(6) 供货质量不合格为扣分项，严重不符合内控要求的进行退货处理，当月出现一次退货，全供标环节0分；质量不合格但部分指标符合可调和入库的，出现一次供标环节扣10分(供标环节得分少于10分的，不倒扣)，出现两次的当月供标环节不得分。(其余分数按照以上供标标准进行考核)

4. 结标情况

(1) 供应商结标环节总分值10分。

（2）单据传递。未及时按照我方要求开具发票并送达我公司的出现一次扣 2 分，扣满 5 分为止；当月仅中一次标的供应商，出现一次即扣满 5 分。票据开具、合同签署有误的，出现一次扣 2 分，扣满 5 分为止；当月仅中一次标的供应商，出现一次即扣满 5 分。

5. 评标情况

（1）评标环节为我公司组织对参与我公司询比价的供应商的定期考评，针对实际中标情况定期量化考评。

（2）采取综合打分制。每期综合评分最高为 100 分，最低为 0 分，按相关考评内容针对每次询比价招标情况打分排名。

（3）评标结果应用。对评标结果进行月度通报，并实施季度考核和年度考核。

（a）季度考核。对季度考核排名末位的供应商，暂停一个月供应商资格。

（b）年度考核。一方面奖优，对于年度排名第一的供应商，给予实际业务中同价投标优先中标，接卸入库优先，计划结算优先的处理；排名前三的供应商，在下一年供应商梳理调整时，优先免检续约。另一方面罚劣，对于年度综合排名后三名的供应商，我公司将发函警告，并要求此类供应商提供书面整改措施，由我公司组织评议；排名末位的供应商可降级处理或直接淘汰。

……

思考题

1. 为什么要对供应商进行绩效考评管理？
2. 如何对供应商进行绩效考评管理？
3. 如何理解政策不能代替管理？
4. 如何理解淘汰不能代替管理？
5. 如何持续改进对供应商的绩效考评管理？

第三节　分类分级管理

本节目标：

1. 理解供应商分类分级管理的必要性。
2. 熟悉供应商四种类型及各类型供应商特点和管理策略。

故事

最后一块拼图

阶段性的资源紧张迎来了尾声，加上供应商考评办法的推出对供应商们确实形成了一定约束。江南石油公司最近几次的资源采购招标都很顺利，应标者众，可选择面广，价格有竞争力，到货也及时。超哥就任营销总监接近一年的时候对资源采购工作终于有了点得心应手的感觉，但是超哥不敢有丝毫松懈。与王总关于供应商管理的沟通虽然过去了半年，但感觉言犹在耳，领导的期盼、自己的承诺都是沉甸甸的啊。要想管好供应商，抓好前期准入、过程考核就够了吗？虽说现在油品市场进入了资源宽松、销售制胜的时期，但谁又能保证资源不会再出现阶段性紧张呢？半年前的经历就是一个深刻教训。若再遇到资源购进困难时，规范管理和严格考核可以迫使供应商们都来应标参与，谁又能保证供应商们都能全力以赴，不遗余力地保供，抑或是为了保供被迫接受供应商的天价资源？行百步者半九十，供应商管理要成体系还差一步棋啊。

超哥正在冥思苦想的时候，手机响了，抬手接了，电话那头传来东叔亲切的声音，"阿超啊，最近好吗？"

超哥感觉内心一阵温暖，"师傅好啊，我挺好的。最近没见您来公司，怎么样，身体还好吗？"

东叔回道，"我嘛，现在是顾问，自由得多了，可以顾也可以不顾的嘛。"电话那头传来东叔爽朗的笑声，"明天是周末，天气不错，南螺湾也开河了，一起钓鱼怎么样？"

"好啊，好久没钓了，再不钓又要被师傅您超过去了。"超哥爽快地答道。

"你小子什么时候钓得过我。"电话那头传来东叔很不屑的声音，"不打扰你工作了，明天上午9点，老地方见。"

挂了电话，超哥的心情一下轻松了起来。东叔有个钓鱼的爱好，早先跟东叔学卖油的时候，东叔说过钓鱼既可以当爱好，又是陪客户的一种方式，关键时刻管用。后来超哥时常在周末陪东叔钓鱼，一边钓鱼一边取经。这一晃好几年过去了，真让人怀念啊。任营销总监后，工作新，压力大，周末经常加班，周末跟东叔一起钓鱼的机会越来越少了。要不是东叔来这个电话，自己都快忘记钓鱼的事了。最近为了应对资源困境，同时规范供应商管理，连续加班出差，实在太累了。正好，明天陪东叔钓鱼，放松下心情，顺便请师傅支支招，就像当年刚学卖油时一样，想想也挺有意思。想到这，超哥对第二天的钓鱼愈发期待了。

第二天一早，超哥穿着便装，带上钓竿，开车直奔南螺湾。本以为自己来得算早的，到了后才发现东叔早已经稳坐钓鱼台了。

看到东叔，超哥很高兴，迎上去给了东叔一个热烈的拥抱，勒得东叔直呛呛，东叔笑骂道，"好小子，下手轻点，我可是当顾问的人了，老朽啦。"

超哥笑道，"哪能呢，像师傅这样的专家，五十正年轻。"

见面寒暄一番之后，两人组装好钓具。超哥主动领了打窝的任务，观察一番后确定了钓点，撒下鱼饵打窝，两人都把鱼线甩了出去，然后放下钓竿。

东叔点头赞道，“手艺没荒废嘛。”

超哥迎合道，“您教的，不敢忘。”

东叔白了超哥一眼，“嘴里带蜜，是不是又遇到难题了？”

超哥惊叹倒，“知我者，师傅也。”

东叔赶紧说，“我现在可当不了你师傅了，我会的，你都会了。再说，现在市场形势也不像早些年了，我的老经验不一定能解决新问题的。”

超哥说，“您是我的领路人，在我眼里您永远是师傅。再说，您毕竟经历的事多，没准能给我启发，我感觉自己钻死胡同了。”

超哥把近半年来采购工作遇到的问题、出台的措施，以及自己感觉还有欠缺却不知如何弥补的情况都详细跟东叔说了一遍。

东叔听了后，边垂钓边沉思。过了一会，东叔才开口说道，“阿超啊，你是公司出了名的卖油郎，对销售的理解已经超过我这个老头子了。现在你在更高的平台上，既管卖，也管买。买卖买卖，买和卖是不分家的嘛。就刚才你说的采购的问题，我们不妨换位思考下。卖油时，对客户而言，我们就是供应商。我们每次想要抓住客户需求，或者参加客户组织的招标的时候，我们是什么想法，什么感受？”

超哥眼神一亮，对啊，供应商其实也是一种客户资源，是上游客户，完全可以像管理客户一样管理供应商嘛，自己还是做销售出身，怎么把这看家本领给忘了。超哥来了兴致，顺着东叔的话语边听边思考。

东叔接着道，“起码有这么三点。首先是不甘心。我们江南石油公司的品牌形象、实力规模和市场覆盖都是首屈一指的，而跟我们同样参加招标的少数是有实力的同行，多数却是实力平平的民营加油站，甚至是中间贸易商。门槛低了，贵客是不愿登门的。我们自认是贵客，但又不能不登门。心里总有点别别扭扭吧？”东叔说着，还冲超哥扬了扬眉。

超哥听了，不禁一拍巴掌，响应道，“真是这么个理。我刚开始跑销售时就想着赶快打开局面，还不觉得。后来业务做开了，再跑一些门槛低的客户时就有这么个心态。”

“动静小点，把鱼都吓跑了。”东叔赶紧伸手点点超哥，“其次是不公平。现在招标大多只看价格，谁价格低谁中标。所以大家都拼价格，不重实力，这就给不良供应商可乘之机，用各种手段换价格，价格总可以做得更低嘛。这就会出现劣币驱逐良币的情况，而我们很不幸就是那个良币。”

超哥点点头。

东叔接着说，“第三是不省心。现在的企业都讲规范治理，像油品这样大宗物资采购都要招标。好一点的情况是，一个标管一年，中标一次省心一年。但是还有很多标是一月一招，一次一招。对我们来说就是疲于应付招标，在标书制作、揣摩价格策略上面花费大量的精力，甚至比花在后续油品服务上面的时间还多。我们站在供应商的角度，希望长期稳定的合作，而不是这样轮番折腾。而且在这样的客户身上，我们实现不了稳定销售，又爱又恨啊。”

听了东叔一席话，超哥陷入了沉思。

公司现在入围的 12 家外采供应商，有地炼龙头企业的供应商海宏化工、汇金石化，也有只是皮包公司的方圆石油、冠通工贸，真是良莠不齐。那些地炼龙头企业甘心吗？虽然前期出台了新供应商开发流程，严把准入关，但对已经入围的供应商暂时没有约束力啊。

每次油品采购的招投标也是只关注价格，对品牌、质量、交货期、服务这些指标同样没有考量。这些指标也确实不好统计分值，只能是默认所有入围的供应商都具备这样的综合实力。客观上确实自降门槛，对那些优质供应商不公平啊。

公司每笔油品采购都要采用询比价方式，供应商们同样要花费大量的精力来组织应标，同样担心供应的稳定性。这对优质的供应商来说，是弃之可惜，逐之不得，只能不咸不淡的维系着合作关系而不会尽全力支持。

想通了这些问题，超哥突然感觉到思路开阔起来，困扰已久的内心阴霾一扫而空，他欢喜的跳起来，扑向身边的东叔就是一个拥抱。见鱼咬钩，正在收线的东叔气的大喊，“鱼跑啦，鱼跑啦。”

超哥也喊道，“鱼跑了，我的思路来了。走，我请师傅喝酒去。”

傍晚回到家，超哥迫不及待地打开笔记本，开始构思供应商管理体系的最后一块拼图——供应商分类分级管理。在这个分类分级管理的构想里，超哥初步考虑把供应商分成四类，即战略供应商、稳定供应商、机会供应商和资格未定供应商。

战略供应商是那些品牌、质量、产能、交货期、服务等综合实力都首屈一指的龙头地方炼厂。提升入围门槛，拿出全年外部采购六成左右的任务量，以年度为单位一次性招标 2~3 家战略供应商。对战略供应商可以采取签订长期合同的方式锁量、锁价。通过长期协议锁定全年一半以上的购买量，确保经营平稳，增强抗市场风险能力。而战略供应商因接到的订单丰厚，且不用参加每次繁琐的询比价，必然会提升热情和支持力度。当然，与战略供应商合作还有很多细节需要考虑，比如价格机制怎么确定确保效益最大化；与战略供应商在资金流、物流的基础上再升级信息流，促进与战略供应商的融合发展等。不过，有了努力的方向，后续工作会跟上，这些问题都会迎刃而解。

稳定供应商是综合实力不如战略供应商，但能积极参加询比价，有一定资源组织能力，日常考评能稳定通过的供应商。这类供应商可以签 7~8 家，承担三成的供应量，既可以保量，也可以监控市场价格波动。随着购买量的减少，超哥他们花在组织询比价方面的精力也会随之减少，可以挤出更多精力抓好资源的执行和供应商考察考评。

机会供应商是那些见到机会就来、没有合适机会就隐身、处于考核淘汰边缘、但偶尔也能给点惊喜的供应商。这些供应商的存在是为了抓机会，对江南石油公司来说又何尝不是机会。只要降低对这些供应商的期待，换来的反而会是惊喜，可能是某笔超低的价格，也可能是弥补缺口的额外资源。

资格未定供应商主要是指新入围供应商和降级待淘汰的供应商。新供应商就像刚招的新员工，要多花时间培训、帮助，开个好头，让他们早日走上正轨。由于绩效考核，有些稳定供应商和机会供应商被降级为资格未定供应商，处于拉一把就上、推一把就下的情况。这些供应商熟悉公司的流程、系统、政策，对公司有很多价值，能挽救的话，往往比寻找新供应商要好，因为新供应商的磨合成本挺高。资源花在资格未定供应商身上，收效可能会超过预期。

对供应商分类是为了区别对待，最大程度挖潜供应商价值。按照抓两头、抓重点的思路，战略供应商和资格未定供应商应该作为供应商管理的主要内容，因为这两种供应商代表更多的机会，投资回报最高。对稳定供应商，按照询比价机制和考评机制抓好常规运行就可以实现很好的效果。

超哥整理完这些思路，安心地合上笔记本电脑，然后和衣躺在床上，想着后续安排：周一上班组织大家研究讨论后制订实施方案；然后组织召开供应商座谈会，既通报上季度考评结果，再征求分类分级管理的意见；之后就可以向王总汇报自己成型的供应商管理体系啦；再然后，推动与战略供应商高层谈判、信息系统整合……不一会儿，床上传来超哥酣畅淋漓的呼噜声。超哥带着他的构想进入了梦乡，脸上还浮现着满足的微笑。

三个月后，超哥和他的团队研究草拟了供应商分类分级管理的实施细则，并按照细则对现有 12 家供应商进行了初步分类分级。看着手里的外采供应商分类名录，超哥感受到沉重的压力，还有前路的艰难。供应商分类分级管理很有必要，但是现在拟定的这个方案能否发挥预想的作用，实施这个方案还需要突破合规性政策，能否取得审计等部门的认同等，这些超哥的心里都不是很有底。他站起身，来到窗前，看着远方湛蓝的天空，目光逐步变得坚毅起来。

表 4-2 为江南石油公司外采供应商分类名录。

表 4-2　江南石油公司外采供应商分类名录

序号	名　称	规模	属性	分　类	考评表现
1	海宏化工	大	生产型	战略供应商	A
2	汇金石化	中	生产型	战略供应商	A
3	华东炼化	中	生产型	稳定供应商	B
4	新炼集团	中	生产型	稳定供应商	B
5	东阳化工	中	生产型	机会供应商	C
6	东海石化	小	生产型	资格未定供应商	D
7	盛大化工	小	生产型	稳定供应商	B
8	江城实业	中	贸易型	稳定供应商	B
9	易达商贸	中	贸易型	稳定供应商	B
10	苏明科贸	小	贸易型	机会供应商	C
11	方圆石油	小	贸易型	机会供应商	D
12	冠通工贸	小	贸易型	资格未定供应商	D

注：A 级为优秀，D 级为不合格。

笔记十三

1. 供应商分类“四分法”

根据采购金额与供应风险大小，将供应商分为四类：战略供应商、稳定供应商、机会供应商、资格未定供应商，如图 4-1 所示。

采购金额的含义一目了然，不再赘述。

供应风险主要指供应商在 5 个方面的表现：质量表现、产能保障、技术配套、资金实力以及管理理念是否匹配。

(1) 质量表现。主要指质量的可靠性与稳定性，可靠性是指供应商的质量是否符合采购方的质量标准，而稳定性是指是否持续符合该标准。质量表现还包括出现质量问题时供应商在质量改善方面努力的意愿与效果。

(2) 产能保障。有两层含义：绝对产能以及优先保障。供应商的绝对产能是否与采购方的需求相匹配，或者当采购方的需求增加时，供应商能否同步提升产能；如果不匹配，在供需出现矛盾时是否能够优先保障对采购方的供应。产能保障的本质是准时交货的能力，它反映了采购方在供应商心目中的优先地位。

(3) 技术配套。这方面能力通常从四个维度进行评估：技术储备、技术平台、技术人才以及技术支持与服务。技术储备是否具备“三代”特征，即开发

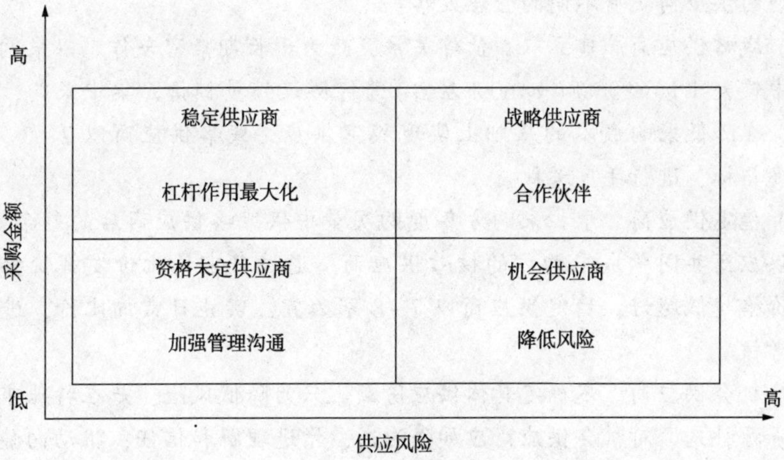

图 4-1　供应商分类

一代、应用一代、储备一代，这反映供应商持续配套的实力与能力。技术平台是指供应商是完全自主研发，还是能够整合社会资源、建立产学研(产业界、学术界与研究院)相结合的研发平台。技术人才包括技术研发人员的数量是否足够，比例是否合适，素质如何(高、中、初级研发人员的占比)，结构如何(老、中、青的占比)，技术传承的机制是否确立。技术支持与服务包括在售前研发阶段能否早期参与采购方的油品质量升级和新产品开发，售中生产制造阶段能否支持解决相应的技术问题，售后出现油品质量不合格或质量纠纷时能否及时提供解决方案，以提高客户满意度。

(4) 资金实力。主要指供应商的绝对资金实力以及现金流的管理能力，这将影响到付款方式与付款周期，最终影响到采购的总成本。同时，供应商的资金实力还影响到当需要扩充产能时能否及时投入，以及保障与采购方需求的同步增长。此外，还要明确约定，严密监控，防止供应商利用与采购方签订的长期协议办理保险理财或融资业务。

(5) 管理理念。包括两个主要层面，一是对行业的专注度及持续追求，二是对管理系统提升的热情与投入。如果供应商的产品线经常大幅度调整，或长期检修关停，这将直接影响到对采购方的供应保障；而对管理系统提升的重视将最终影响到与采购方是否能够“讲同一种语言”。管理理念的趋同需要供需双方高层的对话，通常举办与供应商高层的年度研讨会来传递企业未来的发展方向与目标，寻求供应商的持续合作与管理理念的认同。

2. 不同类型供应商管理策略

对供应商分类是为了区别对待、重点管理，最大程度挖潜供应商价值。针对不同类型的供应商，有不同的管理策略：

(1) 战略供应商。建立双赢伙伴关系，致力于长期紧密合作。以采购方年度购买量中较大比例的份额(如60%左右)进行协议锁量锁价，集中采购，力求规模效应，在降低采购成本的基础上实现稳定供应。战略供应商以2~3家为宜，实施年度招标，进行年度考核。

(2) 稳定供应商。承担采购方年度购买量中供战略供应商后的剩余购买量，与战略供应商共同构成采购方的核心供应商。通过日常询比价发挥价格杠杆作用，让价格越低越好。稳定供应商以7~8家为宜，实施日常询比价，进行季度和年度考核。

(3) 机会供应商。不确定具体供应份额，只为降低风险，是在特殊市场时期必要的资源补充。对机会供应商应加强沟通，增进理解和信任，推动向稳定供应商转变。机会供应商数量宜少不宜多，实施日常询比价，进行季度和年度考核。

(4) 资格未定供应商。淘汰消极供应商，鼓励仍有合作意愿的降级供应商积极应标，争取重新变成稳定供应商；开发、扶持并考察新入围供应商，让新供应商熟悉采购方管理要求，符合要求的升级，反之淘汰。资格未定供应商数量可以根据降级供应商和新入围供应商数量确定，实施日常询比价，进行季度和年度考核。

上述供应商的分类不是一成不变的，而应该进行动态管理，至少每年对供应商分类重新评估一次。

思考题

1. 为什么要对供应商进行分类分级管理？
2. 阿超理解的供应商分类你是否认同？你认为供应商还可以怎么分类？
3. 不同类型供应商的管理策略有什么不同？
4. 如何理解战略供应商对采购方的作用？
5. 如何看待资格未定供应商？
6. 请你尝试完善询比价机制，让油品采购更加公平合理。

第二篇

销售篇

第五章 经营目标的确定与实施

第一节　经营目标的确定

本节目标：

1. 了解经营计划对企业的重要意义。
2. 了解制订经营计划所要考虑的各种因素。
3. 熟悉不同层级之间对目标出现差异时的解决方法。

故事

别开生面的大讨论

自就任中胜江南公司营销总监以来，超哥时刻谨记公司领导的要求和教诲，要带领中胜江南的销售团队更上一层楼，并用三年左右的时间追赶上先进兄弟公司中胜江北，无论是市场份额还是经营总量均要向中胜江北对标看齐。

超哥在向王总汇报工作时，王总笑着说："阿超，这既是对你的信任，也是对你的考验。江南省成品油消费市场容量较大，消费总量甚至超过江北省，但由于市场竞争激烈以及历史、地理位置等多种原因，中胜江南的销量和市场份额均低于中胜江北。有了你这名得力干将，相信我们一定会完成这个艰巨的任务！我会全力支持你！"

在得到王总支持后，超哥开始收集各方面的信息，与中胜江北进行全面对标分析，并用 SWOT 方法进行对比，量化与中胜江北的差距。去年，江南省的成品油批发市场容量达到 800 万吨，超过江北省近 100 万吨。中胜江南成品油批发量 360 万吨，低于中胜江北 60 万吨。中胜江南的市场份额 45%左右，而中胜江北达到 60%左右。目前，两省的成品油市场仍处于消费增长期。

经过对标后的测算，只要年销售量增幅保持在15%，销售增幅年均高于中胜江北5~7个百分点就能够实现赶超的目标。有足够的市场容量为基础，辅之一系列的营销支持，超哥有信心完成这个三年赶超目标。初步测算后，超哥迫不及待地想与销售主管赵丽聊一聊经营目标的话题。但在谈话之前，超哥还是让赵丽布置地市分公司自报下一年的经营目标，摸摸家底，了解一下自身的基础情况。

10天后，赵丽在汇总地市分公司自报的下一年经营计划时发现，15家地市分公司自报计划差异较大，平均增幅仅5%，增量仅10万吨，与前三年平均实际7.5%的销量增幅差异较大。各地市分公司的差异也较大，有的甚至报的是负增长，有的基本持平，最高的仅1家达到10%。这个结果与销售主管赵丽预期的年新增销量15万吨、增幅7%~8%的差距也较大，但赵丽决定仍然按照地市分公司自报的经营目标向营销总监超哥汇报。

超哥听到地市分公司自报仅增长5%的销售增幅后，心中一惊。分公司自报5%，前两年实际7.5%，目标增幅至少要达到15%，这三组数据差距巨大。超哥心想，看来确定经营目标前，如何做好销售主管和各地市分公司的思想工作至关重要，也是下达经营目标任务的一场硬仗。

汇报结束会，超哥盯着赵丽的眼睛，认真地问道："地市分公司自报的目标你怎么看？还有没有增加的空间？"

赵丽回答到："地市分公司除2~3家自报的计划偏小外，总体上增幅差不多。原因之一是前两年销量增幅较快，基数已经扩大，再增加的空间已经不大；二是近年成品油消费疲软，增长空间小。"

"那具体能够增加多少？"超哥追问道。

"6%~7%吧，能够达到去年的增幅就很不错了，现在的柴油市场消费还是萎靡不振。"赵丽谨慎地答道。

"那汽油消费增速还保持较高增长呢？而且江南省汽油消费增速在全国都是较快的。"超哥继续说道。

"最多销售增幅可以达到7%~8%的增长。"赵丽狠狠心补充道。

超哥哈哈一笑说道："经我测算，年增长15%以上都是可能的！"

"啊，什么？年增长15%以上！"赵丽嗖地一下站起来，嘴巴变成O型看着超哥。

超哥示意赵丽先坐下来，以轻松的口吻问道："江北省与江南省成品油市场容量哪个大？"

赵丽不假思索地说："从经济总量、人口和机动车保有量等关键指标看，江南省的成品油市场消费量应该大于江北省。预计江南省的成品油消费总量可能大于江北省 200 万吨以上。”

超哥又追问：“那实际上两省的成品油销售情况怎么样？有什么不同？”

赵丽叹了一口气，说道：“中胜江北的销量前几年一直大于江南省，特别是直批销量一直高于中胜江南，去年超过 60 万吨。”

超哥抬高音量说道：“基本的市场容量基础有了，怎么说明年的成品油销售增幅最多只能 8%？是不是需要其他配套支撑的措施与办法？”

赵丽轻轻地说道：“理论上是有这个可能，但历年来江南省成品油市场竞争激烈，参与竞争的企业多，我公司市场份额相对较低，销售规模小于中胜江北。”

超哥又看了看赵丽的眼睛，坚定地说道：“只要有可能，我们就要创造条件去实现。在任职谈话时，公司领导已经跟我谈了要用三年左右的时间将经营量赶上中胜江北，从客观外部环境基础上看是完全有这个可能的。我们要紧盯这个目标，与中胜江北做好对标工作，从营销策划、考核政策、人员支持、营销费用等各方面创造条件，全力以赴扩销增量。你要转变观念，制订明年以及未来三年的经营目标和相配套的支持措施，11 月底前召开地市分公司计划对接会。”

赵丽试探性地问道：“那我可以提出用外采价格为支撑扩大直批销售、适当增加客户经理队伍(中胜江北客户经理比我们多了五六十人)、加大考核奖励等措施吗？”

超哥挥挥手说道：“我们要解放思想，只要合法合规，大胆去想，放手去干！”

“OK，明白了！那就好办了，保证完成任务。”赵丽笑着回答道。

看到赵丽基本被说服，超哥心里放下一块石头。销售主管的思想工作和认识做通了，后面的工作就好办多了。

超哥趁热打铁立即布置道：“那你回去赶紧根据刚才谈的内容，制订完善的综合经营计划方案，包括年度、中长期及相关配套措施和建议。”

“没问题！”赵丽干劲十足的答道。

一周后，赵丽拿出了初步未来三年的经营计划制订方案。主要内容包括：设定三年的长期目标与年度短期目标；分地市的市场份额目标；相关政策支持方案，包括：适当增加销售人员、营销费用支持、价格策略、采销联动。同时按照吨油销量考核，多劳多得。

超哥认真看了方案后，对赵丽说：“总体较好，略作补充完善后，将方案与地市分公司进行对接讨论，征求意见和建议。”

获得超哥的肯定，赵丽一脸的兴奋，立即追问道：“超哥，您觉得还有哪些方面需要完善？”

超哥笑了笑，坚定地答道：“方案要充分调动地市分公司和客户经理的积极性，考核办法须充分体现‘多劳多得’‘超计划重奖’。省公司要在机制上将上级压力转变为营销人员自我动力，促进营销人员、客户经理全力扩销增效。

具体意见是：考核办法除了按照吨油销量考核外，还要新增超计划销售专项奖励和同比增量专项奖励，这部分薪酬资金由省公司专项下达。超过地市分公司平均增长率的部分额外实施奖励。”

“这下，不用鞭策客户经理跑市场、跑客户，他们自己会主动‘跑起来’。”赵丽兴奋地答道。

“尽快修改完善方案，争取在11月下旬召开与地市分公司的现场对接会，地市分公司分管经理和营销部经理都参加。”

“好的，超哥。”

11月28日，晴空万里。中胜江南公司会议室济济一堂，超哥、赵丽、东叔以及15个地市分公司分管销售的副经理和营销部经理共同研究制订经营计划。

超哥主持会议，他首先说明这次会议对公司未来三年的经营计划、营销政策等均具有重要意义，“本次会议省公司将充分说明未来三年销售经营计划的确定原则、方法和目标，可能与一些地市分公司的自定目标差异较大，大家可以畅所欲言。但经过讨论一致后，省公司确定的目标大家必须不折不扣地执行。”

赵丽首先对未来三年的扩销增量总体目标和次年的年度目标和支撑的措施作了重点说明。汇报刚结束，江州分公司的分管经理李总就迫不及待地说道：“未来三年平均15%的销售增幅，怎么可能实现呢？前三年我们的平均增幅只有不到7%。”

赵丽说道：“我刚才在汇报中已经分析了市场潜力较大和后续相关政策支持力度较大，只要相关措施、人员、考核到位，实现目标还是有可能的。”

超哥看了看李总，问道：“江州市直分销市场份额大概是多少？有多少社会加油站？有多少客户经理？”

李总答道：“我们的市场份额不高，42%左右，主要是当地成品油经营单位较多，实力较强，竞争激烈。社会加油站300多座，客户经理14人。”

超哥认真地听着，随后说道：“我们江州市直分销销售19万吨，按照李总的42%市场份额测算，直分销市场容量就达到45万吨以上，并且这个市场还在增长，市场的增量还有较大空间。同时，据我们分析江州市在我公司购买成交的社会加油站数量仅98座，不到100座，与李总刚刚报的社会加油站300多座相比，成交比重不到三分之一。而且前几天我刚刚看到一个先进交流材料，江州分公司通过综合营销策略，又促进了一个社会加油站在我公司进货，取得了以竞争促合作的典型案例。

同时，江州分公司客户经理人均销量已经超过 13500 吨，远超过总部人均 8000 吨的经营目标，客户经理人数也相对偏少，对客户开发有制约作用。我已经向公司领导汇报，以后在按照人均销量达到 1 万吨为基础，地市分公司可自行招聘增加客户经理，以有利于扩销增量和做好客户维护。”

超哥在分析了江州市场后，又重点谈了全省的市场潜力、解放思想和后续的支撑措施，特别强调可以依靠我们外采的优势，用低价外采资源支撑直分销销售，定价按照市场化原则执行，不再受制于高价配置资源。

随后，又问道：“李总，关于销售增长 15%的目标，您还有什么其他想法?”

李总红着脸答道：“没有了，保证根据省公司的统一安排，加大市场开发力度，确保完成目标任务。”

最终，在与地市分公司的经营目标对接会上，各地市分公司领导接纳了省公司的赶超目标和强有力的支撑措施，纷纷表示要围绕省公司目标，调整自定目标任务。

笔记十四

1. 经营目标

经营目标是指在计划期内所要达到的目标，对营销策略和行动方案的拟定具有指导作用。经营目标由销售额、销售量、市场占有率、分销网覆盖面、客户、行业渗透情况等指标组成。国内成品油市场已由供不应求转变为供大于求，经营目标的实现与否将直接影响资源采购和企业规模、效益的实现，是企业的最基本、最重要的目标。

直分销业务的经营目标从根本上讲包括效益和规模两类。效益指标依托量、价互动去实现，而量价互动的理论空间的大小又主要取决于市场占有率和主要竞争对手应对策略。市场占有率既是衡量企业市场支配地位的参数，也是预判量价配合难易程度、预期效果的主要市场参数。效益和规模指标不是对立的，是相辅相成的关系。没有量的规模，就没有效益的规模。经营工作者的最高目标就是实现二者最大化，即量效兼顾，以量保效。

2. 经营计划

经营计划是企业围绕市场，为实现自身经营目标而进行的具体规划、安排和组织实施的一系列管理活动。企业经营计划是企业经营活动的先导，并始终贯穿于企业经营活动的全过程。

1）按类别分类

经营计划体系按照类别，纵向可以分为战略计划、业务计划和基层作业计划三个层次。三者之间的关系是：战略计划提供由上而下的指导；基层作业计划提供由下而上的保证；业务计划发挥承上启下、上传下达的作用。

2）按时间长短分类

经营计划按时间可分为长期、中期和短期经营计划。

（1）长期经营计划。是企业五年和五年以上的长远规划。它的任务是选择、改变或调整企业的经营服务领域和业务单位，确定企业的发展方向和目标，确定实现目标的最佳途径和方法。长期经营计划具有明确的方向性和指导性，具有统率全局的作用。它是一种战略性规划。

（2）中期经营计划。是企业2~5年的计划。它的任务是建立企业的经营结构，为实现长远经营计划所确定的战略目标设计合理的设备、人员、资金等的结构，以形成企业的经营能力和综合素质。中期经营计划起着承上启下的重要纽带作用。

（3）短期经营计划。是企业的年度计划。它的任务是适应企业内外的实际情况，组织和安排好企业的经营活动，以分年度逐步实现企业的经营目标。

经营计划下达前要进行充分调研，结合下一级企业不同的外部市场环境、不同的历史发展状况，精准研判和下达不同区域的效益和规模目标，同时配套合理的营销资源匹配机制、合理的考核评价机制。利用公平合理的评价和分配机制促进上下目标统一，进而实现思想统一，最终控制和消除上下级博弈。

思考题

1. 制订企业经营计划要考虑哪些关键要素？一般需要包括哪些具体指标？

2. 企业经营计划分解目标时出现了矛盾，如何有效解决矛盾？

3. 当上级的预期目标与自身或下级单位的自定目标差异较大怎么办？

4. 成品油直分销业务经营计划与哪些因素存在直接的关联关系？

5. 经营计划指标是否分为主要目标和多目标？如果在执行过程中出现矛盾应如何取舍？

第二节　经营计划分解及跟踪分析

本节目标：

1. 学习企业经营目标分解的原则和分解步骤。

2. 研究与企业经营目标相配套的考核办法。

故事

"快牛""慢牛"都要鞭策

全省的销售计划基本确定了，超哥总算松了一口气，但分解计划时麻烦随即又来了。他先后已经接到8家地市分公司的电话啦，先进的地市公司说："超哥啊，我们前期销量持续增长，已经没啥潜力了，领导要充分考虑啊。"落后的单位说："我们市场情况复杂，已经落后了，可得比全省平均增幅低点儿"

弄得超哥也很是纠结，带着这个问题，超哥中午吃饭时特地向东叔请教。

东叔说："关于这个问题有句俗语叫'鞭打快牛'，讲的是这样一个寓言故事。"

"一位农夫有一头水牛和一头黄牛。农夫拉着两头牛犁田，他先给黄牛套上犁枷，但黄牛任凭他怎么吆喝就是不走，折腾半天没犁几垄田。无奈之下，农夫换上水牛，水牛不用吆喝就主动拉着犁往前走，但农夫还是不断地鞭打水牛。水牛很是不解，就停下来问："主人，我已经尽心尽力地帮你拉犁了，怎么还老是打我?"农夫说："黄牛不拉，只有你拉，不打得你跑快些，什么时候才能犁完田？少废话，快走!"说罢又是一鞭。多次挨鞭子的水牛想：自己跑得越快，犁的田越多，被鞭打的机会就越多，而黄牛却在旁边悠哉游哉地吃草，真不公平！最终，它挣脱犁枷跑了。"

"在团队工作中，'鞭打快牛'的事，也是屡见不鲜。干工作越快的人，总会被安排更多的工作；而那些慢悠悠的人，却一直工作量比较少。能够克服困难的人，总是在不断地克服困难；不善于克服困难的人，却总是可以得到较容易完成的任务。工作业绩突出的人，总是会迎来更高的业绩目标；而那些业绩目标低很多的人，一样可以靠任务完成率拿到不菲的回报。慢慢地，'快牛'也没了心力和动力，变成了'慢牛'，或者干脆'愤蹄'离去。更有甚者，有的'快牛'在情绪影响下，成为团队的离心力和破坏力。"

慢牛拖了整个团队后腿！导致'鞭打快牛'成为客观情况。我的意见是："鞭打快牛也是对的，但更要鞭打慢牛。"

"近几年，中胜江南直分销经营也存在一定的'鞭打快牛'现象，对一些经营落后的'慢牛'反而在下一年的经营计划编制时获得好处，导致一些原来的'快牛'也有较大意见。如江城分公司由于前年更换了主要领导，新官上任三把火，干劲比较足，近两年销售增幅连续达到15%以上，但下一年的经营计划也随之增加，导致今年以来江城分公司直分销计划完成率连续落后，在省公司的排名也落后，挫伤了江城分公司的积极性。同时，也造成一些分公司明哲保身、不愿意开拓市场的后果。

因此，既要避免“鞭打快牛”，又要促进“慢牛”成为“快牛”才是企业实现经营目标的关键。而经营计划的制订、分解和考核做到公平、公正，充分调动大家的积极性至关重要！”

超哥听得几乎忘记了吃饭，接着说：“东叔，您说得对！传统的直接同比例新增经营目标任务有一定的局限性，一方面对原先落后的单位无法起到鞭策作用，另一方面对原先做的较好的单位又是‘鞭打快牛’，无法充分调动各方面的积极性。我要在充分调研的基础上，公平、公正地做好经营计划分解工作。”

两天后，为做好经营目标分解，解决好“鞭打快牛”对企业的不利影响，超哥与赵丽一同前往多家地市分公司调研，征求意见和建议。通过调研发现，无论是先进的还是落后的地市分公司虽然嘴上找各种理由吆喝自己任务重，但是多数也是出于容易完成目标考虑的，只要做到公开、公正、公平的分解，充分考虑实际情况而不是简单的“一刀切”去硬加任务量，大家都还是可以理解和接受的。另外，一线销售人员与管理人员最大的担心是经营计划每年都在增长，但收入却不见增长；今年的销量就是明年的基础，客户经理等一线人员没有扩大销售的内在动力。

经过与大家的充分讨论，最终认为：对地市分公司的任务分解需要考虑多个维度，应包括市场容量、历史业绩和客户资源、市场份额、增长潜力、竞争状况、队伍素质和经营能力以及配套政策等，形成一个体系，建立一个合适的标准。对此，赵丽总结了“尊重客观、解决主观”的原则，即对影响经营靠努力无法自己解决的问题比如市场容量、产业结构、竞争态势等充分考虑，而对于配套支持政策、营销人员不足等主观原因，则通过帮扶、指导、激励来解决。

“还要突出计划考核的激励力度。”超哥补充道。“要充分调动地市分公司和客户经理的积极性，充分体现多劳多得、同比增量重奖。省公司要在机制上将上级计划的压力转变为营销人员的自我动力，促进营销人员、客户经理全力扩销增效。具体来说就是除了按照吨油销量考核外，要新增同比增量和销量贡献专项奖励，这部分薪酬资金由省公司专项下达。超过地市分公司平均增长率的部分额外实施奖励。”

“对，这也很关键！这样地市分公司和客户经理就有动力多卖了！”赵丽附和道。

经过充分的调研和征求意见，超哥与赵丽制订了多维度的计划分解原则及落实方案并组织地市分公司公开讨论，确保公平、公正，让先进地市分公司意识到“快牛”的担当，化解对“鞭打快牛”的不满，也让落后地市分公司感受到了“鞭笞”的压力，不敢再消极怠工，同时相关考核办法的配套措施，也解决了员工积极性的问题。

笔记十五

1. 经营计划分解的影响因素

经营计划的分解既要考虑历史因素，也要考虑激发新的动力。

经营计划分解要有规则，在团队内要激发全体人员的积极性，公平和效率兼顾。要有具体的分解原则和考核办法。考虑到不同地市市场容量、市场份额、市场潜力的不同，将增量的部分向市场份额低、市场潜力大的地区倾斜。

经营计划与考核办法相配套一并实施。直分销销售基本计划内按照吨油工资实施考核奖励，考核工作实施“联量”“联价”“联效”“联客户”“联管理”等“五联”考核。计划内销量考核奖励与超计划销售奖励标准区分开来，对增量部分的经营计划考核应适当提高奖励标准。

2. 目标分解步骤

要做好年度经营计划和目标分解，目标分解应围绕三方面进行。

(1) 确定年度销售目标。依据公司的整体经营战略，结合区域市场及自身经营情况确定，主要包含经营量、利润、重点客户稳定率、新客户开发、营销费用控制、应收款规模等指标。使用的方法主要是目标倒推论证法，例如：①是否拥有达到这个增加值的资源？②未来一年内公司资源的变化情况如何？③是否具备应对上述变化的能力和切实可行的举措等？这些方面论证越详细，离实现目标就越近。

(2) 计划分解的依据。经营计划的分解是一个确定目标、明确责任的过程，应从多个维度统筹考虑与测算，既要考虑全面、合理公正，又要抓住主要矛盾。在测算指标中，要注重客观因素的影响，减少主观因素的影响，制订统一的标准，公平、公正，既要“鞭打快牛”，又要“鼓励后进”。最终把年度目标分解到季度、月度，落实到营销部门，落实到区域和每一位业务人员身上。

(3) 销售计划分解程序。销售计划的分解是一个反复沟通衔接的过程。首先确定分解原则和方案，与上级领导和下级单位进行沟通对接，达成共识。依据分解原则和方案形成初步分解意见，与下级单位逐家对接，根据对接情况进行确定或调整，最后报上级领导审批确定。

3. 经营目标与考核闭环管理

经营目标的执行与评价考核要实施闭环管理。企业要定期考核经营分析、评价和考核工作。按照经营的规律，一般按照月度或季度、年度进行经营分析、评价和考核。利用经营分析指标体系和财务分析管理体系，对照前期设置的中短期目标对当期的经营计划完成率、完成成效进行综合评估分析，并实施奖优罚劣。

经营计划从目标、实施、分析、考核等各个环节均要尽可能实行量化分析与考核，包括对市场和客户的分析，定量分析也非常重要。在全年经营计划确定的前提下，做好月度经营计划分解、跟踪和考核工作，按照闭环流程用PDCA法实施管理。PDCA管理法分为四个阶段，即计划(Plan)、执行(Do)、检查(Check)、处理(Act)。

根据季节消费特点，分解下达月度经营计划。每日对分单位经营计划完成情况、同比情况、客户成交情况、价格情况、毛利完成情况进行跟踪、通报。每周分析销售超欠原因，点评通报。每月实施点评考核、兑现。

(1) 上级公司对各下级分公司开展一个PDCA循环检查。下达月度经营计划，下级公司执行。开展定期检查、考核；再改进。

(2) 各分公司对销售人员销售再开展一个PDCA循环检查，确保闭环管理。从而解决销售过程中一般存在的四个问题。

4. PDCA循环工具简介

销售管理普遍存在四大问题。

一是销售管理者没有将目标分解到每一位销售人员。

二是销售管理者没有对完成目标的方法进行研究。

三是销售管理者没有对完成目标的情况过程进行检查、跟进。

四是销售管理者没有对完成任务的情况制订奖惩机制。

针对以上四大问题，导入PDCA管理法。PDCA管理法简单且实用，更为适合销售团队的管理者运用。

PDCA循环由美国质量管理专家休哈特博士首先提出，由戴明采纳、传播，得以普及，所以又称戴明环。全面质量管理的思想基础和方法依据是PDCA循环。在质量管理活动中，要求把各项工作按照作出计划、计划实施、检查实施效果，然后将成功的纳入标准，不成功的留待下一循环去解决。这一工作方法，这是质量管理的基本方法，也是企业管理各项工作的一般规律。

5. 经营分析系统的主要功能

经营分析系统的主要功能包括关键指标监控、统计报表、综合分析和数据挖掘。

1) 关键指标监控

关键指标监控(KPI)是对企业业务指标实时的监控和预警功能。KPI借助表格和图形方式直观的展现使得管理者能以宏观的角度及时了解现有用户数量、业务收入以及和同期发展的比较，也能以微观的角度了解具体某个地区、某类业务用户的具体情况。管理者根据业务发展不同时期的情况，可以通过选择或输入的方式对关键指标的门限值进行相应设置，达到对业务发展实时监控的目的。

2）统计报表功能

统计报表功能指在制订的统计周期之内，按市场部门的要求生成统计结果数据，并进行汇总或分析处理，形成规定格式的报表图形，并向相关部门提供有关的业务预测与经营分析资料。报表生成具有很高的灵活性，支持按指定时间段自动汇总、统计各级报表数据自动生成汇总报表，支持选择各种统计元素。同时，提供报表模板，可以灵活选择特定的模版，也可自定义所需要的模版。

3）综合分析

综合分析内容包括客户分析、收益分析、业务量分析、新业务综合分析等一些综合性较强的分析等。分析维度包括时间、地区、申请类型、用户性质、用户状态、通话类型、受理方式等。综合分析根据某个分析主题，选择与主题相关的维度，进行多维度分析。综合分析提供灵活多样的展现方式，常用的展现方式有：固定(预定义)报表、图表、即席查询、多维动态分析等。

4）高级数据挖掘功能

高级数据挖掘时利用数据挖掘方法和技术，从大量的数据中寻找数据之间的关系模式。高级数据挖掘内容包括客户价值分析、业务预测、消费层次变动分析、客户流失分析、客户细分等。与前面分析不同，数据挖掘分析不是一个单步骤的分析，而是一个迭代、螺旋式上升的流程。流程包括数据准备、数据建模、模型评价和解释三个阶段。当最后阶段的模型评价解释不能达到要求时，重新回到第二阶段数据建模阶段，甚至有时必须回到第一阶段数据准备。比如客户流失分析，数据准备阶段，获取与主题有关的所有数据，如客户状态变动、消费变动、市场竞争强度、投诉申告强大等数据和信息，然后预处理消除噪声，导出与主题关系更强的变量。接着是数据建模阶段，采用决策树、神经网络学习等方法，分析客户流失的主要特征，建立客户的流失模型，预测发现流失概率较大的客户。第三阶段是数据评价和解释阶段，对模型评分和解释，如果达到要求，就保存模型并应用所得结果于市场行动。这类分析涉及的变量数目多，变量的关系复杂，需导出主题相关的变量，数据分布缺少较强的规律性，因此分析的综合性、难度和深度比前三种分析大得多，对分析人员要求很高。如果没有对数据挖掘算法和业务的深入理解，分析的效果往往很难得到保证。

思考题

1.“鞭打快牛”现象是否合理？具体计划分解中应怎样处理才合理？

2. 当计划目标分解出现矛盾时，如何有效化解？

3. 经营分析评价需要重点关注哪些指标和内容？

4. 经营计划在实施过程中出现较大偏差，是否需要调整原经营目标或考核办法？

5. 如何解决经营考核各经营主体、客户经理认为的不公平、不公正问题？

第三节　市场调研和客户细分

本节目标：

1. 了解市场调研的目的。
2. 掌握市场调研的基本方法以及如何发现潜力市场。

故事

跑出来的大蛋糕

周二一早，王总一上班立即让超哥召集赵丽、周强、李翔、雯雯一起开一个碰头会。王总开门见山地说：“各位，有个大商机马上要出现了，大家要做好前期调研和市场预判。昨天我参加省政府的二季度经济情况座谈会，郑副省长通报了相关情况，国务院于两天前正式批复《江南海洋经济发展示范区规划》，江南省海洋经济发展示范区建设上升为国家战略。”

王总接着说：“郑副省长介绍国务院的批复要求，《规划》实施要以突出科学发展主题和加快转变经济发展方式为主线，以深化改革为动力，着力优化海洋经济结构，加强海洋生态文明建设，提高海洋科教支撑能力，创新体制机制，统筹海陆联动发展，推进海洋综合管理，建设综合实力较强、核心竞争力突出、空间配置合理、生态环境良好、体制机制灵活的海洋经济发展示范区，形成我国东部沿海地区重要的经济增长极。”

听完王总的介绍后，超哥说道：“‘跳出陆地，发展海洋’的确成为了江南省的必然选择。江南海域面积大，相当于好几个陆域面积，发展海洋经济潜力巨大。这对我们肯定是个大的商机，大家都来谈谈吧，我们怎么做这个市场调研。”

赵丽是个老业务，随口说道："还不是老几样，我们之前做过渔船和货船供油嘛。"

王总打断赵丽的发言，严肃地说："可不能有这样的想法。关于市场调研方面的事情，具体由阿超来安排。我强调一点，没有调研就没有发言权，千万不要盲目判断市场。"

超哥思考了几分钟："市场调研的事情由赵丽和雯雯牵头，调研提纲拟好后发给沿海的四家分公司，具体的调研由他们来配合开展。不要局限大家的思路，多跑跑发改委等政府部门，我看这次海洋经济的事来头不小，可做的事情很多。"

两个星期后，各地市分公司的调研报告交到省公司，雯雯汇总好先交给赵丽过目，赵丽看了心里一惊，的确内容很丰富，赶紧向超哥汇报。

"超哥，调研结果出来了，这次海洋经济对各地市政府触动都很大，纷纷来了大动作，您看省会江城市作为这次示范区的所在市，动作最大，要在沿海地区大规模围海造田，新建经济开发区。"

超哥兴奋地说："这一锅饭就够我们好好吃一顿了，首先围海造田就涉及大量的基建施工，从挖机打桩等基建施工，到中期的塘渣运输，都是用油大户，下一步你让江城分公司继续跟进，摸清有多少个标段，哪些企业中标；其次开发区建成后肯定有大规模的招商引资，这个我们也要提早布局，我看可以向王总建议提早和开发区管委会联系，甚至可以搞点'企地合作'的项目嘛。"

赵丽一边记录，一边接着介绍："泉城之前就有天然的深水良港，这次市政府提出依托港口优势，继续做大国内国际海上船运贸易，包括新建多条高速公路和集装箱堆场。"

超哥分析道："这块业务我们之前一直在做，集装箱物流企业是我们主要的直分销大客户，但是我们的份额不高，随着港口规模的扩大，物流企业的用油量可能会有一个飞跃的过程，这块一定要盯紧了。至于大型运输船只么，尽管重质燃料油业务我们之前没参与过，但也不能放弃，我看就由你来牵头和燃料油销售部门联系一下，这块市场我们共同开发。"

"好的，我会叮嘱泉州分公司盯紧的。榕城市相对来说动作不大，仍然提出是发展近海养殖和捕捞业，这块市场近几年一直在萎缩，我们被系统外的不公平竞争搞的比较惨。"

超哥无奈地说："近海渔船用油嘛，这个市场我们是纯防守，很多渔船用的都是非标油，价格与正品柴油差距太大。不过即使这样我们也要尽量延缓市场丢失的速度，同时积极和政府汇报、反馈情况、寻求帮助。"

“是的，这个太被动了。另外值得一提的是从省一级层面了解到，我省海域发现有海洋油气田，接下来国家层面肯定要开发。”赵丽一边翻着报告一边继续汇报。

这次，超哥露出得意的笑容：“这个我们有先天优势，国内能做海洋钻井平台的就那么几家单位，我们系统内就占三分之一，其他也都是兄弟公司的下属企业，这个项目只要一启动我们必须拿下，按临省江北省神州海上油气田的规模，起码一年是2万吨的柴油用量。”

超哥顿了顿，继续说道：“你把材料按照刚才的思路再整理一下，我们去向王总汇报。真是不调研不知道，这一调研发现了这么多商机，有的是我们之前接触过的，有的完全是新兴的，这次的调研太有价值了。”

海洋经济示范区油品市场潜力的调研给赵丽带来很大启发，困扰她多日的问题也终于有了答案：销售增幅5%~15%增量就从市场调研、从客户开发中来！销售主管赵丽暗暗自言自语道：“干脆一鼓作气，开展全省的市场调研以便找到目标市场。”说干就干！赵丽决定利用公司客户数多、客户经理也较多、加油站数量多的优势，开展地毯式市场调研，分别找出汽油、柴油、燃料油的市场增量空间。赵丽制订了成品油市场专项调研方案，主要内容如下：

(1) 组织开展对近三年的历史成交客户分析，全面梳理出今年以来未成交的客户，分析流失的原因，制订找回的措施。

(2) 对消费保持持续增长的汽油市场制订专项调研办法。一是结合我国刚刚处于机动车进入家庭消费的快速增长期，车轮消费仍然是未来市场最大的潜力市场的现状，充分借鉴国外成熟的经验，在调研现有机动车保有量的基础上，根据各地市人均收入、人口等情况，准确研判未来汽车成品油消费市场变化。二是根据汽油主要消费为车辆消费的特点，对社会加油站、汽车制造厂以及部分社会经营单位进行专项调查。特别是对社会加油站的调查，按照全覆盖的要求，对全区域社会加油站逐一上门调查，剔除已在中胜江南公司正常购油的1000余家社会加油站，还有近一半的社会加油站未在我公司购油。对已有成交的社会加油站分析在中胜江南公司购买的份额，分析还有多少提升的空间；对于尚未成交的社会加油站通过走访建立客户档案。

(3) 做好柴油分行业客户分析。柴油在国民经济中的不少行业中得到广泛运用。主要包括：以物流为代表的交通运输业（柴油货车、柴油客车）、农用车（包括农业机械、拖拉机等）、农业用油（收割机、插秧机等）、渔业（沿海渔船用油）、电力用油（电厂助燃）、工矿企业、基建工程（修路、建桥等等）、楼堂馆所等。通过查阅资料、现场走访以及查阅政府重大工程计划等内容，提前规划，抢占先机，把握好相关行业用油需求。

在明确采取历史大数据分析、后期消费预测模型研判、终端客户实际走访等不同的调研方法开展地毯式调研后，力争摸清市场总容量和市场潜力，找准扩销切入点，全力扩销增量。

笔记十六

1. 市场调研的概念

市场调研，又称为市场调查，是进入新市场的必经过程。市场调研是指运用科学的方法，有目的地、系统地搜集、记录、整理有关市场营销信息和资料，分析市场情况，了解市场的现状及其发展趋势，为市场预测和营销决策提供客观的、正确的资料。

一般的产品市场调研，与产品的差异性、生命周期以及客户消费习惯密切相关；成品油作为"生命周期长、产品更新慢、同质化严重"的特殊产品，市场调研需要更加有行业特征和区域划分。

2. 成品油市场调研的特点

成品油行业市场调研报告是运用科学的方法，有目的地、有系统地搜集、记录、整理有关成品油行业市场信息和资料，分析成品油行业市场情况，了解成品油行业市场的现状及其发展趋势，为成品油行业投资决策或营销决策提供客观的、正确的资料。

成品油行业市场调研报告包含的内容有：①成品油行业市场环境调查，包括政策环境、经济环境、社会文化环境的调查；②成品油行业市场基本状况的调查，主要包括市场规范，总体需求量，市场的动向，同行业的市场分布占有率等；③有销售可能性的调查，包括现有和潜在用户的人数及需求量，市场需求变化趋势，本企业竞争对手的产品在市场上的占有率，扩大销售的可能性和具体途径等；④对成品油行业消费者及消费需求、企业产品、产品价格、影响销售的社会和自然因素、销售渠道等开展调查。

成品油行业市场调研报告采用直接调查与间接调查两种方法：

(1) 直接调查法。通过对主要区域的成品油行业国内外主要厂商、贸易商、下游需求厂商以及相关机构进行直接的电话交流与深度访谈，获取成品油行业相关产品市场中的原始数据与资料。

(2) 间接调查法。充分利用各种资源以及所掌握的历史数据与二手资料，及时获取关于中国成品油行业的相关信息与动态数据。

3. 市场调研的目的

市场调研是为了收集足够的、真实的和有效的信息为企事业单位等的其他活动和策略所服务，为管理部门提供参考依据。利用市场调研的部门可以是企业、公司、团体以及任何一切企事业单位的管理决策层或个人。市场调研的目的可能是为了制订长远性的战略性规划，也可能是为制订某阶段或针对某问题的具体政策或策略，提供参考依据。研究可以是学术性的，也可以是实用性的。

4. 用好调研结果，找准目标市场

市场细分是指营销者通过市场调研，依据消费者的需要和欲望、购买行为和购买习惯等方面的差异，把某一产品的市场整体划分为若干消费者群的市场分类过程。每一个消费者群就是一个细分市场，每一个细分市场都是具有类似需求倾向的消费者构成的群体。

对于故事中提及的社会加油站的潜在市场，物流行业、沿海渔业、基建工程等重点行业以及竞争对手重点客户，要通过市场调研和客户细分有针对性地组织开展营销活动从而达到提高市场份额的目标。

思考题

1. 市场调研的目的是什么，有哪些具体的调研方法？
2. 如何有效开展成品油分行业消费调研？成品油消费主要有哪些行业？
3. 未来几年我国成品油消费最大的潜力市场有哪些？
4. 通过调研如何做好客户细分？
5. 如何用好调研结果，组织开展市场开发工作？

第六章 销售价格策略

第一节 成品油定价机制

本节目标：

1. 了解国内成品油定价机制。
2. 了解国内成品油税费改革相关情况。

故事

神秘的面纱

“千万里我追寻着你……”还没有走进办公室，超哥就听见自己办公桌上的电话铃声响个不停。最近一段时间，这首电话铃声响彻楼道的频率是越来越高。超哥摇了摇头腹诽道：“还真是像这歌词唱的一样，让人有一种被追着的感觉，一时都不得清闲啊！”

超哥看了眼来电显示，赶忙接起电话：“人事总监大人，给我打电话什么指示啊？”

电话那头的公司人事总监老张哈哈笑了几声，说道：“哪敢指示超总，是想请超总帮帮忙呢！”

“张总客气了。有事您请讲！”

“是这样的。按照计划，我们在下周组织一次对今年新入职员工的培训，想邀请超总周三去给我们的新员工讲上一课。不知道你有没有时间？”

“下周三？目前看没什么问题！可是张总，你让我去讲课就不怕‘误人子弟’？”超哥带着一脸坏笑地说道。

“哈哈，超总，谁不知道你是我们公司的头号金牌讲师，有着深厚的理论功底和丰富的实践经验，再加上你那富有磁性的嗓音，我……”

“别别，张总，快打住！”超哥赶紧抢着说道。“你还是别给我戴高帽。这个活我就踏踏实实地领走了。说吧，让我讲点什么内容？”

“哈哈。超总，题目我们都给你想好了。为了使培训达到预期的效果，在此之前我们也对新员工做了问卷调查，想看看大家在入职培训中都想了解哪些方面的内容。从调研的结果看，大家普遍对油价方面的内容很感兴趣，想知道时常在媒体中看到的对于油价的炒作到底有没有道理？所以，你看要不就讲讲国内成品油的定价机制方面的内容？”

“好，就按照人事总监大人说的办！”

“哈哈，非常感谢超总监！那我们就期待你的精彩授课了！”

挂上电话后，超哥把赵丽叫进了办公室，交代了几句后，便拿上本子匆匆走向会议室。

很快，一周时间过去了。

周三下午 2∶30，按照约定的时间，超哥准时来到了公司的培训室。培训室内坐了大概 20 几位新员工，穿着整齐的服装，都充满期待地看向超哥。望着这 20 几张青春洋溢的面孔，超哥仿佛回到了校园时代，同时也感叹白驹过隙，时间都去哪了！

在主持人进行简短开场白后，超哥微笑着向主持人点了点头后，迈步走向讲台。

“各位新员工，大家好。我是阿超，刚才主持人已经把我简单介绍过了，很高兴有机会与大家进行交流。我的交流主题是国内成品油价格方面的相关内容，我想先问问大家为什么对这个内容这么感兴趣？”

一时间培训室突然变得热闹起来。

“因为网络上对油价的评论很多呀！”一位新员工微笑着回答道。

“是呀，昨天还听我爸说，下班回家途中看到一座加油站外等待排队的车辆长达近百米，以为出了什么事情。后来看新闻才知道是因为昨天是调价时点，一升汽油上调了 2 毛多呢。”又一位新员工还比划着手指回答道。

“嗯。”超哥若有所思地点了点头。“作为一般的消费者来说，对于商品最关注的除了质量就是价格了，因为这关系到每一位消费者的切身利益，所以油价会经常引起热议也是可以理解的。但是我们作为成品油行业的从业人员，对于油价就要‘知其然更要知其所以然’了。”

看到对面的新员工中有几位充满期待地点着头，超哥缓缓地说道：“接下来我会把国内成品油定价以及税费改革的一些情况给大家做简要介绍。在我介绍的过程中，如果哪位学员有问题可以随时打断我，大家也可以就某个共同关心的内容进行讨论。”

超哥顿了顿，在电脑上打开课件后，接着说道：“我国自 1998 年启动成品油定价机制改革以来，成品油市场化已走过近 20 个年头。1998 年以前的长时期内，石油价格的调整一直由国家确定，往往是一次调整，长时期内不变。随着中国成品油市场的不断发展和完善，到了 1998 年，油价改革的序幕就此拉开。”

随即超哥在课件中展示了一张“国内成品油定价改革时间表”：

2008 年：国家发改委出台新的成品油定价机制，汽柴油零售基准价格由原先的上下浮动改为最高零售价格制。

2009 年：确定当国际市场原油连续 22 个工作日移动平均价格变化超 4%时，可相应调整国内成品油价格。设定国际油价“天花板价”为每桶 130 美元。高于每桶 130 美元时，按照兼顾生产者、消费者利益，保持国民经济平稳运行的原则，采取适当财税政策保证成品油生产和供应，汽、柴油价格原则上不提或少提。

2013 年：成品油调价周期由 22 个工作日缩短至 10 个工作日，并取消上下 4%的幅度限制。为节约社会成本，当汽、柴油调价幅度低于每吨 50 元时，不作调整，纳入下次调价时累加或冲抵。

2016 年：设定成品油价格调控下限，即国际油价“地板价”。下限水平定为每桶 40 美元，即当国内成品油价格挂靠的国际市场原油价格低于每桶 40 美元时，国内成品油价格不再下调。

随着超哥授课内容的不断深入，这些新员工们也逐渐变得忙碌起来，在笔记本上不停地写画着。渐渐地，类似“挂靠油种”“移动平均价格”“调价窗口”“22 工作日和 4%”“10 工作日和取消 4%”“上限 130 美元、下限 80 美元”等熟悉又陌生的内容已经密密麻麻布满了几页纸。

“超总，我有个问题。您已经把国内成品油定价机制改革的历史和现状给我们做了很好的讲述。您对未来的价格机制有什么建议或预判吗？”一位新学员问道。

“哈哈，建议或预判倒也谈不上。我只谈几点个人不太成熟的想法，不见得对，咱们仅作学术探讨。”超哥谦虚地说道。

“应该说近几年随着成品油价格机制的不断完善，运行总体平稳，国内成品油价格更加灵敏反映国际市场油价变化，价格调整透明度增强，成品油正常供应得到保证的同时，也促进了市场有序竞争。

随着市场化程度进一步提高，未来成品油价格市场化应该是大势所趋。从技术面上考虑，价格应该是‘发现’出来的，那就需要一定的工具或者说是参照。未来市场参与者的价格制订可能会采取以下模式：以主营单位根据成本收益情况制订‘标杆价格’，其他经营主体跟谁定价；以新加坡 FOB(或其他较有影响力的市场价格)为基准价进行升贴水定价；当然国内也可能建立成品油现货交易市场，参照市场供需情况实时定价。

当然，油品价格关乎国计民生。价格波动直接影响到国民经济的各个层面，甚至关乎幸福感，价格既不是越低越好，也不是越高越好，而是越健康越好。”

新员工中不断有人若有所思地点着头。

“超总，我也有个问题。”新员工中一位帅小伙突然站起来说道。

“作为普通消费者，最关心的莫过于油价上涨了。每次油价一上涨就大呼心痛，计算加满一箱油要多花多少钱。甚至调侃中胜江南公司的话相信大家也都或多或少地听到过。您能给我们讲讲一升汽油的成本到底是多少吗？”小伙子说完后带着一脸坏笑地坐下了。

听完这位新员工的问题后，超哥看了他一眼，默默地记住了这张脸。随即笑着答道：“你是更想问我卖一升油能赚多少钱吧？”

“哈哈哈”。新员工们都发出了阵阵笑声，那位帅气的小伙子也抿嘴笑了下。

超哥没有直接回答这个问题，而是开口说道：“刚才给大家讲到过，目前国内的零售价格主要是在国家制订最高限价的基础上根据市场竞争情况适当降价，但像前不久网络上热议的‘海港’石油加油站大促销之类的情况绝对不是正常的经营行为，不理性的价格是不会持久的。”

新员工们听到此都会心地笑了笑。

“那社会加油站也从我们这里购油吗？”

“对呀，这就是我所在的部门干的事情了。”超哥笑了笑，接着说道：

“社会加油站及贸易商也是我们的客户之一，针对这类客户的销售价格国家也是有规定的，批发的最高限价与最高零售价格的价差每吨不能低于 300 元。”

“哦，原来是这样。”

超哥笑了笑，接着说道：

“最后给大家讲讲油品价格的构成。你们说说油品价格由哪些要素构成啊？”

“成本！”

“利润！”

“还有税费！”

几个声音相继传出。

“很好，大家说的都不错。”超哥点评道。“成品油价格主要由成本(包括：原料成本、炼厂加工成本)、流通环节费用、税金(包括：消费税、增值税、企业所得税、城市维护建设税、教育费附加、地方教育费附加)及炼销利润构成的。”

超哥顿了顿，接着说道：“值得一提的是，近年来为促进环境治理和节能减排，国家已经连续提高成品油消费税的税额，目前汽油 1.52 元/升，柴油 1.2 元/升。”

“至于刚才的那个问题，”超哥扫视了一下在座的全体新员工后，微笑着说道：“我希望你们在未来的工作中能够自己找到答案!”

笔记十七

1. 现行石油价格管理办法

该办法的主要内容有：

(1) 汽、柴油最高零售价格以国际市场原油价格为基础，考虑国内平均加工成本、税金、合理流通环节费用和适当利润确定。

(2) 当国际市场原油价格低于每桶 40 美元(含)时，按原油价格每桶 40 美元、正常加工利润率计算成品油价格。高于每桶 40 美元低于 80 美元(含)时，按正常加工利润率计算成品油价格。高于每桶 80 美元时，开始扣减加工利润率，直至按加工零利润计算成品油价格。高于每桶 130 美元(含)时，按照兼顾生产者、消费者利益，保持国民经济平稳运行的原则，采取适当财税政策保证成品油生产和供应，汽、柴油价格原则上不提或少提。

(3) 汽、柴油价格根据国际市场原油价格变化每 10 个工作日调整一次。调整生效时间为调价发布日 24 时。当调价幅度低于每吨 50 元时，不作调整，纳入下次调价时累加或冲抵。

(4) 成品油批发企业对零售企业的汽、柴油最高批发价格，合同约定由供方配送到零售企业的，按最高零售价格每吨扣减 300 元确定；合同未约定由供方配送的，在每吨扣减 300 元的基础上再减运杂费确定。运杂费由省级价格主管部门制订。

成品油批发企业在不超过汽、柴油最高批发价格的前提下，与零售企业协商确定具体批发价格。当市场零售价格降低时，批发价格要相应降低。合同约定由供方配送的，批零价差不得低于每吨 300 元，并不得另外收取运杂费；合同未约定由供方配送的，扣除运杂费后，批零价差不得低于每吨 300 元，并不得强制配送。

(5) 成品油生产经营企业对具备国家规定资质的社会批发企业的汽、柴油最高供应价格，按最高零售价格每吨扣减400元确定。

成品油生产经营企业在不超过汽、柴油最高供应价格的前提下，与社会批发企业协商确定具体价格。当市场零售价格降低时，对社会批发企业供应价格相应降低，价差不得低于每吨400元。

2. 消费税改革

近年来，为促进环境治理和节能减排，国家连续几次提高了成品油消费税额。消费税现行执行标准如下：

汽油、石脑油、溶剂油和润滑油的消费税单位税额为1.52元/升。柴油、喷气燃料和燃料油的消费税单位税额为1.2元/升。喷气燃料暂缓征收。

与此同时，为加强汽油、柴油、喷气燃料、石脑油、溶剂油、润滑油、燃料油等成品油消费税的征收管理，维护公平的税收秩序，营造良好营商环境，国家税务总局于2018年年初下发了《关于成品油消费税征收管理有关问题的公告》。公告的发布已经被业内视为成品油管理又一次全面改革开始的信号。

3. 美国成品油批发市场价格机制

美国善于利用金融手段解决实体问题。美国石油产品定价演变经历了几个阶段，目前已经形成了较为完善的定价机制。美国成品油遵循市场化定价，价格是全球联动，北美地区主要参考阿格斯基准价，根据基准价就可以引入实货成交贴水、成品油掉期价格、月差成交价格等。阿格斯基准价广泛应用于全球原油、成品油、煤炭、电力、天然气、液化石油气及碳排放市场。阿格斯价格被用于实货交易和衍生品交易合同中，同时阿格斯的很多价格被用于逐日盯市、风险控制、策略制订和政府以及税务机构进行价格参考。目前美国成品油分销贸易的计价方式主要有两种：浮动价格/公式价格：基准价+贴水的形式，市场通用。而固定价格：双方在合同中明确约定固定价格，20世纪80年代后就较少使用。

4. 美国成品油期纸货和现货市场

美国成品油价格期纸货和现货市场紧密联动。

纸货市场方面，纽约商品交易所(NYMEX)是一个主要的电子交易平台，买家和卖家可以在一个月内从现在到未来18个月的任何时间交易各种燃料商品。由于国内和全球的影响，纽约商品交易所的价格上下波动。纽约商品交易所的价格走势反过来又会影响现货市场。

现货市场方面，“现货”购买指的是在管道或水上(通过驳船或货物)进行实物交易的燃料。与纽约商品交易所不同，现货交易是真正的实物交割。现货交易的主要参与者有：第一是炼油商；第二是交易员投机者；第三是经纪人；第四是大型终端用户。

批发市场方面，交易量比较小，价格变动跟随现货市场变动，交易价格也是透明的，价格变动每天下午6点生效。美国DTN能源和OPIS是关注批发市场以及少量现货市场的公开机构，较多地用于发现美国批发环节的基准价。零售市场方面，美国零售市场价格跟随批发市场价格变动，一般反应时间是2~3天。美国各大零售商均是自主定价，结合地理位置、油品品牌、客户群体等因素定价，优惠幅度跟当期营销策略有关。

思考题

1. 现行成品油定价机制的主要内容是什么？
2. 现行成品油定价机制是否存在问题？
3. 你认为未来国内成品油消费税的改革方向是什么？
4. 美国成品油定价机制给你带来哪些启示？
5. 你认为国内未来的成品油将如何定价？

第二节　不同行情下的定价策略

本节目标：

1. 掌握定价的基本原理和常用方法。
2. 了解如何制订不同市场行情下价格策略。

故事

推价！推价！

周二一大早，超哥来到办公室刚坐下，就接到一条油品信息网站订阅的短信：“因美国墨西哥湾热带风暴已经减弱，同时也离开了原油设施区域，这令原油供应得到恢复，油价收盘下跌。WTI跌1.15~56.72，布伦特跌0.9~63.27。据测算，截至1月6日第三个工作日，参考原油品种均价为63.06美元/桶，变化率2.96%，对应汽、柴油价格上调130元/吨，本轮调价窗口为1月17日24时。”

短信刚看完，赵丽敲了敲门，快步走进来，“超哥，国际油价大跌，一早上我接了好几个电话，饭都没吃好，都是地市分公司营销部经理打来的，问今天是不是要把价格降一降。"

超哥没有回答赵丽的问题，而是先起身走到咖啡机旁，按下自动按钮，一杯香气浓郁的咖啡就做好了，他喝了一口热咖啡，说道："先别着急答复他们，我们大家先讨论一下，10 分钟后在我这里碰头。"

几个得力干将都到了，超哥清了清嗓子，"我们开个小会，就一个事，议一下现在的价格政策。赵丽，你先说说。"

赵丽应了一声，"昨天国际油价收盘大跌，有些地市分公司有点坐不住了。但我觉得不用太着急。"

她抬头看了超哥一眼，超哥示意她继续。"看国际油价要看大方向，现在中东局势不稳，地缘政治是近期内影响国际油价的主要因素，我看后市价格上涨的大趋势不变，我觉得咱们应该再观察观察。"

超哥点了点头，赵丽接着说，"另外，根据测算，下个调价窗口应该还是上调预期，根据目前的国际油价测算，大概要上调 130 元/吨左右。如果国际油价继续涨，上调的幅度还会扩大。"

超哥问周强："这几天地炼的价格怎么样？"

周强喝了一口手中的热茶，说道："这几天地炼柴油价格没怎么动，汽油一天一个价，天天涨，有个别的甚至一天涨两回，而且出货都很好，库存都不高。幸亏我们前期低价资源拿的不少，不然现在还真麻烦了。"

说到这儿，赵丽插了一句，"就是咱们的老对手江北石油公司不知道葫芦里卖的什么药，报的价格比地炼价还低，愁死我了。"

周强说道："春节马上要到了，这铁路车皮都开始紧张了，我估计他们不会持续低价。"

超哥又看向雯雯，"这几天的销量怎么样？"

这些销售数据雯雯了然于胸，她马上答道："这个月过去的几天，柴油卖得一般，汽油销售很好，每天都超过月均计划量 30%以上，各个地市分公司都超着时间进度呢。"

赵丽也说，"是的，这几天地市申请汽油的订单明显多了。"

超哥又问："汽油已售未提的货怎么样？"

雯雯回答："这几天已售未提的出货数量不大，每天不到销售量的一半，不过整体已售未提水平不算高，目前在 10 万吨左右。"

超哥"嗯"了一声，"那确实不算高，我记得已售未提最多的时候已经接近 20 万吨。"

雯雯说，"是啊，现在的已售未提水平确实不高，不过在慢慢上来。"

看大家说的差不多了，超哥说："根据大家说的，我总结一下。第一，国际油价后期看涨，下次国内成品油价格预期上调。第二，春节临近，柴油进入消费淡季，汽油转旺；第三，地炼汽油库存不高，价格持续上涨；第四，汽油已售未提水平上涨说明客户开始囤油备货。"

说到这儿，他喝了口咖啡，又说道："咱们做营销的，要跟着市场形势走，这次国际油价小幅回调，正好是我们逆势推价的好机会。通知地市分公司，坚定信心，小步快跑，连续推价，营造市场看涨氛围！"

赵丽："超哥这么一分析，我就明白了，马上通知，立刻推价！"

回去后，赵丽通知地市分公司下午三点开始汽油价格上推30元/吨。

当天汽油销售量比往常有所增多，但很多客户仍在观望。

第二天，因为恐怖分子袭击中东某处油田的消息，国际油价上涨，一大早，超哥告诉赵丽，在昨天汽油价格的基础上再上推50元/吨，马上执行。

消息通知到地市分公司，昨天未购进的中小客户开始着急了，陆续转账到中胜江南开单销售，当天汽油销售量达到往常的一倍。

第三天，国际油价小幅回调，但是地炼价格平稳，赵丽按照超哥的指示，通知地市分公司汽油价格继续上推20元/吨，同时控制大单销售。

一些摇摆客户终于绷不住了，开始出手购油，当天汽油销售量达到近段时间的顶峰。

月末，雯雯兴冲冲地拿着报表跑到超哥办公室，"超哥，我们这个月汽油不仅量卖得好，价格也好，这个月效益是半年多以来最高的。又能拿奖金喽！你也不带领我们庆祝庆祝？"

超哥笑着摇了摇头，"你这丫头又发现新开的馆子了吧，发了工资我请客！"

笔记十八

1. 定价策略的含义

定价策略，市场营销组合中一个十分关键的组成部分。价格通常是影响交易成败的重要因素，同时又是市场营销组合中最难以确定的因素。企业定价的目标是促进销售，获取利润。这要求企业既要考虑成本的补偿，又要考虑消费者对价格的接受能力，从而使定价策略具有买卖双方双向决策的特征。此外，价格还是市场营销组合中最灵活的因素，它可以对市场作出灵敏的反映。

2. 定价的影响因素

影响定价的内部因素有企业的经营目标、企业的营销组合、产品成本、定价目标四个方面。外部因素有市场结构、市场需求的价格弹性、竞争者的产品和价格、国家政策法规及其他外部环境因素。

3. 成品油批发价格的特点

价格机制是市场机制的核心，市场决定价格是市场在资源配置中起决定性作用的关键。我国成品油批发价格主要受到炼厂原油成本变化、政策变动、市场供需变化、市场竞争激烈程度、市场消息的交织影响下形成的。近年来由于资源供大于求、竞争主体不断增加，国内成品油批发贸易已经逐步转向市场化运作，成品油批发呈现市场化定价的趋势。与大多数商品价格运行机制相同，成品油资源的供需是影响批发价格的首要原因，当供大于求的时候，商品价格往往下跌，当供不应求的时候，商品价格往往上涨。例如，在资源非常充裕、市场需求减弱、主营销售不佳的时候，各大主营就会相互降价抢量，不惜一切代价抢夺市场，批发价格水平往往较低。而每当国内资源偏紧的时候，批发价格水平会往往保持较好，当成品油资源非常稀缺的时候，极端行情甚至还会出现批发价格高于零售价格的情况。

4. 不同市场行情下的定价原则

面对国际原油变化以及市场价格走势，需要通过研判、把握和跟随市场趋势，以市场需求和经营考核效益为导向，积极寻求最佳的资源及经营结构，发挥直分销团队优势，通过精准的市场节奏把握、讲究实效的销售策略和基层高水平的执行能力，顺势而为、随势而为，圆满实现销售规模和进销价差的有机统一。

1）涨价行情

准：一是准确判断油价短期上行趋势明朗；二是准确判断已售未提水平处于相对低位；三是准确判断后期消费有提升空间。

快：一是果断采取推价措施；二是遇需求放大要再次快速做出反应。

狠：果断主导和引领基层意见，推价要有狠劲，尤其是在放量后的推价策略上。

2）看跌行情

缓降价：通过慢降、少降来缓解市场走势对终端消费的直接冲击，以求得相对的市场稳定。若预判行情走低，价格将持续下滑，分析客户心理、客户库存和市场走势，利用客户趋利、抄底心态合理扩大降价幅度，快于竞争对手销售。

抓反弹：利用反弹行情，通过小幅推价来止跌稳市，以进为退，为下一步稳市做好准备。

3）节日前后

节前靠借势：利用客户普遍的节前备库心态，再能借市场走势的有利因素，即能达到促销目的；

节后靠稳市：如节前无可借之机，节后补库往往较为急迫，此时须密切跟踪客户需求，宜采取稳市策略即能达成。

4）打谈行情

对待竞争对手总的思路是：先手上量，后手破袭。每月在上中旬盯住主要竞争对手，加快销售进度，扩大销售。下旬限量压价袭扰对手，压缩对手有效销售时间、破除对手上量空间。打压市场价格，获得更高的采销价差。

思考题

1. 请简述定价策略的含义。
2. 影响定价的因素主要有哪些？
3. 简述不同市场行情下应采取的价格策略。
4. 你认为在推价时有哪些技巧？

第三节　客户的差异化定价方式

本节目标：

1. 了解客户的差异化定价方式。
2. 掌握客户差异化定价的注意事项。

故事

贵一点也无妨

不知不觉，超哥上任营销总监已经有段时间了。随着对公司整体经营情况了解的不断深入，超哥更是时刻感受到身上的压力无处不在。前几日，在陪公司王总出差的间歇，王总与超哥进行一次交谈。除了提醒超哥近期市场价格波动较大、要把握好采销节奏的同时，还提到当前许多地市分公司分管业务的副总和营销部经理都是新提拔的年轻干部，要在平时的工作中对这些“新手”给予额外的“关注”。

想到这里，超哥翻了翻日历牌，随即拨通赵丽的电话：“小赵，我看这几天公司没有什么特别的安排，咱们组织各地市分管业务的副总和营销部经理开个座谈会，听听大家对近期市场的看法，同时也了解一下大家工作中遇到的问题。发个会议通知，时间就定在后天吧。”

两天后，会场里人声鼎沸，好不热闹。各地市分管业务的副总们仿佛好久没见了一样，互相打着招呼，互问销售进度可好。等超哥带着处内一行人步入会场后，会场逐渐安静下来。

等大家入座后，望着一张张熟悉又年轻的面孔，超哥清了清喉咙，说道："同志们，近期国内成品油市场价格波动较大，采销节奏把握的难度进一步加大，也为我们的经营带来较大的影响。从几家主营单位的经营策略上看，也是不尽相同。尽管说几家主营单位的资源情况不同，考核侧重有异，但有一点，就是对客户的抢夺以及对市场的抢占已经到了白热化的地步。为了能够准确地把握市场动态，更多地掌握一些一手的信息，合理制订我们的营销方案及销售价格，今天召集大家过来，一方面通报情况，另一方面主要还是想听听大家的想法，'要让能听得见枪声的同志们呼唤炮火的支援'，所以希望大家畅所欲言。下面，首先请赵丽通报一下近期市场及经营情况。"

情况通报后，各地市分公司分管业务的副总们对各地市场情况也作了简要的介绍，同赵丽通报的情况也都基本差不多。轮到榕城分公司的刘副总发言时，他没有按照其他公司的汇报模式而是话锋突然一转："我只汇报一件事，我们最大的客户恐怕要跑！"

会场里小声议论了几句后再次鸦雀无声，大家的目光都不约而同地看向超哥。"嗯?"超哥的眉头皱了一下。"先说说情况吧！"

原来，刘副总所说的这个客户是榕城分公司目前最大的用油客户——鸿生集团。该客户一直是榕城分公司的忠诚客户，年用油量约6000吨，且全部在榕城分公司采购。但该企业内部管理流程复杂，付款速度一直以来都比较慢。由于近期市场波动较大，调价较为频繁，导致该客户近期连续几次付款时的购买价格都要比询价时贵出50~100元/吨。再加上其他几家主营单位已经觊觎这个客户很久了，通过不断的公关以及连续以较低的价格报价，已经让老吴产生了动摇。前几天，在刘副总去拜访该集团采购总监老吴准备谈谈签订新一年的采购框架协议时，老吴一直抱怨不停，并放出话来以后准备采取竞价的方式，多头采购。

听了刘副总的讲述后，超哥顿了顿，说道："你们有没有把近期的市场情况以及油价上涨的原因给客户解释清楚?"

"那是当然。最近的油价上涨是由于环保和税务检查，导致采购成本增加，像吴总这样的生意老手，就是我们不说他也清楚得很。"

"嗯。那这样，你们可以跟老吴商量一下，以后尤其是在这种价格波动比较大的时候，每笔采购都签订采购合同，约定价格和付款时限，只要在约定时间内付款就可以按照合同定价。"

“嗯，这倒是个好办法。”刘副总急切的神情终于有所缓和。

“另外，我们与鸿生集团合作这么久了，相信他们对我们的服务和质量还是认可的。这种优质客户我们一定要想尽一切办法留住。据我了解，他们对车用尾气处理液和润滑油的需求量也较大，你们回去可以针对他们做一个专属营销方案，尽可能为他们提供优质的增值服务，让他们切身感受到我们的真诚与专业！”

“好的，超总，您放心！这个客户我们一定拿下！”

在榕城分公司的客户问题得到超哥的建设性建议之后，会场的气氛重新变得活跃起来。泉城分公司营销部经理小林突然举起手，声音还有些颤抖地说道：“超总，我们也有问题向您汇报。”

超哥看了看小林，笑了笑，给了他一个鼓励的眼神，“好啊，什么事情？”

得到鼓励后，小林定了定神，语速平静地将事情的经过讲了一遍。原来，泉城分公司有一家外资工矿企业客户，月需求0号柴油300吨。由于该客户对价格比较敏感，每月通过比价，只象征性地在泉城分公司购买50吨，其余250吨则通过其他渠道购买。昨天上午，小林刚上班就接到该客户采购主管赵总的电话，希望本月在50吨的基础上，增购200吨，价格按照泉城分公司当天的挂牌价。对于这突如其来的“好事”，小林倒是没有马上答应，反倒是对赵总的这一行为产生了兴趣。小林思来想去也没想出个所以然，就向超哥来求助了。

“小林，你先回答我几个问题。最近你们的销量怎么样？”超哥问道。

“每天推价，客户都是买涨不买跌，销量那是非常好了”。小林回答道。

“嗯，那你有没有想过，为什么我们每天的价格推得上去？或者说我们推价的基础是什么？”

“刚才的通报里面提到了，最近市场柴油资源非常紧张，很多主营单位都在限量供应。”

“嗯，很好。实际上，近期的柴油资源紧张一方面是受台风天气影响，很多资源都在省外徘徊短期进不来，另一方面是本月省内几家主营炼厂的柴油资源都被安排出口，因此很多客户原本的购买渠道无法保障客户的需求。另外，你有没有去了解一下这家外资工矿企业目前的库存情况？”

小林听到这里好像意识到了什么，马上说道：“我昨天接到电话后就让客户经理小陈去了解一下，目前库存油料基本耗尽，再不进油，恐怕坚持不了三天，工厂就面临停产的风险。”

“这正是我们拿下这个客户的最好时机。尽管我们的销售价格有时会比其他主营单位略高，但我们有稳定的资源，布局合理的仓储设施以及优质的服务，这些都是我们的核心竞争力。”

“嗡嗡嗡……”。小林的电话突然在桌子上振动起来。小林看了眼手机，又看了眼超哥，冲着超哥指着电话说道：“这不，说曹操曹操到。超总，我知道该怎么做了。”得到超哥的点头示意后，小林拿起电话向会场外走去。

笔记十九

1. 常用的定价方法

定价方法是企业在特定的定价目标指导下，依据对成本、需求及竞争等状况的研究，运用价格决策理论，对产品价格进行计算的具体方法。定价方法主要包括成本导向、竞争导向和顾客导向等三种类型。

1）成本导向定价法

以产品单位成本为基本依据，再加上预期利润来确定价格的成本导向定价法，是企业最常用、最基本的定价方法。成本导向定价法又衍生出了总成本加成定价法、目标收益定价法、边际成本定价法、盈亏平衡定价法等几种具体的定价方法。

(1) 总成本加成定价法。在这种定价方法下，把所有为生产某种产品而发生的耗费均计入成本的范围，计算单位产品的变动成本，合理分摊相应的固定成本，再按一定的目标利润率来决定价格。

(2) 目标收益定价法。目标收益定价法又称投资收益率定价法，是根据企业的投资总额、预期销量和投资回收期等因素来确定价格。

(3) 边际成本定价法。边际成本是指每增加或减少单位产品所引起的总成本变化量。由于边际成本与变动成本比较接近，而变动成本的计算更容易一些，所以在定价实务中多用变动成本替代边际成本，而将边际成本定价法称为变动成本定价法。

(4) 盈亏平衡定价法。在销量既定的条件下，企业产品的价格必须达到一定的水平才能做到盈亏平衡、收支相抵。既定的销量就称为盈亏平衡点，这种制订价格的方法就称为盈亏平衡定价法。

2）竞争导向定价法

在竞争十分激烈的市场上，企业通过研究竞争对手的生产条件、服务状况、价格水平等因素，依据自身的竞争实力，参考成本和供求状况来确定商品价格。这种定价方法就是通常所说的竞争导向定价法。竞争导向定价主要包括：

(1) 随行就市定价法。在垄断竞争和完全竞争的市场结构条件下，任何一家企业都无法凭借自己的实力而在市场上取得绝对的优势。为了避免竞争特别是价格竞争带来的损失，大多数企业都采用随行就市定价法，即将本企业某产品价格保持在市场平均价格水平上，利用这样的价格来获得平均报酬。此外，采用随行就市定价法，企业就不必去全面了解消费者对不同价差的反应，也不会引起价格波动。

(2) 产品差别定价法。产品差别定价法是指企业通过不同营销努力，使同种同质的产品在消费者心目中树立起不同的产品形象，进而根据自身特点，选取低于或高于竞争者的价格作为本企业产品价格。因此，产品差别定价法是一种进攻性的定价方法。

(3) 密封投标定价法。在国内外，许多大宗商品、原材料、成套设备和建筑工程项目的买卖和承包以及出售小型企业等，往往采用发包人招标、承包人投标的方式来选择承包者，确定最终承包价格。一般来说，招标方只有一个，处于相对垄断地位，而投标方有多个，处于相互竞争地位。标的物的价格由参与投标的各个企业在相互独立的条件下来确定。在买方招标的所有投标者中，报价最低的投标者通常中标，它的报价就是承包价格。这样一种竞争性的定价方法就称为密封投标定价法。

3) 顾客导向定价法

现代市场营销观念要求企业的一切生产经营必须以消费者需求为中心，并在产品、价格、分销和促销等方面予以充分体现。根据市场需求状况和消费者对产品的感觉差异来确定价格的方法叫做顾客导向定价法，又称“市场导向定价法”“需求导向定价法”。需求导向定价法主要包括理解价值定价法、需求差异定价法和逆向定价法。

(1) 理解价值定价法。所谓“理解价值”，是指消费者对某种商品价值的主观评判。理解价值定价法是指企业以消费者对商品价值的理解度为定价依据，运用各种营销策略和手段，影响消费者对商品价值的认知，形成对企业有利的价值观念，再根据商品在消费者心目中的价值来制订价格。

(2) 需求差异定价法。所谓需求差异定价法，是指产品价格的确定以需求为依据，首先强调适应消费者需求的不同特性，而将成本补偿放在次要的地位。这种定价方法，对同一商品在同一市场上制订两个或两个以上的价格，或使不同商品价格之间的差额大于其成本之间的差额。其好处是可以使企业定价最大限度地符合市场需求，促进商品销售，有利于企业获取最佳的经济效益。

(3) 逆向定价法。这种定价方法主要不是考虑产品成本，而是重点考虑需求状况。依据消费者能够接受的最终销售价格，逆向推算出中间商的批发价和生产企业的出厂价格。逆向定价法的特点是：价格能反映市场需求情况，有利于加强与中间商的良好关系，保证中间商的正常利润，使产品迅速向市场渗透，并可根据市场供求情况及时调整，定价比较灵活。

2. 各种定价方法的运用

企业应根据不同经营战略和价格策略、不同市场环境和经济发展状况等，选择不同的定价方法。

(1) 从本质上，成本导向定价法是一种卖方定价导向。它忽视了市场需求、竞争和价格水平的变化，有时候与定价目标相脱节。此外，运用这一方法制订的价格均是建立在对销量主观预测的基础上，从而降低了价格制订的科学性。因此，在采用成本导向定价法时，还需要充分考虑需求和竞争状况，确定最终的市场价格水平。

(2) 竞争导向定价法，是以竞争者的价格为导向的。它的特点是：价格与商品成本和需求不发生直接关系；商品成本或市场需求变化了，但竞争者的价格未变，就应维持原价；反之，虽然成本或需求都没有变动，但竞争者的价格变动了，则相应地调整其商品价格。当然，为实现企业的定价目标和总体经营战略目标，谋求企业的生存或发展，企业可以在其他营销手段的配合下，将价格定得高于或低于竞争者的价格，并不一定要求和竞争对手的产品价格完全保持一致。

(3) 顾客导向定价法，是以市场需求为导向的定价方法，价格随市场需求的变化而变化，不与成本因素发生直接关系，符合现代市场营销观念要求，企业的一切生产经营以消费者需求为中心。

3. 成品油销售价格制订的注意事项

值得注意的是，对于成品油销售价格的制订要充分考虑客户的实际情况及竞争对手策略。价格制订与天气情况、市场环境、资源情况、对手情况等因素息息相关。此外，相对于其他任何一种管理变量，价格对企业利润具有最大且最直接的影响力。因此，应用价格手段(主动降价或低价促销)抢夺客户或抢占市场要慎用，可结合客户的具体需求，通过“油非互促、批零组合”等方式进行综合考虑。抓住客户痛点，往往比单纯降价效果更好！

思考题

1. 成品油销售主要使用的定价方法有哪些？
2. 如何处理客户价格疑义？
3. 如何有效利用市场行情开拓维系客户并实现拓量增效？
4. 如何看待竞争对手的低价促销？

第七章 营销策划

第一节 营销活动策划

本节目标：

1. 掌握策划营销活动的基本方法。
2. 掌握策划营销活动应考虑的主要因素。

故事

不一样的客户联谊

超哥正在办公室和赵丽商定明天的价格政策，电话铃响了。超哥拿起电话问了声好，电话那头传来王总的声音，“阿超，你马上到我办公室来一下。”

“好的，王总，我这就来。”

超哥放下电话，对赵丽说，“王总找我，你先回去忙，等我回来咱们再议。”

超哥带上笔记本，到了王总办公室，王总示意他坐下说话。“阿超，按照惯例，每年这个时候，公司都会组织召开大客户联谊会。我看这个月就把这个事办了！”

超哥心里嘀咕，现在已经是 15 号，也就半个月时间了。不过他还是应了下来，“领导，我马上就操持这事。您有什么要求吗？”

王总回答，“就两个要求，第一，以前都是找一些客户过来吃吃饭、聊聊天，我感觉效果并不是很好，今年要变换一下形式；第二，一定要办好，我知道留给你的时间不多，但不能出任何纰漏！”

超哥心里一沉，他看王总盯着他，赶忙说，“王总，您放心，我一定把客户联谊会办好！”

在王总嘉许的目光中，超哥走出王总的办公室。他小声嘟囔，“得，又领个大活。”走回办公室的路上，他想了想，又转去找东叔。

“东叔，两天没见您了，我想死您啦！”

“你小子又遇到什么难事了吧？”东叔笑眯眯地看着超哥。

超哥叹了口气，把王总跟他交代工作的过程给东叔讲了，又说，“王总每次交代工作都这么简单，时间短、任务重，我这心里还真是没有底，这不又找您求助来了。”

东叔呵呵一乐，“领导安排工作不都是这样吗，领导要的是结果，顶多给你指明方向，具体怎么干，那就是你要考虑的事喽！”

“话是这么说，我现在可是压力山大。东叔，您看这样行不行，我马上召集兄弟们一起商量商量，您也来，给参谋参谋！”

“没问题！”

俩人回到办公室，超哥说，“大家把手头的工作放一放，有个急事，我们开会讨论一下！”

大家在会议室落座后，超哥简要把情况介绍一下，说，“时间很紧迫，我们开会把这次客户联谊会的主要内容讨论一下，把大体思路研究透，形成一个策划方案。东叔，您看呢？”

东叔道：“没错，当务之急是把方向定下来，领导同意了，大伙就好干活了。”

超哥点点头，对赵丽说，“往年的几次客户联谊会你都参与了，你觉得效果怎么样？”

赵丽回答，“以前也就是给每个地市分配几个名额，让地市把客户报上来，我们组织这些客户一起吃个饭，领导讲个话。说是为了加强客企感情，但我感觉目的不是很明确，客户好像也不是很感兴趣。有时候分配的名额都报不满。”

超哥接过话来说，“这就是我们首先要明确的，就是客户联谊会的目的要明确下来。我认为客户联谊会，就是通过活动，把我们最重要的大客户请到一起，表达我们的谢意，同时，借这个机会，向客户展示我们企业的优势和实力，让他们坚定和我们继续合作的信心。”

超哥停了一下，看大家都很认可地点头，接着说，“这次我们就不让地市报了，我们直接根据今年一年的销售情况，筛选出最有价值的前三十名客户，邀请他们参加。这个没问题吧？雯雯。”

雯雯嗯了一声，说，“没问题，就按照我们之前做过的客户价值分析体系，做个排名好了，不复杂。”

赵丽有点担忧的说，“如果邀请了，客户不来怎么办？那多难看！”

超哥说，“这就是我们要确定的第二个问题，就是活动的主题，只要活动足够吸引人，不怕客户不来参加！”

东叔补充说，“对，只要能抓住客户的兴趣点，他们肯定愿意来。赵丽，你是销售专家，你想想客户对什么感兴趣？”

赵丽想了想说，“我走访大客户的时候，一些客户跟我讲，都说我们的油好，他们也觉得好，但是为什么好，他们不知道。是不是可以从这方面入手？”

超哥和东叔对视一眼，“对，这是个好主意，我们不妨就把让客户了解油品是怎么从炼厂到客户手里，作为这次联谊会的主题。活动就围绕这个开展。大家都说说具体可以搞些什么内容？”

周强抢着说，“可以带客户去我们的炼厂参观，给他们讲讲炼化工艺，让他们看看咱们全国首屈一指的质检化验室，这样他们就知道炼厂出来的油质量全都是过硬的。”

李翔跟着说，“从炼厂出来，就带他们去咱们油库，让他们看看咱们的储油罐，还有付油平台、流量计，让客户知道咱们的油不光质量好，数量也不会少。”

赵丽接着说，“在油库还可以让他们看看我们的配送车队、GPS 定位啊、电子签封啊，客户就放心了，给他们送过去的油绝对不会半路出问题。”

超哥问雯雯，“你有什么好主意？”

雯雯眨了眨眼睛，“是让客户参观完炼厂和油库就走吗？不请客户吃饭了吗？”

超哥想了一下，说，“饭还是要吃的吧，利用这个机会也加深一下和客户之间的感情。”

雯雯粲然一笑，“要吃饭我就有个办法，我们油库不是有个小菜园吗？里边种了不少蔬菜，现在都熟啦！是不是可以让客户自己采摘，交给油库食堂做饭。不光是绿色蔬菜，自己动手摘的菜，吃起来肯定香。”

赵丽点头称是，“油库种的菜确实挺好，多的还可以让客户带回家，让家人也尝尝鲜！”

超哥说，“这个办法不错，很有新意。”他又看向东叔，“您觉得大家提的这些怎么样？”

东叔赞许地说，“这些活动都很有意义，客户也一定会感兴趣。是不是饭前搞一个小座谈会，听听客户的意见和建议？”

超哥连连称是，“对，您说的这个很重要，可不能遗漏。活动内容基本上就这些，时间初步定在 28 号。雯雯根据刚才讨论的内容，做一个活动策划方案，明天中午前拿给我。”

雯雯应道，“没问题，刚才已经讨论的很清楚了。”

超哥停顿一下，“我们分一下工。周强负责炼厂参观环节的具体安排。李翔负责油库和车队环节的具体安排。赵丽负责和客户具体联系、对接，包括活动当天的迎来送往，可以从江城公司借俩人帮忙。雯雯负责油库菜园采摘环节的具体安排。大家觉得需要其他部门配合的，我去和他们沟通。”

东叔补充道，“还要把活动经营预算打出来，粮草未动、兵马先行。”

超哥点点头，“是这样。那好，大伙儿各司其职，一起努力把客户联谊会办好。辛苦大家了，忙完这个事，好好犒劳大家!”

笔记二十

1. 营销活动策划的含义和意义

营销策划是基于企业市场战略上的整体策划，是企业发展战略实施中的重要一环；活动策划则是在营销战略下的战术设计，是企业经营中至关重要的一项工作。

战术设计的目标必然要符合和满足战略策划的总体方向与阶段性目标。同样，战术实施的成败，有时会直接影响整体战略形式的走向。

2. 营销活动策划的步骤

1）准备阶段

(1) 分析需求，明确活动目标。活动目标是组织这次活动的目的，是策划活动的起点，所有活动均是围绕目标的完成而制订的。活动目标可以为销售，也可以为宣传。但目标必须明确，且必须量化。要对目标用户需求进行分析，策划的活动应该满足用户的需求；同时要对用户进行分类，标清活动主要面对的用户群体，明确活动的目标。

(2) 系统规划，明确活动主题。明确活动目标之后，就要确认活动明确的主题。活动的主题可以是总体活动的概括，也可以在众多活动中选择最引人注目的一个活动做为主题。活动主题务必鲜明、吸引眼球。主题在准备阶段要有大概的预判，要考虑到前期预热和造势，使活动达到最高潮，活动之后如何能够形成转化和资源的积累。

2）策划阶段

活动需提前进行策划和筹备。确定活动目标就像是画了一个方框，接下来的活动策划就在方框内展开。

(1) 活动要符合以下几个特点：符合节日主题，简单，流程尽可能便捷；形式要有趣。

营销活动可以是和油品有关的数质量、炼油、储油等场所的参观，还可以组织到合作单位其他行业客户比较感兴趣、平时不容易去到、生活中又用得到的场所参观学习、增长知识；也可以针对不同的客户群体定向组织市场形势分析、未来应对策略、共享资源分享会等活动，还可以组织金融、产业发展、管理提升、个人养生等各类专题的有相关领域专家或专业人士参加的讲座、沙龙等。

(2) 策划案需要包含以下内容：活动目的和目标；活动时间和主题；活动的形式和流程；活动的推广计划；活动的经费预算；活动的人员安排。

不同类型的活动，方案有一部分出入，按照活动的具体内容进行即可。

(3) 活动应急预案。营销活动体现品牌和服务质量，而且和用户直接接触，现场可能会有多种突发状况，一旦处理不好很可能直接失去用户，并影响品牌形象。要在活动开始前设想好最可能出现的几种问题，并想好相应的解决办法，在动员会上通知到可能出现问题环节的相应负责人，在活动进行中一旦发现问题迅速启动应急预案。

3) 执行阶段

(1) 明确时间节点和责任人。可以用 Excel 表格来管理，列举出活动中会涉及到的每项工作，标明每项工作的负责人、工作内容、时间节点，以此可以掌控整个活动的节奏，同时也方便活动执行相关人员明确自己的工作和时间，保证活动有条不紊地进行。

(2) 活动资源准备。包括公司内部和公司外部资源，内部资源包括人力分工、活动奖品、宣传推广资源等，外部资源主要包括外部宣传推广资源，线上、线下推广资源。

4) 回顾评价阶段

每一个活动结束后，都要对活动进行回顾，对整个活动过程进行评价。可从以下三个维度进行：

(1) 回顾目标。背景如何？目标是什么？最终结果如何？

(2) 活动详细分析。过程中出现哪些状况？为什么出现？如何处理和影响如何？如何优化？

(3) 经验总结。对活动中成功和失败的经验进行分享，总结要点，明确改善措施。

3. 用 5W2H 分析法做策划

5W2H 分析法是一个最简单最基础，很老套但是依然有用的办法：What、Why、Where、When、Who、How much、How。筹划一个新的营销活动，可以根据5W2H梳理情况，整理清单。在此基础上写出不同篇幅的策划案和执行案。

What：做什么活动，活动的主要内容是什么。

Why：为什么要做这个活动；希望达到什么效果。后续要做的所有事情都是为了实现这个目标来做的。

Where：在哪里做活动。通常分为两部分，线下活动的地点（也包括受众如何来），推广的平台渠道（受众从哪儿来）。

When：什么时间做活动（落地时间），做多久；前期有多少筹备时间（包括宣传预热的推广周期）；执行过程重要事项的时间节点。

Who：谁来执行活动，活动相关的其他人员。

How much：需要的费用支撑和其他资源。

How：怎么做活动。

思考题

1. 营销策划和营销活动策划之间的关系？
2. 营销策划方案应该主要包含哪些内容？
3. 为什么要做活动应急预案？
4. 你所在的公司组织过什么营销活动，你认为存在什么问题？
5. 试着用5W2H方法，简要制订一个活动策划方案。

第二节　商务谈判

本节目标：

1. 了解谈判的基本常识。
2. 了解谈判的注意事项。

故事

就这样被你征服

每天早上7点，超哥都会准时出现在办公室，这已经是他多年来养成的习惯。这天，刚进办公室，就听见办公桌上那熟悉的电话铃声。“嘿，时间算的还挺准”，超哥小声嘀咕了一句，接起电话“你好啊，赵总！”

“你好，超总。很抱歉这么早就给你打电话。我昨晚从山城赶过来，现在刚从酒店出发，大概一刻钟后到你办公室，咱们见面再聊。”电话那头的赵总说道。

“好的，赵总，我在办公室等你。”

放下电话后，超哥皱了皱眉头。倒了杯热水后，坐在办公椅上开始琢磨赵总此行的来意。作为山城分公司的总经理，按说一般业务上的事情，赵总是不需要亲自到省公司，还是一大早就急冲冲地赶过来，肯定是经营上遇到了大麻烦。难道是……龙城矿业！想到这里，超哥仿佛预感到事情的严重性了。

龙城矿业集团是山城一家以金、铜、锌等金属矿产资源勘查和开发为主的大型矿业集团，总部设在山城。其下属企业有二十余家，分布在国内的多个省份。其中，龙城矿业山城分公司的年用油量在 3 万吨左右，从选择中胜江南公司作为油品供应商的那年算起已经连续 15 年成为中胜江南公司的钻石级客户，其重要性对于中胜江南尤其是对于属地的山城分公司可想而知。

关于龙城矿业，在超哥当客户经理的那个年代是无人不知、无人不晓的。当年中胜江南拿下龙城矿业这个钻石级客户也堪称经典案例！在中胜江南成为龙城矿业油品供应商之前，龙城矿业的油品基本从当地社会经销商采购。但由于该企业大部分机械设备都是进口的，又是生产型企业，对油品质量和供货时间的要求都很高。再加上其油品采购人员缺乏油品知识，安全管理意识薄弱，在连续出现油品质量事故及供货拖延等情况后，该企业做出了更换油品供应商的决定。

在前期做了大量市场调研及与龙城矿业保持密切沟通的基础上，山城分公司高度重视这次难得的机遇，成立龙城矿业招投标领导小组，总经理赵总亲自挂帅，公司上下群策群力，目标就是要拿下这个客户。在精心的组织和策划下，中胜江南公司的品牌、形象、信誉和优势给龙城矿业留下深刻的印象，尽管在七家竞争者中所报价格不是最低，但最终还是凭借综合实力赢得了龙城矿业的青睐。也就是从那一刻起，龙城矿业与中胜江南的合作已经成为业界的典范！

“咚咚咚”！几声敲门声将超哥从过往的回忆中拉了回来。“赵总，来，快请坐”。超哥说着站起身，笑着问赵总“喝茶还是咖啡？”

“矿泉水吧，超总。我这先把情况给你说说，一会儿还要过去给王总汇报。”

“哦，什么事情让你赵总一大早就跑过来？”超哥说着递给赵总一瓶矿泉水。

“是龙城矿业！这下有些麻烦了。”

“果然是龙城矿业！”超哥下意识的眯了下眼睛，继续听着赵总娓娓道来。

原来，中胜江南与龙城矿业的三年采购合同年底即将到期。通过了解得知，江南地区的成品油主营单位之一的榕化能源集团对龙城矿业早已垂涎已久，前期已通过市、县两级地方关系积极介入，不断向龙城矿业游说独家供应的弊端，希望能从龙城矿业的供应权中分一杯羹。而就在前段时间，龙城矿业集团的领导也陆续有所变动，也对目前油品独家供应的情况有所看法。

按照惯例，对待这种集团级的客户，一般是要提前半年开始与对方进行衔接签订新一周期采购合同的相关事宜。得知此事后，山城分公司高度重视，开始提前运作，上周业务副总老詹带着营销部主任小林一行到龙城矿业旗下的A矿去拜访矿长，结果却吃了闭门羹！种种迹象进一步表明事情的严重性。

听完赵总的讲述，超哥沉吟了一下。“榕化的动作还真快！”

“铃铃铃……”赵总的手机铃声响起。“王总！好的，我跟超总一起到您办公室。”

挂断电话后，两人一起朝王总办公室走去。

此时的王总早已泡好茶在办公室等候。见他们到了门口，微笑着说道：“过来坐吧。”

相互寒暄了几句后，赵总把情况向王总做了汇报。说者说得认真，听者听得仔细。待赵总把情况汇报完，等待指示般地望着王总，办公室里一时安静得很。王总眯着眼，几秒钟后，望向超哥，说道：“你怎么看?”

“看来对手这次是早有准备呀！下手稳、准、狠！我们绝不能被动挨打，必须马上采取措施！”

“嗯。”王总点了点头，表示同意，“老赵，山城分公司这么多年在维系龙城矿业这个客户上下了很多功夫，做了大量的工作，这一点非常值得肯定。当然，省公司也给了你们很多政策，总之维系下来实属不易。这几年尤其是近两三年，成品油市场供需关系发生深刻的变化，尤其是‘双权’放开后，地炼产能释放，市场再平衡的局面不断加剧。内外部环境的变化使我们一些既有的优势已经不复存在。就像榕化这样的企业近年来发展迅猛，随着旗下炼厂的投产，加之政府政策的支持，从某种意义上讲，目前江南省内成品油竞争的格局已经被打破。”

王总喝口茶后继续说道：“所以，我们的市场被冲击、客户被蚕食的情况也会成为‘新常态’。我们要有充分的思想准备。这次龙城矿业的事情很明显对手是有备而来，而且还是做了非常充分的准备，看来是场硬仗啊。这件事也算是给我们提了个醒，油品同质化时代，再靠传统的方式去维系客户恐怕行不通了。”

“王总，您看接下来我们要怎么做?”赵总急切地问道。

“老赵，先不要急。应该说你们的警惕性还是很高的，短时间内能够把情况摸得这么清楚，看来确实没少花心思。维系了这么多年的客户，我们自然不会就这么拱手相让，榕化想抢恐怕也没有这么容易。”王总说道。

“阿超，你配合老赵他们制订一个油品服务方案的升级版，要让龙城矿业感受到我们是抱着最大的诚意来跟他们合作的。同时，也要做好最坏的打算，就是份额真的要被其他竞争对手蚕食了，那我们也要尽最大努力提高我们的份额占有。建议你们从价格、结算、IC 卡优惠、非油品等方面统筹考虑。另外，老赵，你们再去想办法了解一下榕化给龙城矿业提出的条件，这样我们的方案也可以更有针对性一些。知己知彼，百战不殆嘛。方案出来后我们再议一下。还有，顺便帮我约一下龙城矿业的分管副总裁老孙，我带你们一块过去拜访他。”

接下来的两周是格外忙碌的两周，就像一场战役前的准备，从确定方针、制订计划，到下达任务、组织协同，再到临场演练，每一步都要力求周密，毫不含糊。等到最终敲定双方会见的时间后，超哥觉得自己就像一个即将上战场的战士，有些跃跃欲试，又有些兴奋和紧张。

这一天还是很快到来了。

上午 10 点。随着两声爽朗的笑声，王总和龙城矿业的分管副总裁老孙并行走进会议室，其他人等跟随着鱼贯而入，找到自己的座位后依次落座。

“首先，欢迎中胜江南公司王总一行的到来!”老孙先发表了欢迎辞。

“哈哈，老孙，都是老朋友了，您就不必客气了。我们这次过来，一是想听听诸位对我们石油公司日常服务的评价如何，也为我们下一步持续提升服务水平多提宝贵意见和建议。二是给大家介绍一下我们公司新任营销总监阿超，李总退休啦，以后就是阿超主要为大家服务。”说到这里，示意超哥给大家打个招呼。“最后想跟诸位聊聊我们下一步合作上的事情。”

“哈哈，好。那你们谁先说说?”老孙看了看左右两边。

“孙总，我先说说吧。”龙城矿业油品采购部经理小周首先说道。

“既然都是老朋友，那我就开门见山。在商言商，客观的说，贵公司作为我们的油品供应商，一直以来无论是服务还是价格方面都做的不错，对此我们还是比较满意的，双方合作的也很愉快。但是从今年以来，我们陆续接到下属企业的反映，其他一些油品供应商同期柴油的报价普遍比贵公司低 50~100 元/吨，最高的甚至低 200 元/吨。这种事情的出现给我们油品采购部门造成很大的压力。不瞒各位，市场上一些其他的主营单位也到我们这里来过，开出的条件也非常优厚，对于其中的一些企业，我们也进行了考察，还是比较满意的。只不过咱们双方的合同还在执行期，目前我方也并未做出违反合同的事情，但是合同年底即将到期。到时候能否再和贵公司合作，还得等公司总裁班子最终的决定。”

小周经理的话讲完后，会议室竟出现了短暂的冷场，气氛也有些尴尬。王总一行都没有想到，对方的话会讲得这么直接，甚至没有任何铺垫。

老孙好像也感受到气氛有些不对，咳了几声，笑了笑说：“老王啊，咱们这么多年的老朋友，我也不妨实话告诉你，目前我们集团确实遇到一些困难。去年以来，国际矿业投资市场形势持续低迷，中国矿业整体形势也发生较大变化，我们自然也不例外，面临着黄金价格持续下跌、开采成本的不断提高、铜产品价格也不断下探的严峻形势。年初的工作会上，公司决定全面压缩成本，具体到油品采购的预算是在去年同期的基础上下降 10 个百分点。前面小周讲得没错，不论是作为油品采购的职能部门，还是作为分管资源采购的副总裁，我们都承受着巨大的压力，你老兄也要多多理解啊。”

听到这里，王总微笑着说道：“老孙，我最欣赏的就是你的这种坦诚，这也是咱们双方能够一直合作到今天最重要的基础。中胜江南多年来一直秉承‘顾客至上、诚信为本、精诚合作’的经营理念，在业界有着良好的口碑，相信这点不用我多说。”王总喝了口茶后继续说道。

“记得当年我任中胜江南营销总监，你任龙城矿业油品采购部经理的时候，我们也是在这样一间会议室讨论油品供应的事情。只不过当时的市场环境是批零严重倒挂，市场上柴油批发比零售价高 300 元/吨都还提不到货。你找我说明来意，担心合同执行延后，影响企业正常生产。结果怎么样，我们宁可减少自己加油站的资源投放，也要优先保障龙城矿业的用油需求，价格自然不必说，严格按照最高批发限价执行。我说的没错吧，老孙？”

这一句问话仿佛让老孙从过往回到了当下。“老王说得没错。贵公司的信誉是业界公认的。”

说完又看看两边，微笑着继续说道：“我们与中胜江南合作的这些年发生了很多故事，有些事情你们这些年轻人可能都没听说过。当年刚开始由山城分公司配送成品油的时候，上山的道路未修整，弯多路陡，经常泥泞不堪，特别是下雨后车辆要在铲车的帮助下才能送到目的地，最危险处油罐车后轮要悬空一个轮胎才能转过弯道。驾驶员听说后都对上山送油心有余悸。为做好驾驶员的思想工作，王总亲自上山，现场勘测路况，并亲自押运第一车油品上山的事情当年矿上可是无人不知、无人不晓啊。”说完，老孙又对王总投去敬佩的目光。

“哈哈，老孙又在夸大其词了。其实没有什么，都是我们应该做的。”

“老王，不是我们不讲情分。这么多年合作下来，你们做的事情我们都记在心中，不会忘。只不过企业现在确实有难处啊，在当前市场环境下，节流是我们的第一要务，如果贵公司给我们的供应价格能够再下调一些的话，我会尽全力做好总裁班子的工作，毕竟你我双方有这么多年的合作基础嘛。”老孙诚恳地说道。

“老孙，合作共赢是我们一直所追求的。这次我们过来就带着十足的诚意。一会儿阿超会给各位详细介绍一下我们为贵公司打造的油品服务升级版方案。”

王总话音刚落，手下的一名随行人员便把准备好的5本制作精美的手册陆续摆放到老孙等五人面前。老孙等五人边看手册边听超哥介绍油品服务升级版的方案，内容大致包括：

(1) 关于销售价格，龙城矿业集团享受山城分公司当日最低开单价格。

(2) 增加龙城矿业集团信用额度，满足客户月结需求。

(3) 根据龙城矿业集团需要，提供撬装站、油罐和加油机等设备，降低客户投资成本。

(4) 给予龙城矿业集团办理员工加油IC卡，合同期内在指定油站加油给予最高每升不超过0.4元优惠。

(5) 提供相关银行金融产品方案供龙城矿业集团评估。

(6) 其他方面。包括润滑油等“非油”产品，只要龙城集团有相关需求，双方都可以洽谈合作。

在超哥介绍的过程中，老孙等五人表情各异，时而几人低语，时而有人微笑点头。

“王总，太感谢你们啦！”老孙有些激动地说道。“从这份服务方案里面，我们不仅看到了贵方的诚意，而且还有大大的惊喜！真是雪中送炭啊！”

旁边几位听到老孙的话后也都会心地笑了笑。

“王总，请你们放心。我一定尽最大努力，说服总裁班子继续我们之间的合作。要让我们的合作成为互利双赢的成功典范！”

说完，王总和孙总紧紧地握住了双手！

超哥看向赵总等几人点了点头，脸上也终于露出了激动的神采。

笔记二十一

商务谈判是买卖双方为了促成交易而进行的活动，或是为了解决买卖双方的争端，并取得各自的经济利益的一种方法和手段。在商务谈判的过程中，一般情况下，我们需要了解并注意以下内容。

1. 确定谈判态度

在商业活动中面对的谈判对象多种多样，我们需要根据谈判对象与谈判结果的重要程度来决定谈判时所要采取的态度。如果谈判对象对企业很重要，比如故事中提到的“龙城矿业”这种长期合作的大客户，那么就要以一种友好合作的心态，尽可能使谈判结果达到双赢。在谈判陷入僵局时，可采取有限的让步，即在企业没有太大损失与影响的情况下满足对方，这样对于以后的合作会更加有力。

2. 充分了解谈判对手

正所谓，知己知彼，百战不殆。在商务谈判中这一点尤为重要，对对手的了解越多，越能把握谈判的主动权。了解对手时不仅要了解对方的谈判目的、心里底线等，还要了解对方公司经营情况、行业情况、谈判人员的性格、对方公司的文化、谈判对手的习惯与禁忌等。这样便可以避免很多因文化、生活习惯等方面的矛盾，对谈判产生额外的障碍。还有一个非常重要的因素需要了解并掌握，那就是其他竞争对手的情况。比如，一场采购谈判，我们作为供货商，要了解其他可能和我们谈判的采购商进行合作的供货商的情况，这样就可以适时给出相比其他供货商略微优惠的合作方式，更容易达成协议。

3. 准备多套谈判方案

谈判双方最初各自拿出的方案都是对自己非常有利的，而双方又都希望通过谈判获得更多的利益。因此，谈判结果肯定不会是双方最初拿出的那套方案，而是经过双方协商、妥协、变通后的结果。在双方你推我拉的过程中常常容易迷失了最初的意愿，或被对方带入误区，此时最好的办法就是多准备几套谈判方案，先拿出最有利的方案，没达成协议就拿出其次的方案，还没有达成协议就拿出再次一等的方案，即使我们不主动拿出这些方案，但是心中可以做到有数，避免出现让步超过所能承受范围的情况。

4. 建立融洽的谈判气氛

在谈判之初，最好先找到一些双方观点一致的地方并表述出来，给对方留下一种彼此更像合作伙伴的潜意识。这样接下来的谈判就容易朝着一个达成共识的方向进展，而不是剑拔弩张的对抗。当遇到僵持时也可以拿出双方的共识来增强彼此的信心，化解分歧。另外，商务谈判时要尽可能面带笑容，语言委婉的与对手针锋相对，这样对方就不会启动头脑中本能的敌意，使接下来的谈判不容易陷入僵局。

5. 控制谈判局势

谈判活动表面看来没有主持人，实则有一个隐形的主持人存在着，不是你就是你的对手。因此，要主动争取把握谈判节奏、方向，甚至是趋势的。主持人所应该具备的特质是：语言虽不多，但是招招中的，直击要害；气势虽不凌人，但运筹帷幄，从容不迫。想做谈判桌上的主持人就要体现出你的公平，即客观的面对问题，尤其在谈判开始时尤为重要，慢慢对手会本能地被你潜移默化地引导，局势将向对你有利的一边倾斜。

思考题

1. 江南公司在谈判前做了哪些准备？
2. 谈判中的关键人物是谁？
3. 江南公司在谈判过程中是否做了让步？
4. 江南公司最终能够拿下龙城矿业的主要原因？
5. 谈判双方在谈判过程中都使用了哪些技巧？

第八章 客户价值深度挖掘

第一节　集团型大客户的维系与深度开发

本节目标：

1. 学习通过展现专业的油品供应商形象和全方位的服务体系，巩固集团级客户合作。

2. 了解满足集团级别客户多方面需求进行深度开发的方法。

故事

只要你要，只要我有

“超哥，榕城分公司上报了一份江南铝业的合同请示，您过目一下吧。”周二一早，赵丽向超哥汇报。

“哎呦，竟然没走招投标流程，直接签合同，榕城的阿戴可以啊，把这个客户维护的妥妥的”超哥瞄了一眼，得意地说着。

赵丽也得意起来，哈哈笑着说：“超哥，这你可能之前不了解，阿戴对这个大客户可上心了，这是榕城分公司直分销客户中的龙头老大，通过这么多年的维系，现在可以说那和我们是‘婚姻’关系。”

超哥一下来了兴趣：“这个得和我详细说说，怎么着就变成‘夫妻俩’啦？”

“怎么说呢，阿戴招数还不少，比如今年夏天，气温持续40度，阿戴搞了个‘炎炎夏日送清凉，滴滴关怀暖人心’活动，特别针对江南铝业一线员工工作环境艰苦的情况，向他们赠送矿泉水和八宝粥，开销不大，口碑很好，员工之间都在说，中胜江南比他们领导还关心人呢。”

超哥点了点头：“这个可以，一线员工都认可我们，采购想换供应商都不敢轻易换啊。”

赵丽继续汇报道：“可不光这一两招，对江南铝业的服务是全方位的，就日常工作来说，江南铝业享受着月结的信用额度，享受着区内最低销售价格，除了业务上，在党团建设、青年员工方面我们也经常一起搞活动。不过，最给力的是省公司王总、榕城分公司一把手叶总都定期和对方高层进行商务访问，还给人家解决实际困难，这他们能不把我们当亲人么。”

“的确，这一年一万多吨的大客户，是要王总出面维系，接下来我也要多参与多去走动。”

“还有一些关键时刻，我们也帮了他们大忙，去年的大台风期间，整个榕城被水淹了，我们第一时间安排人员去救援，供油发电，当时榕城全市停电晚上唯一亮着的就是江南铝业了，你看，会议室里的那面锦旗就是最好的证明；还有一回应该是前年 6 月底吧，江南铝业支付给我们的承兑汇票按正常流程我们是要在 6 月底去贴息的，但是恰逢半年末，当时的贴息利率一下高了二、三倍，财务钱总监拍板，推迟到 7 月初操作，一下给江南铝业节约了 20 多万元。”赵丽一说起大客户就滔滔不绝。

超哥很有感触的说道：“难怪那么多年了，一直都是单一来源招投标，我们和江南铝业的合作这才是真正的双赢。”

不久，江南铝业的李经理联系超哥告知江南铝业公司总部准备在沿海建设一个全新的铝业公司，超哥立即上门拜访李经理并了解情况。

通过拜访，得知江南铝业的沿海项目，需要天然气、石油焦、改质沥青等原料，需要少量成品油。超哥觉得沿海项目原料需求巨大，感到光靠中胜江南可能搞不定，需要争取到兄弟公司的支持，于是决定立即向王总汇报。

下午一上班，超哥就带着赵丽来到王总办公室敲了敲门。

“请进!”王总很响亮地回答道。

“王总，上午我们去拜访江南铝业公司，有些情况想和您汇报汇报。”超哥先说道。

“好哇，有什么好消息?”

“是这样的，江南铝业公司准备建设新厂，正在寻找供应商。我们营销部刚刚介入，感觉是一条大鱼啊!”赵丽边说边在空中画一个大圈，做出了一个很夸张的表情。

“王总您看，这个新的铝业公司，光天然气的需求一年就有 4 个亿方，相当于我们公司年销量的 10 倍呢，抓住这个客户那年度计划不用担心了。但是，客户要求的价格很低，并且还需要锁定年度价格，我们还得跟上游协商签订天然气锁价的供应协议才行。且这个需求量这么大，后期需要修建专属的天然气管道才有可能供应得上!”

超哥想了想，这个凭自己的力量难以完成任务，得求助于系统内的专业天然气公司——江南天然气分公司，马上和江南天然气分公司竺总联系。一会只见超哥快步从外边走进来，挥了挥手中的手机说：“我刚刚和竺总联系过了，竺总将全力支持我们，管道什么的都没问题，主要是价格上，江南天然气分公司可以采取全年锁价或浮动定价的方式定价。由于铝业公司要的价格太低，江南天然气分公司需要利用国外进口现货 LNG 资源才可能有那么低的价格，否则核算不过账来。”

“非常好！江南天然气分公司支持就好。还有什么问题?”王总问道。

“还有就是石油焦、改质沥青方面，我们从来没有做过此产品的销售，该如何做啊?”赵丽很着急地接着说道。

“石油焦、改质沥青这个就太好办了，别忘了我年轻的时候就是从炼厂出来的。”

王总说完拨了一个长途电话。“好好！感谢!”

原来是王总联系上了炼化销售公司的邓总，这是他多年的好朋友。“邓总承诺做好石油焦产品的供应，满足江南铝业沿海铝工业基地一期石油焦供应，以及二期相关产品的需求量，石油焦硫含量在 5%以内。中胜江南公司充分利用集团一体化平台优势，统筹调运华东、华南、华北的石油焦资源，对石油焦产品的运输将以海运为主，保证做到运输成本最低。”

“邓总还承诺了，协助江南铝业沿海铝工业基地采购优质改质沥青产品，产品质量符合 YB/T 5194—2003 中一级改质沥青质量标准。”

“太好了，现在就剩下成品油和非油品了，这两个我让零售中心和非油品中心盯着，五大产品需求都搞定了!”赵丽高兴地说道。

超哥说道：“看来能有实力把客户需求全部满足的就是我们公司，只要我们能整合好产业链供应端，那就不需要太担心了，我们要利用好我们的产品、品牌、服务、人脉优势去拓展客户。”

赵丽补充道：“我们还可以为客户提供更加快捷、更加优质的增值服务，如免费清洗油罐设施；免费提供仓储及发油设备安装、使用、保养等技术上的咨询服务；根据江南铝业沿海铝工业基地需要，免费派出专业人员上门提供成品油、润滑油在仓储、管理、使用等方面的培训和指导；免费提供油品化验服务等。我们还可以将江南铝业沿海铝工业基地的公务车及私人用油纳入优惠范畴，为其生产及职工生活用车办理专属加油卡，并给予充值返利、现冲现返等优惠。”

超哥说道："对，还有非油品呢，我们可以为客户供应非油品，在生产、生活等非油产品销售方面给予江南铝业沿海铝工业基地最优惠的供应。"

"咱们一起努力，全力以赴拿下该项目，你们就负责紧盯客户的需求，关注客户的动向，你们成立不少于5人的专属项目团队，优质服务，为江南铝业沿海铝工业基地提供产品价格咨询、供应服务，专属客户经理定期通报天然气、石油焦、成品油等产品的市场信息及价格波动信息，帮助项目降低采购成本。我来协调兄弟公司，我们共同做好原料供应工作！"

接着，王总又组织召开两次专题协调会讨论江南沿海铝业工业基地项目所需的天然气、石油焦、改质沥青等原料的供应方案，确定了供应方案。

三伏天，最热的日子，王总带队亲自拜会江南铝业沿海铝业工业基地项目负责人，详细对接客户要求的供应时间、原料需求量、原料质量标准等。与此同时，中胜江南始终保持与江南铝业的紧密联系，承诺给予江南铝业沿海项目的气价不高于其他供应商的报价。同时根据沿海项目的用气特点，采取两步走的方式分阶段供气。在第一期建设中，先行投资2000万元左右建设气化站；第二期铺设管线供应，管线正式投用后，再撤走气化站设备。

在石油焦、改质沥青方面，在集团总部的协调下，中胜江南公司邀请炼油销售公司供应两个品种的原料。江南铝业沿海项目表示很满意中胜江南提供的方案，双方顺利达成初步合作，江南铝业沿海项目向中胜江南公司提供了现场平面图，开始规划设计工作，双方签订战略合作框架协议。

笔记二十二

1. 建立以客户为中心的理念

要坚持以客户为中心的服务理念，以客户为导向的经营理念。成品油客户的需求往往是多样化的，区分客户类型，确定重点开发的行业类型、客户类型，挖掘并满足客户的综合需求，同时强化客户关系。

以客户为中心是企业存在的根本理由，甚至是唯一的理由。德鲁克大师探讨的企业存在的理由是创造客户。在他看来客户原本是不存在的，是企业和企业家通过对市场与客户需求的洞察做出产品和服务而创造了客户和市场。而迈克尔·哈默提出以客户为中心的本质是创造客户价值。创造客户价值的本质是成就客户，让客户成功，帮客户赚钱，不是厂家以自我为中心去赚客户的钱，也不是厂家以利润为导向追求利润的最大化，而是我们要追求利润的适量化，在成就客户的同时获得合理的利润。这个本质就是要求企业做雷锋，就是要求企业换位思考，在帮助客户成功的过程中成就自我。需要企业踏踏实实、认认真真去实现客户价值。

为客户服务是企业存在的唯一理由。所有的企业，它的收入都来自于客户和用户，而且是企业唯一的收入来源。而来自客户和用户的收入，主要体现在我们为客户交付产品和提供服务来实现的价值。也就是说为客户服务是企业存在的唯一理由。有人说企业存在可能有存在其他的理由，存在着其他的原因，但是就我的认识而言，为客户服务的确是企业存在的唯一理由。客户和用户的关系：其实企业创造的所有产品和服务，都是为用户服务的，更是为用户创造价值。所有的企业之间相互的服务，最终也都必须转换到为用户服务这条线上来。也就是说客户的价值，最终是由用户的价值来实现的。

2. 客户需求的本质

客户需求的本质体现在几个方面：第一，要非常方便地获取到产品；第二，产品的性能、操作、业务，要非常贴近时代或时尚等；第三，我们购买的产品，它的可靠性、质量、服务、安全以及生命周期要有保障；第四，客户需要有价值。具体体现出来，就是客户需要产品的价值。在方便、价值、应用和可靠这四个主要的层面基础之上，还要通过客户的体验，打通渠道，通过业务形成相应的产品和方案。也就是说，所有客户的需求，最终是企业的一系列活动与产品，来造就客户的深度体验，由这些体验最终形成客户对公司、产品、方案、服务与价值的感知。通过提升客户的认知，提升客户对企业产品、质量、服务和成本的感知，从而获取客户高度的体验与认可。

3. 以客户为中心的内涵

以客户为中心的内涵有四个方面：第一，以客户需求为导向；第二，要为客户交付高质量的产品和服务；第三，要快速的响应客户需求；第四，要实现端到端的低成本运作。以客户需求为导向、为客户提供高质量的产品和服务、快速响应客户需求和企业端到端实现低成本运作，是以客户为中心的四个核心内涵。

以客户为中心，满足客户的综合需求，可以利用好“油、气、非”三叉戟，制订“油、气、非”营销策略，形成“油、气、非”一体化营销能力。在天然气上，可借助现有营销部客户经理团队，培训天然气知识，提高客户经理综合销售能力。在成品油客户基础上，不断拓展油气客户，加强天然气市场信息收集，掌握市场供求关系、价格走势及竞争对手动态，研究环保政策导向，重点关注燃气锅炉、燃气烘干设备、燃气窑炉，以及分布式能源客户。在非油品上，选择油品相关产品会更好地有销售联动性。例如一般柴油客户都有尾气液的需求，营销人员顺势加大尾气液推广力度，往往更容易获得客户信赖和订单。

4. 集团级客户的开发与维护

集团级客户，是所有客户中位于金字塔顶端的战略合作型大客户。要灵活运用多种手段维护，运用组合营销的方式让客户满意，例如定期的高层会晤、展开座谈会、提供金融服务、接收承兑汇票、提供配送服务、提供撬装站、提油绿色通道等等。

集团级客户往往具有“油、气、非”的综合需求，应该全力挖掘客户需求，充分利用现用客户资源，开发新兴业务。

综上，集团型大客户是我们拥有的一项非常优质的资源，维护好集团型客户很有必要性和重要性，在维护好客户的前提下可以进行深度挖掘，业务类型不必局限于成品油领域而是看客户需要什么我们就销售什么，从而达到利益最大化。

思考题

1. 成品油直分销客户综合需求都有哪些？
2. 我们为什么要以客户为中心来服务？
3. 如何快速响应客户需求？
4. 客户经理做非油品、天然气销售有哪些优势？
5. 对“油、气、非”营销竞赛你有什么好的建议？如何能做好？

第二节 统计数据在销售中的应用

本节目标：

1. 了解利用统计数据分析销售规律的方法， 开拓直分销市场。
2. 利用统计数据分析来预测客户购油行为，做好客户维护。

故事

统计分析也是生产力

新一年的招聘季度又来了，雯雯想起三年前从东吴大学毕业刚刚进入公司时，对于数据一窍不通，看表格像看天书一样，也不了解哪个公司业务做得好或做得差。看到雯雯每天坐在电脑前都是一脸茫然的样子，热心肠的东叔便找雯雯过来聊聊。

“雯雯，你觉得做数据分析的目的和价值是什么？”东叔问道。

雯雯想了想，说道：“我的理解是，致力于用数据帮助企业解决业务问题，辅助业务决策。”

东叔接着说道："没错，要是你能从数据里能看到事物的本质，并且能做到预测，那你就可以出师了！咱们做成品油销售的，购、销、存数据都很非常重要，数据是非常重要的决策依据，需要每天动态分析，每月动态总结，分析准确透彻才能准确做出决策。你想不想成为一个合格的大数据分析师？"

雯雯接着问到："什么是大数据分析师呢？"

东叔喝了一口茶，接着说道："大数据分析师可是一个很酷的职位，大数据分析师可以使企业清晰地了解到企业现状与竞争环境、风险评判与决策支持，能够充分利用大数据带来的价值，在进行数据挖据与展现后，呈现给企业决策者的将是一份清晰、准确且有数据支撑的报告。成为大数据分析师后，是可以参与到企业决策发展制订中的。比如，沃尔玛就通过数据分析，发现了'啤酒与尿布'的关联性。"

雯雯不解地问到："啤酒与尿布？这两个产品有关联吗？"

东叔说："在 20 世纪 90 年代的美国沃尔玛超市中，沃尔玛的超市管理人员分析销售数据时发现了一个令人难于理解的现象——在某些特定的情况下，'啤酒'与'尿布'两件看上去毫无关系的商品会经常出现在同一个购物篮中，这种独特的销售现象引起了管理人员的注意，经过后续调查发现，这种现象出现在年轻的父亲身上。在美国有婴儿的家庭中，一般是母亲在家中照看婴儿，年轻的父亲前去超市购买尿布。父亲在购买尿布的同时，往往会顺便为自己购买啤酒，这样就会出现啤酒与尿布这两件看上去不相干的商品经常会出现在同一个购物篮的现象。如果这位年轻的父亲在卖场只能买到两件商品之一，则他很有可能会放弃购物而到另一家商店，直到可以一次同时买到啤酒与尿布为止。沃尔玛发现了这一独特的现象，开始在卖场尝试将啤酒与尿布摆放在相同的区域，让年轻的父亲可以同时找到这两件商品，并很快地完成购物；沃尔玛超市可以让这些客户一次购买两件商品、而不是一件，从而获得了很好的商品销售收入。当然"啤酒与尿布"的故事必须具有技术方面的支持。1993 年美国学者 Agrawal 提出通过分析购物篮中的商品集合，从而找出商品之间关联关系的关联算法，并根据商品之间的关系，找出客户的购买行为。艾格拉沃从数学及计算机算法角度提 出了商品关联关系的计算方法——Aprior 算法。沃尔玛从 20 世纪 90 年代尝试将 Aprior 算法引入到 POS 机数据分析中，并获得了成功，于是产生了'啤酒与尿布'的故事。"

雯雯拍手称快，说道："哇，原来数据分析这么有意思，不仅仅是枯燥的数据啊！"

东叔拍了拍雯雯的肩膀，说道："数据分析是一个很有意思的过程，你的本科专业是统计专业，应该在工作中不断学习，我看好你，一定会成为一个合格的成品油大数据分析师!”

雯雯充满信心地回答道：“放心吧，东叔，我一定会努力的!”

通过三年的摸爬滚打，虚心学习，认真制作每个月的专题分析，平时还注意学习总部以及兄弟公司的数据分析材料，雯雯已经能够熟练应用主流统计分析软件，数据挖掘的常用算法，什么线性回归、逻辑回归、实验设计、市场篮分析、聚类、分群等都不在话下，具有丰富的成品油数据分析、挖掘、和数据仓库建模的项目实践经验。

每年雯雯都会主动给自己设定目标，要完成两个以上的大型专题数据分析报告，这些报告给中胜江南的领导决策提供了很好的依据。去年雯雯主持了柴油消费规律统计分析，通过分析近5年的柴油消费规律，发现了这几年都呈现V字形走势，V型的时间段长短还需要根据当时的经济状况、资源供需形势判断。这个分析使得中胜江南销售策略把握更加精准，外采往往能在竞争对手行动之前进行低价油品储备，然后在消费旺季以相对合理的价格卖出从而获利。

超哥平时也喜欢数据分析，没事就看分析报告，也喜欢和雯雯探讨市场行情。周二正好没什么事，超哥就把雯雯叫到办公室。超哥拿起最新一期的《能源》杂志给雯雯，说道：“雯雯，经常听东叔聊起你，这几年进步很大，已经快成为公司首屈一指的统计数据分析专家了。我这有一个具有挑战性的想法，你敢不敢尝试一下?”

雯雯充满自信地说道：“好啊，超哥，您说来听听。”

“近年来，越来越多客户选择招投标方式采购。由于地方炼厂的壮大，社会上成品油资源相当富余，客户对供应商的选择方向更多更广，未来，为降低成本，客户购油将会采取网络平台比价、招投标、多方采购等形式进行，我们维系客户的难度也进一步加大。为此，在招投标报价的精准程度就成为我们能否拿下订单的关键所在。”

超哥顿了顿，接着说道：“我有一个想法，能否建立一套模型，根据竞争对手以往的报价情况推算出日后的报价？知己知彼才能百战不殆嘛!”

雯雯想了想，说道：“理论上是有可能的。我可以尝试着去做做。不过需要大量的样本数据哦。”

“这个应该问题不大，你去找找赵丽。据我所知，她可是有一套完整的‘数据库’。可以重点研究一下‘江南市政设施维护管理处’这个客户，因为他们一直以来都是招投标，样本数据肯定足够大。”

自从赵丽成为销售主管以来，细心的她便开始整理完善客户的购油情况。雯雯在找到赵丽说明原委后，看到赵丽的客户名单上清楚记录着：①江南市政设施维护管理处承接江南市区道路、管道施工，目前自有一个沥青搅拌站，该搅拌站通过燃烧柴油烧制沥青以及保温储存，每月柴油用量60~80吨。②历次购油及报价情况……

这几天来，两人只要一有时间就一块研究建立模型的思路，并认真研究对方的报价规律，通过反复对比试验后，终于有了大体的思路框架。两人准备在下一次的竞标报价上检验一下她们的“成果”。

“超哥，告诉您一个好消息，这次我们中标啦，价格比竞争对手低了30块，一共中了90吨呢。”电话那头的赵丽兴奋地说道。

超哥在电话中赞扬几句后，鼓励地说道：“还有改进提升的空间。下一步，你们还可以考虑开发一套客户CRM系统，无论对于我们提升客户管理水平还是客户提升消费体验都是非常有好处的。”

“就按超哥说的办！”

笔记二十三

1. 数据分析的定义

数据分析是用适当的统计分析方法对收集来的大量数据进行分析，提取有用信息和形成结论而对数据加以详细研究和概括总结的过程。这一过程也是质量管理体系的支持过程。在实用中，数据分析可帮助人们作出判断，以便采取适当行动。

2. 数据分析的应用范围

典型的数据分析包含以下三种：

(1) 探索性数据分析。当数据刚取得时，可能是杂乱无章，看不出规律，通过作图、造表、用各种形式的方程拟合，计算某些特征量等手段探索规律性的可能形式，即往什么方向和用何种方式去寻找和揭示隐含在数据中的规律性。

(2) 模型选定分析，在探索性分析的基础上提出一类或几类可能的模型，然后通过进一步的分析从中挑选一定的模型。

(3) 推断分析。通常使用数理统计方法对所定模型或估计的可靠程度和精确程度作出推断。

3. 统计分析的主要内容

成品油数据分析是非常重要的工作，在成品油采购、销售、库存过程中，通过分析数据掌握规律，能更好地指导工作，一般来说，成品油数据分析、数据调研报告需要经过三大步骤。

1）收集数据

收集数据是进行统计分析的前提和基础。收集数据的途径众多，可通过实验、观察、测量、调查等获得直接资料，也可通过文献检索、阅读等来获得间接资料。收集数据的过程中除了要注意资料的真实性和可靠性外，还要特别注意区分两类不同性质的资料：一是连续数据，也叫计量资料，指通过实际测量得到的数据；二是间断数据，也叫计数资料，指通过对事物类别、等级等属性点计所得的数据。

2）整理数据

整理数据就是按一定的标准对收集到的数据进行归类汇总的过程。由于收集到的数据大多是无序的、零散的、不系统的，在进入统计运算之前，需要按照研究的目的和要求对数据进行核实，剔除其中不真实的部分，再分组汇总或列表，从而使原始资料简单化、形象化、系统化，并能初步反映数据的分布特征。

3）分析数据

分析数据指在整理数据的基础上，通过统计运算，得出结论的过程，它是统计分析的核心和关键。数据分析通常可分为两个层次：第一个层次是用描述统计的方法计算出反映数据集中趋势、离散程度和相关强度的具有外在代表性的指标；第二个层次是在描述统计基础上，用推断统计的方法对数据进行处理，以样本信息推断总体情况，并分析和推测总体的特征和规律。

思考题

1. 你一般利用哪些工具来进行数据统计及数据分析？
2. 如何开展区域成品油消费分析？需要收集哪些数据？重点分析什么内容？
3. 如何做客户的成品油需求分析？重点关注哪些方面？
4. 你会应用哪些数据统计分析方法？
5. 你觉得成品油和哪些非油商品具有销售正相关性？

第三节　“互联网”+“大数据”营销应用探索

本节目标：

1. 了解互联网+大数据对成品油销售的影响。
2. 探索互联网+大数据成品油的营销模式。

故事

大数据的魔力

为了推进中胜江南信息化、数字化、差异化营销，这一天，超哥组织营销中心的小伙伴们乘车前往位于海滨的京西能源公司参观，学习优秀的经验。

京西能源公司是一个大型的综合能源销售公司，以天然气业务为主，也做电力销售业务。车子刚到京西厂区大门口，小伙伴就感受到了现代化企业的气息，此时京西公司技术总监刘总已经在门口恭候多时了。

“超总，欢迎你们过来参观!”

刘总热情地握住了超哥的手，说道：“今天由我陪同大家参观，先到我们的营销决策中心参观，然后我们到会议室座谈，好吗?”

超哥说道：“我一直听说京西能源公司的互联网技术非常先进，我们一直想来看看，刘总您的地盘听您的安排！我们就好好学习。”

“好的，这边请!”刘总做了一个请的手势，往营销决策中心走去。

走进营销决策中心，首先映入眼帘的是一个超级大的屏幕，上面实时跳动着各种销售数据、设备数据、物流运输数据等。

超哥开门见山就问道：“刘总，你们这个系统看起来真不错，花了多少功夫做的？这些数据是实时的，还是延时数据?”

刘总说道：“我们花了大概 2 年的时间，不断完善这套营销决策系统。对于天然气销售，我们已经基本建立一套集电商、CRM 系统、物流系统的全国运营体系，这里所有的数据都是实时动态的，可以实现对所有销售实时监控，做到过程控制、实时调整决策。”

接着，刘总将大屏幕切换到销售数据监控模式，屏幕上实时展示各个加气站的实时销售情况、网上 APP 的下单情况、各个区域的实时销量及均价情况、客户经理的实时销售情况。刘总又将大屏幕切换到设备运行监控模式，屏幕上展示了各地远程设备运行情况，设备运维报修情况，在建工地施工情况。刘总又将大屏幕切换到物流运行监控模式，地图上出现一个个移动的小点，这些小点代表着正在运行中的车辆情况，每一辆车的 GPS 信息，点击小红点还会出现司机和押运员的电话、运送货物的目的地情况。

刘总拿出一台手机，点击京西能源的 APP 后和大家说道：“这个 APP 是我们今年开发出来的，目前可以直接通过 APP 下单购买天然气、挑选配送车辆。去年我们成立了互联网营销中心，利用“互联网+电商平台”为市场开发等提供专业、高效的客户营销服务。我们互联网营销中心成立不到一年，已经通过“400”

呼叫中心平台实时向用户宣贯最新销售政策，通过拼单、满减优惠、秒杀、满送等多元化促销方式，大力推广互联网促销活动，改变以往只有大规模分销商才能直接同京西公司合作的局面，终端用户可直接从京西公司采购，无论用户规模大小，均可享受同级别优惠待遇。我们在今年大概线上交易比率能达到30%，争取明年达到50%以上。通过线上交易，我们后期还将上线关联能源产品，争取满足更多的客户需求。”

刘总讲完后，超哥带头鼓起掌来，说道：“刘总，这个‘互联网+能源营销’你们比我们走得快，我们要多多向你们学习！”

刘总被表扬得不好意思，摆摆手说道：“哪有哪有，你们是成品油专家，老大哥，只要你们想做，就肯定能比我们做得更好啊！”

小伙伴们对京西石油营销决策系统纷纷点赞，也希望中胜江南能有这么一套功能强大的系统作为日常成品油销售的支撑。

参观完营销决策中心，大家来到会议室进行座谈。京西能源的会议室设备很好，灯光明亮，座椅舒服，话筒清晰，投影仪也是背光式屏幕，在这开会心情十分舒畅。

超哥坐下说道：“百闻不如一见，京西能源对‘互联网+能源营销’的探索给我们提供了很好的样板，通过今天的参观大家有什么感受？都来说说。”

雯雯抢先说道：“咱们国家在大力推进‘互联网+能源’，通过互联网促进能源系统扁平化，推进能源生产与消费模式革命，提高能源利用效率，推动节能减排。我们也应该建立一套成品油生产运行销售监测管理体系，纳入政府公共服务网络，加强成品油产业链上、下游企业的信息对接和生产消费智能化。”

周强说道：“网络化、数字化、智能化是时代大潮，现在互联网已经深入我们工作、生活的方方面面，我们国家正处在新一轮科技革命和产业变革蓄势待发的时期，我们应该把互联网和我们的能源销售充分结合起来，加快新旧发展动能接续转换，开辟市场蓝海，打造新产业新业态。”

看到小伙伴们对互联网+大数据的讨论那么热烈，超哥非常高兴，插话道：“数字经济浪潮正在蓬勃兴起，我们的同行‘互联网+大数据’都走的比较快，大家越来越重视数字能源。能源行业的数字化转型，就是发展数字能源，即利用数字技术，引导能量有序流动，构筑更高效、更清洁、更经济、更安全的现代能源体系。如何有效生成数据、挖掘数据、利用数据可能是在我们销售过程中的一条行为主线，未来的那桶金，储藏在数据的‘油藏’之中。”

赵丽说道：“对啊，数据时代已经来临，数字化将全面改变直分销业务流程和运营流程，销售过程不只是货物的交接，还时时产生有价值的交易数据，可以充分利用数据来重构商业模式。在销售企业系统内，目前我们中胜江南还未实现直分销成品油线上销售，数字时代，我们需要努力做到线上、线下融合。例如，我们可以建立一套集电商、CRM 系统、物流系统的全国运营体系，以油库、加油站、天然气接收站、液化气工厂为据点，运输网络为桥梁的智能化电子地图，建设深度感知智能仓储系统，推广应用二维码、无线射频识别等物联网感知技术，通过大数据分析统计测算用户用油量、用气量，整合客户提油、提气计划，实现手机端、PC 端一键自由下单，实现网上商城、移动端的多渠道经营模式，优化服务流程，提升客户体验。"

这么热烈的讨论也是很久没见到了，时间已经快到中午 12 点，超哥意犹未尽地说道："我再跟大家分享'互联网+大数据'助力能源销售的两个案例：第一个是国内某大型能源公司董事局主席王某提出能源发展将迈入数字能源新时代。未来，化石能源、可再生能源、数字能源将共同构成完整的现代能源系统。为此，其建立了好气网线上 LNG 销售平台，打通线上、线下销售，充分发挥其网络平台的优势进一步拓展市场；第二个是国内某特大型石油公司董事长杨总提出数字技术是未来能源版图的决定性因素，他们不仅开辟了网上电商平台，还推广全国范围内的竞价交易，试点建立区域运营中心，打破区域界限。2017 年实现全国首例 LNG 线上竞价交易。目前，竞价交易是为天然气发现市场价格、摸底市场供需情况提供重要参考。

此外，在竞价交易、挂牌抢购、月度预售等创新模式的基础上，他们还联合上海交易中心平台，共同开发线上、线下业务项目，同时，增加中远期、期货、窗口期、运力交易等线上产品，拓展基础设施技术服务等合同产品，增加产品附加价值；以天然气发展为基础，拓宽互联网销售及服务品类，实现跨界融合。"

一个上午的时间，大家看到了"互联网+大数据"对能源行业的巨大改造作用和光明前景，对中胜江南的信息化、数字化、差异化营销充满了信心。

笔记二十四

1. "互联网+"

"互联网+"是把互联网的创新成果与经济社会各领域深度融合，推动技术进步、效率提升和组织变革，提升实体经济创新力和生产力，形成更广泛的以互联网为基础设施和创新要素的经济社会发展新形态。

在全球新一轮科技革命和产业变革中，互联网与各领域的融合发展具有广阔前景和无限潜力，已成为不可阻挡的时代潮流，正对各国经济社会发展产生着战略性和全局性的影响。积极发挥我国互联网已经形成的比较优势，把握机遇，增强信心，加快推进"互联网+"发展，有利于重塑创新体系、激发创新活力、培育新兴业态和创新公共服务模式，对打造大众创业、万众创新和增加公共产品、公共服务"双引擎"，主动适应和引领经济发展新常态，形成经济发展新动能，实现中国经济提质增效升级具有重要意义。

《国务院关于积极推进"互联网+"行动的指导意见》国发〔2015〕40号中，特别提出注重"互联网+"智慧能源发展。通过互联网促进能源系统扁平化，推进能源生产与消费模式革命，提高能源利用效率，推动节能减排。重点提出要推进能源生产智能化、建设分布式能源网络、探索能源消费新模式、发展基于电网的通信设施和新型业务。

2. 大数据

大数据指无法在一定时间范围内用常规软件工具进行捕捉、管理和处理的数据集合，是需要新处理模式才能具有更强的决策力、洞察发现力和流程优化能力的海量、高增长率和多样化的信息资产。

由于互联网和计算机技术的高度发展，当前经济社会的生产关系、商业模式、创新模式已经发生了深刻的变革。随着物联网和信息物理信息时代的来临，更多的数据可以被收集，并用于做出更为明智的决策，我们可以利用大数据来发现用户价值的缺口，发现和管理不可见的问题，为客户提供定制化的产品和服务。我们还可以利用大数据来重构商业模式，将供给侧和客户端紧密联系，寻找更为快速、便捷、准确的服务方式。每一笔销售、每一笔配送、每新增一名直销客户、每一名客户经理的客户拜访，都是为公司积累经验和数据，如果能将这些数据挖掘出来，整理、应用好，对公司的销售客户档案信息管理、一户一策管理、竞标价格研究都有非常重要的指导作用，在招投标、打价格战的竞争中会起到重要作用。注意，数据不等于价值，经过挖掘整理后的数据才有意义。

3. 大数据的积累与获取

营销信息化是获取大数据的有效途径，利用"互联网+营销+客户"的新营销模式，实现直分销业务上线，可以使客户行为有效转化为营销大数据。依托"互联网+"创新直分销业务的营销模式，在积累获取大数据、开展大数据分析的同时，利用大数据进一步创新和优化直分销营销模式。因此"互联网+营销+客户"是大数据营销的必经之路。

思考题

1. 谈谈你对“互联网+成品油直分销业务”的设想。

2. 举几个竞争对手利用“互联网+开展直分销业务”的案例，分析其优点与不足。

3. 怎么利用“互联网+大数据”提高直分销客户服务水平？

4. 你觉得在“互联网+大数据”时代，成品油客户的购买模式会有哪些变化？

5. 在“互联网+大数据”时代，成品油价格信息将更为透明，应如何应对？

第九章 应急处置

第一节　销售危机应急处理

本节目标：

1. 认识销售中遇到的危机及其危害性。
2. 了解销售危机的妥善处置的流程和方法。

故事

负责任到底

年初，中胜江南与吉祥集团就油品采购等事项签署合作协议。中胜江南坚持以“个性化深度服务”为理念，为吉祥集团在省内的9家单位提供油品配送、用油知识咨询、油罐日常保养等常态化服务外，让客户的服务体验更为满意甚至惊喜和感动，获得客户的好评。春节后不久的一个星期天，超哥突然接到榕城分公司营销部戴经理的电话，说是吉祥公司来电话：“今早试验结束之后打开的发动机内部有红色铁锈状的东西，估计是油品质量有问题？”

放下电话，超哥意识到问题的严重性，马上给数质量中心严总监打电话，约定好时间后两人一同赶往距离三十公里外的客户所在地——榕城滨海工业新区。

在吉祥试验中心，试验负责人严肃地说：“这次一共进行8组16台机组的试验，试验完成后打开发动机，所有的发动机内侧都有明显的红色铁锈状的东西附着在上面。你们公司的油肯定有问题，整个试验耗时200多小时，总经费几百万元，现在全部白费了，你们考虑下怎么赔偿吧。”

“先看看具体情况吧。”超哥一边示意，一边仔细查看发动机，发现其内部还有排气管确已呈暗红色，类似金属轻度生锈氧化的样子，但无法立刻判断是何原因造成的。

想到这次的问题没那么容易解决，整个批次试验全部失败，不光有经济上巨大的损失，同时对吉祥公司和中胜江南都有巨大影响，他当场给王总打电话进行了初步汇报，并安排人将油品和红色铁锈的取样送质检中心，并拍了照片存档。

按照王总指示，先向吉祥公司表示歉意，立即安排清罐服务并从周边的泉城油库安排配置油品送到吉祥公司保证吉祥公司的生产试验需要，再进一步寻找原因。

“超哥，这次的问题比较棘手，我们的油品从质检中心的初步化验情况看没有什么问题，而吉祥坚称他们的试验体系除了今年更换油品供应商外，其他全部没有变化，一口咬定是油品的问题。”戴经理说到。

听完情况，超哥皱起了眉头，分析道：“很可能是一个非常个性化的问题，我刚才已经联系物流部门，确定这几个批次的油都是配置油，化验指标都符合质量标准，同时在对外销售的几个月时间内也没有发生类似的投诉。但是吉祥的说法也有一定的道理，其他都没变化只有油变了，试验马上就出问题，也难免他们往油的方向考虑。这样吧，按我们的应急处置流程先进行一个全环节的排查，同时让数质量部门向上级反映寻求帮助，并通知吉祥把油样送第三方检验机构再次化验。我们立刻成立应急处置小组，由我牵头，数质量部门配合，查找原因给客户一个说法。”

很快，排查的结果送到超哥面前：

油库出库：油库化验指标正常，排除油品质量问题。

配送车辆：GPS 路线正常，专车专用不存在混油，排除运输过程中污染问题。

吉祥油罐和设备上油品取样：化验结果正常，排除吉祥油罐管线污染可能。

“真是邪门了，大家坐下来头脑风暴一下，今天公司数质量专家也来了，我们共同来查找事故原因。”

戴经理首先发言：“这个客户单位非常特别，它是吉祥的发动机研究机构，承担了其欧洲研发中心的大量试验，对所有对发动机性能指标有影响的油品参数都有需求。”

超哥接着说：“吉祥作为一家有实力、有影响力的跨国公司，对油品的质量和服务有着更高的要求。这个对我们是挑战更是机遇，如能妥善处理好，不仅能夯实合作关系，更是一个活招牌，在业界都会有一个很好的宣传效应。”

中胜江南数质量严总监分析说：“吉祥的这个实验方法我看了，属于破坏性实验，相当于时速 200km/h 连续行驶 200h 以上，属于非正常的工况。发动机壳内部发红主要还是考虑铁元素含量，然而油品内铁含量并没有超标，很可能是外来的，那么有没有可能是在发动机内油品燃烧过程中产生的呢?”

超哥眼前一亮：“嗯，这个可能性很大，可以从这个角度出发与吉祥进行沟通，毕竟吉祥是发动机领域的权威，等事故原因查明后我们再具体商定下一步的处理办法。”

形成共识后，中胜江南与吉祥公司进行多次交流沟通，通过不同强度试验对比，最终形成共识，吉祥公司更改发动机所用的部分钢材，而中胜江南在国标基础上追加了部分微量金属的化验指标，之后无论正常强度试验还是破坏性的疲劳试验均没有继续出现红色附着物。

吉祥公司李总亲切地握着超哥的手说：“感谢中胜江南啊！其实我们也知道，国内的油品质量你们是最好的，只能我们的发动机去适应你们的油品，但是你们能够这样主动热心的帮我们寻找问题，还为我们免费清罐和清理管线，真是展现了国际大公司的风范。”

笔记二十五

1. 企业危机的特征

1）突发性

危机往往都是不期而至，令人措手不及，危机发作的时候一般是在企业毫无准备的情况下瞬间发生，给企业带来的是混乱和惊恐。

2）破坏性

危机发作后可能会带来比较严重的物质损失和负面影响，有些危机用毁之一旦来形容一点不为过。

3）不确定性

事件爆发前的征兆一般不是很明显，企业难以做出预测。危机出现与否与出现的时机是无法完全确定的。

4）急迫性

危机的突发性特征决定企业对危机做出的反应和处理的时间十分紧迫，任何延迟都会带来更大的损失。危机的迅速发生引起各大传媒以及社会大众对于这些意外事件的关注，使得企业必须立即进行事件调查与对外说明。

5）信息资源紧缺性

危机往往突然降临，决策者必须做出快速决策，在时间有限的条件下，混乱和惊恐的心理使得获取相关信息的渠道出现瓶颈现象，决策者很难在众多的信息中发现准确的信息。

6) 舆论关注

危机事件的爆发能够刺激人们的好奇心理，常常成为人们谈论的热门话题和媒体跟踪报道的内容。企业越是束手无策，危机事件越会增添神秘色彩引起各方的关注。

2. 公关危机处理的对策

1) 做好危机预防工作

(1) 树立强烈的危机意识。企业进行危机管理应该树立一种危机理念，营造一个危机氛围，使企业的员工面对激烈的市场竞争，充满危机感，将危机的预防作为日常工作的组成部分。如：对员工进行危机管理教育，开展危机管理培训等。

(2) 建立危机管理机构。危机管理机构的具体组织形式，可以是独立的专职机构，也可以是一个跨部门的管理小组，还可以在企业战略管理部门设置专职人员来代替。企业可以根据自身的规模以及可能发生的危机的性质和概率灵活决定。

(3) 制订危机应急预案。企业应该根据可能发生的不同类型的危机制订一整套危机应急预案，明确怎样防止危机爆发，一旦危机爆发立即做出针对性反应等。

2) 进行准确的危机确认和上报

一旦危机发生，需要第一时间收集危机的各方面信息并立即按流程上报各级管理机关，根据危机的性质和范围进行初步处置。这里需要明确的是不要盲目的自行处置，而要尽可能收集信息，交由专业的团队进行处置。

3) 清楚危机处理的原则

(1) 承担责任原则。危机发生后，公众会关心两方面的问题：一方面是利益的问题，利益是公众关注的焦点，因此无论谁是谁非，企业应该承担责任。即使受害者在事故发生中有一定责任，企业也不应首先追究其责任，否则会各执己见，加深矛盾，引起公众的反感，不利于问题的解决；另一方面是感情问题，公众很在意企业是否在意自己的感受，因此企业应该站在受害者的立场上表示同情和安慰，并通过新闻媒介向公众致歉，解决深层次的心理、情感关系问题，从而赢得公众的理解和信任。

(2) 真诚沟通原则。企业处于危机漩涡中时，是公众和媒介的焦点。你的一举一动都将接受质疑，因此千万不要有侥幸心理，企图蒙混过关。而应该主动与新闻媒介联系，尽快与公众沟通，说明事实真相，促使双方互相理解，消除疑虑与不安。

真诚沟通是处理危机的基本原则之一。这里的真诚指“三诚”，即诚意、诚恳、诚实。如果做到了这“三诚”，则一切问题都可迎刃而解。

(a) 诚意。在事件发生后的第一时间，公司的高层应向公众说明情况，并致以歉意，从而体现企业勇于承担责任、对消费者负责的企业文化，赢得消费者的同情和理解。

(b) 诚恳。一切以消费者的利益为重，不回避问题和错误，及时与媒体和公众沟通，向消费者说明消费者的进展情况，重拾消费者的信任和尊重。

(c) 诚实。诚实是危机处理最关键也最有效的解决办法。我们会原谅一个人的错误，但不会原谅一个人说谎。

(3) 速度第一原则。好事不出门，坏事行千里。在危机出现的最初 12~24 小时内，消息会像病毒一样，以裂变方式高速传播。公司必须当机立断，快速反应，果决行动，与媒体和公众进行沟通。从而迅速控制事态，否则会扩大突发危机的范围，甚至可能失去对全局的控制。危机发生后，能否首先控制住事态，使其不扩大、不升级、不蔓延，是处理危机的关键。

(4) 权威证实原则。自己称赞自己是没用的，没有权威的认可只会徒留笑柄，在危机发生后，企业不要自己整天拿着高音喇叭叫冤，而要曲线救国，请政府或第三方权威机构在发表官方意见，使消费者解除对自己的警戒心理，重获他们的信任。

4) 做好危机的善后工作

危机的善后工作主要是消除危机处理后遗留问题和影响。危机发生后，企业形象受到影响，公众对企业会非常敏感，要靠一系列的危机善后管理工作来挽回形象。

(1) 进行危机总结、评估。对危机管理工作进行全面的评价，包括对预警系统的组织和工作程序、危机处理计划、危机决策等各方面的评价，要详尽地列出危机管理工作中存在的各种问题。

(2) 对问题进行整顿。多数危机的爆发与企业管理不善有关，通过总结评估提出改正措施，责成有关部门逐项落实，完善危机管理内容。

(3) 寻找新的商机。①妥善解决，危机给企业制造了另外一种环境；②客户认可，危机解决后，客户不但不会流失反而容易变成真正的忠诚客户。可通过正面引导和宣传，通过危机处置向客户展现公司形象。

总之，危机并不等同于企业失败，危机之中往往孕育着转机。危机管理是一门艺术，是企业发展战略中的一项长期规划。企业在不断谋求技术、市场、管理和组织制度等一系列创新的同时，应将危机管理创新放到重要的位置上。一个企业在危机管理上的成败能够显示出它的整体素质和综合实力。成功的企业不仅能够妥善处理危机，而且能够化危机为商机。

思考题

1. 企业危机有哪些特征？
2. 公关危机处理的对策是什么？
3. 我方没有责任是否意味着不需要任何赔偿？
4. 变危机为机遇应该怎么做？
5. 应对企业危机，你还有哪些更好的办法？

第二节 信用销售

本节目标：

1. 了解企业信用销售的必要性。
2. 掌握信用销售风险的识别和防控。

故事

一张“信用牌”

10月2日，超哥正在享受难得的国庆假期，突然接到王总的电话，说江南省著名的大型集团企业梦之路集团所属的建华物流公司，因会计人员转岗节前未打款购油，现在急需用油。但因其公司账面上没有剩余资金，无法开票，前期购买的油品已经提取完毕。该集团副总直接找到王总，请求我们国庆节期间务必确保建华物流的用油供应，购油资金待节后汇出。王总要求超哥尽快帮助协调解决。超哥立即答复马上去办。

放下电话后，超哥不禁皱了下眉头，暗自嘀咕道：“像这种长期、稳定地在公司购油的优质客户为什么没有成为公司的信用客户？”

随即，超哥拨通了电话，在说明情况的特殊性后，立即安排江宁分公司根据客户资料采取信用销售审批按照配送方式开具100吨柴油，总金额约60万元，以满足客户在国庆节期间的用油需求。节后上班的第一天，该客户就将购油款支付并对中胜江南公司的支持和帮助表示感谢。

这件事情还是对超哥有所触动。不久后，便要求赵丽对全省的授信客户进行梳理，发现全省除关联单位和 8 家客户自行申请的信用销售外，采取信用销售方式很少。为解决类似于梦之路集团国庆假期开票难的现状，超哥决定对长期稳定的大客户符合风险防控的单位，申请少量信用授信以便在必要的时间使用。如对建华物流全省授信 100 吨，即每个地市授信 20 吨(1 车)左右的油品价值，在必要时采取信用销售的方式。一方面解决客户燃眉之急，另一方面，也扩大自身销售，多一个竞争手段。

对梦之路集团授予信用销售政策后，不少其他重点客户也获得这个消息，也不断电话要求中胜江南提供信用销售，从而改变中胜江南公司从不赊销的传统认识。不少客户也直接找到超哥，要求增加信用销售待遇，超哥以财务每年会定期调整为由先挡着。但元旦后，又有 23 家重点客户向中胜江南公司提出信用销售申请，信用额度超过 1 亿元，其中 1 家要求 2000 万元，最小的一个单位也要到达 100 万元。这与财务规定的不超过 2000 万元的额度相差甚远，超哥想到此就十分头疼。

遇到难题找东叔！超哥端着茶杯走进东叔的办公室。

进门后，刚坐下，东叔就问："阿超，是不是又遇到什么难题了？"

超哥哈哈一笑："是啊，东叔，又被您猜中了！"

"是这样的，有 23 家客户申请信用销售，不少是重点客户，申请额度 10500 万元，但财务只允许我们 2000 万元的最高额度。很难摆平啊。只好来请教东叔啦！"超哥说道。

"你自己是怎么想的啊？现在都是领导了，要有自己的想法啊！"东叔说道。

"我想在财务规定的额度内，分配给相关企业，估计能够达到 10 家客户，矛盾会小一点，对一些相对小一点的客户只能协调一下，打个招呼了。"

"我给你讲个故事吧！"东叔没有直接回答超哥的问题。

"中胜江北公司，我们的兄弟单位，你比较熟悉。当前经营总量也高于我们中胜江南公司，但他们在十几年前在信用销售上也有过惨痛的教训。"

"哦，那您说给我听听！"超哥放下杯子，一脸认真地说道。

"2003 年，中胜江北开始尝试采取信用销售方式，他们确实也取得一些效果，销售量连续 2 年持续增长。2005 年，他们进一步放松信用销售审批，除正常的客户审批外，还采取临时信用方式。结果在一个临时授予的 200 吨信用销售中，客户迅速提走油品，没有付款，经办人卷款失踪；该企业经营困难，同时临时信用手续不全，对方采购人员又是口头申请，造成企业损失 90 余万元。与此同时，中胜江北在对信用销售客户全面评估时发现，原一个授信客户采购人员已经离岗，但仍然以该单位名义申请信用销售 500 吨柴油并且已经自提走 300 多吨售卖，资金无法追回，导致与授信单位产生资金债务纠纷，最终采取上诉，但法庭裁决中胜江北公司承担主要责任，对方单位承担次要责任，对方责任人被追加刑事责任。最后的结果是，中胜江北山南分公司分管经理记大过处分，营销部经理降职，相关客户经理停职，专门从事清理专项债权工作。”

“东叔，您提醒的对，一定要严格审核授信客户资质和偿债能力，但也不能因噎废食，毕竟信用销售也有必要性。”超哥答道。

东叔又问道：“阿超，你认为做到严格审核，授信企业信誉好、偿债能力强就没有风险了吗？”

“应该是这样的，只要做到这些基本就可以控制风险了！”超哥答道。

东叔看了看超哥，喝了一口水，悠悠地说道。“万事都有例外，再给你讲一个例外。”

“2008 年，我们一个兄弟单位湖山石油分公司对一个经营良好、生产正常的跨国企业销售成品油，该企业在湖山属于知名企业，效益也很好。并且湖山石油分公司没有给该企业授予月末信用，仅仅为该企业申请提供月中授信 50 万元，以便满足其申请资金周期。但就是这样的一个企业，任何人都认为没有风险，但是 2008 年却确确实实发生了风险，该企业在申请付款期间，突然宣布破产，银行账户被冻结，50 万元的油品资金被确认为债权，有发生损失的风险。究其原因，主要是受国际金融危机的影响，该跨国企业的母公司突然被宣布破产、清算。”

超哥一直在认真地听着，听到这里，忍不住说道：“啊，这样也能发生资金风险，这简直就是‘躺枪’啊。”

“躺枪的风险确实存在啊”，东叔不无感慨地说。“所以，对信用销售还是要进一步严格管理，严格限制范围，尽力缩小规模、尽快回收货款资金，因为款项太大，实在承担不起资金损失的风险。”

超哥边点头边说：“东叔，听您这么说，我必须再谨慎点，不是必须要信用的坚决不给。”

“阿超，你这么想就对了。但也不能完全拒绝信用销售，否则会影响一些客户的体验，也会失去一些成交的机遇。”东叔高兴地说道。

“好的，谢谢东叔！又取到真经了，周末请您一起去钓鱼！怎么样？”超哥邀请道。

东叔爽快的答道：“我没问题，就担心阿超你没有时间啊！”

回到办公室后，超哥对 23 家申请信用额度的企业再次进行评估和分类，对资产实力不足、主营收入现金流量低、处于亏损行业的企业进行剔除。对符合条件的企业授信额度进一步压缩，23家企业最终仅挑选10家企业备选送财务审核，授信额度也控制在1500万元，其中月末债权授信1300万元、月中信用授权200万元。初步确定新的一年信用评估报告报财务处会商，财务处也最终同意营销中心关于完善信用客户评级的意见。

笔记二十六

1. 信用销售的定义

信用销售是企业通过分期付款、延期付款等方式向单位或个人销售商品或服务的信用交易方式，是市场经济中商业信用销售的基本形态，是生产经营者及消费者之间的直接信用。

信用销售不同于传统意义上的赊销。它是企业争取客户、扩大销售和经营规模、提升企业竞争力的市场方略、提升客户体验的一种有利方式。信用销售在特定条件下有助于促进成交、扩大销售。

2. 信用销售的注意事项

(1) 做好信用销售必须要有严格的信用管理制度，从事前防范、事中管理、事后处理实施全程信用管理。信用销售重点是有效防范重大风险同时做好对客户的优质服务。

(2) 信用销售只能作为补充的销售方式，不能作为主要方式，否则销售回款难题较大，如遇到坏账增加可能直接影响到企业的生死存亡。

(3) 企业要设计构建信用销售风险管理体系。包括不限于调查客户信用情况、客户信用评级、建立信用销售审批程序、建立分客户信用额度、应收账款的监控与管理。

(4) 要完善对销售人员的信用销售考核工作。建立风险分析报告制度。定期对应收账款进行分类分析和专题报告。

3. 客户信用评级的主要因素

客户信用评价一般包括定量和定性评价两种方法。定量评价主要包括对各类财务报表的评价，定性评价则需要收集各类信息。主要评价方法是，客户信用评级采用“3C”要素评价法。衡量企业的信用要素，最早出现的学说是“3C”学说。“3C”是英文单词的Character（品格）、Capacity（能力）、Capital（资本）的简写形式。传统思想认为，“3C”将企业的特质基本反映出来，也是企业信用要素的基本形式。

(1) 品德（Character）。是指企业和管理者在经营活动中的行为和作风，是企业形象最为本质的反映，特指客户愿意履行其付款承诺的可能性。

（2）能力（Capacity）。是指客户的支付能力，主要取决于经营者的能力（如管理、资金运营和信用调度等）和企业的能力（如运营、获利和偿债等）。

（3）资本（Capital）。主要是考查企业的财务状况。一个企业的财务状况基本反映该企业的信用特征。

思考题

1. 企业开展信用方式销售的必要性是什么？信用销售有哪些功能？
2. 信用销售的风险主要体现在哪些环节？
3. 信用销售管理中需要注意哪些？信用管理制度需要哪些要点？
4. 如何有效设计企业信用销售风险管理体系？
5. 客户信用评级主要考虑哪“3C”？

第三篇

物流篇

第十章 库存管理

第一节 日常运营管理

本节目标：

1. 了解分析库存管理日常工作内容，理解合理库存、高限库存以及低限库存的意义。

2. 帮助管理人员做好油品调度运行过程中实物库存的动态管理。

3. 了解库存预警的作用以及方式。

故事

未雨绸缪

超哥坐在办公室里，看着窗外开始飘起的点点雪花，感叹到："再过一个月就是春节，今年的第一场雪总算到来了。"对于在这个行业打拼多年的超哥来讲，春节油品保供的难度他深有体会。不过自担任江南省营销总监以来，这还是第一次，因此也确实有些惴惴不安。沉思一会儿后，他在本部门的工作群里通知半小时后会议室开会，研讨春节保供方案。

半小时后，会议室内销售主管赵丽、采购主管周强、调运主管李翔以及资深元老东叔端坐在办公室。超哥环视大家，微笑着说道："各位，最近大家都很辛苦，很感谢大家。春节即将来临，按照往年经验，必然将迎来汽油消费的集中爆发和柴油销量的骤降，这对于我们来讲既是一个机遇也是一个挑战。我们不仅需要做好汽油的及时配送，同时还要面临柴油库存高居不下的风险，任务非常艰巨，对此大家有什么好的想法都说说。"

大家沉思了一小会儿，赵丽首先发言："我认为最重要的一点就是要安排好油库和加油站的库存，汽油消费旺盛就得提前垫高汽油库存以备不时之需。现在竞争对手越来越多，客户加不到油就跑别处去了，不能因为没有油而导致客户流失，至于柴油嘛，从源头上控制一下采购进度就可以了。”

“对对对!”周强附和到：“从往年来看，春节期间汽油消费确实十分旺盛，让我最担心的就是炼油厂的汽油生产节奏跟不上资源出库进度，如能提前垫高汽油库存也能留一些缓冲的余地。但是要想控制柴油采购进度也会面临着较大困难，接卸进度滞后使江南省的两家炼油厂可能出现堵库憋罐的情况，到时候可能还会影响汽油的生产呢!”

听到这里，超哥若有所思。这时李翔说话了：“超哥，到时候调运方面的压力也不小。炼油厂的原油加工量都是月初制订好的，生产装置的能力也就摆在那儿，汽油资源生产的总量是一定的，面临汽油消费短时间的暴增，肯定会有一定的缺口，为了尽可能分散风险，这个缺口一定不能摆在一个地方，调运必须要均衡。我们要充分利用春节前的这一段时间快速提高我们的实物库存，各油库和加油站的库存也必须紧盯，在资源紧张时分清轻重缓急。”

超哥看着李翔点了点头，随后转头向东叔问到：“东叔，您怎么看?”

东叔答到：“大家说的都很有道理，其实最关键的一点就是要以合理的库存为基础，结合不同时期、不同品种油品市场的消费情况，做好各油库和加油站库存的动态平衡，保证所存油品能满足常规供应地区一定周期内的油品消费，并且安排专人紧盯油库、加油站库存变化，利用好现有信息系统开展库存预警，这样才能做到进可攻、退可守。”

听到东叔如此说，超哥若有所思，同时问道：“那柴油出现滞销该怎么办?”

东叔想了想，说道：“按往年的经验来看，春节期间市场消费结构将发生很大变化。受到放假节日外出务工人员返乡的影响，江南省的工矿企业基本都停工歇业，柴油消费将大幅度下降，特别是在大年三十前后3~5天，油库柴油出库规模将达到最低。所以，应对柴油滞销，我们一方面现在就要全力加大柴油资源出库，并开展一定的促销活动，尽量降低柴油库存；另一方面需充分考虑油库的柴油高限库存量和炼厂柴油最低出厂量，做好应急预案。”

后面大家又就具体事宜进行详细商谈，超哥也从大家提出的意见中对库存的把控有了更深的认识，实物库存=初始库存-出库+进库，可发库存=实物库存-罐底库存，只要把握好进销的节奏，合理安排资源发运节奏，就能使库存保持在合理的水平。

最后，超哥做了总结性发言和工作安排：“大家近期必定会更加辛苦，有劳大家了！从今天开始，赵丽你负责搜集汇总各油库每日的分品种、分品号出库情况，并且要根据市场的变化，预排未来3~5日的出库计划。周强你负责搜集每日炼厂资源的生产状况和各油库的库存情况，并且及时衔接外采资源发运，确保全口径资源的落实，有了库存和销售数据，结合采购的进货节奏，我们就能从头到尾全程监控好资源供给。李翔你根据这些信息做好每天的资源调配平衡工作，务必保证资源到各个流向的均衡性。另外，我还要强调一点，对于西部山区那些唯一供应点的区域，各位要重点关注，并要做好应急预案。若有异常情况，及时汇报。辛苦大家了！散会。”

散会后，超哥和东叔走在最后面。“您看我今天这样安排是否妥当?”超哥开口到。

东叔笑着答到：“从以往的经验来看，春节期间我们这里日均汽油消费量甚至都会翻倍，毕竟在春运大潮下外出务工的人员都要回家过年。不过只要咱们提前做好准备，应对还是没有问题的。只要把握好进销动态平衡，就抓住了关键点，你也不必太过担心。兵来将挡，水来土掩。”

东叔继续说：“我们必须紧盯库存变化情况和市场消费数据，根据实物收发情况，分析实物库存动态变化，提出实物库存控制目标，识别、评估实物库存运行风险，制订应对措施，同时也要提前部署部分临时运力，发现问题及时应对。”

同时建议，“在我们省内要根据油库、加油站实物库存优化二次物流配送，避免加油站脱销，提高车辆使用率，并以实物库存为基础，结合不同市场条件下资源平衡和经营组织规律特点，构建库存预警分析体系，提升物流运行质量。”

听了东叔的话，超哥的心里总算踏实一些，也在思索着要以此为契机加强中胜江南公司油库库存的管控。

笔记二十七

1. 库存、保险库存的定义

(1) 库存是仓库中实际储存的货物。可以分两类：一类是生产库存，即直接消耗物资的基层企业、事业的库存物资，它是为了保证企业、事业单位所消耗的物资能够不间断地供应而储存的；一类是流通库存，即生产企业的原材料或成品库存，生产主管部门的库存和各级物资主管部门的库存。此外，还有特殊形式的国家储备物资，它们主要是为了保证及时、齐备地将物资供应或销售给基层企业、事业单位的供销库存。

(2) 保险库存是指为了防止由于不确定因素(如突发性大量订货或供应商延期交货)影响订货需求而准备的缓冲库存。零库存生产，是每个企业追求的目标。但是，零库存生产需要较高的管理水平，一般企业很难做到这一点。因为每日需求量、交货时间、供应商的配合程度，存在较多的不确定因素，这些因素控制不好的话，企业很容易因此断货，从而影响生产，进而影响企业的交货，给企业造成损失。所有的业务都面临着不确定性，这种不确定性来源各异。从需求或消费者一方来说，不确定性涉及消费者购买多少和什么时候购买。处理不确定性的一个习惯做法是预测需求，但需求的大小一般较难准确地预测。从供应来说，不确定性是获取零售商等的需要，以及完成订单所要的时间。就交付的可靠性来说，不确定性可能来源于运输，还有其他原因也能产生不确定性。不确定性带来的结果通常是一样的，企业要备有保险存货来进行缓冲处理。在给定保险库存的条件下，平均存货可用订货批量的一半和保险库存来描述。保险库存在正常情况下不动用，只有在库存量过量使用或者送货延迟时，才能使用。

2. 油库合理库存、高限库存以及低限库存

油库合理库存就是在保证稳定供应和保障炼厂后路通畅的前提下，具备一定供应弹性，在市场波动带来的价值增值、产生的损失以及耗费的资金成本和仓储费用方面，形成动态平衡点的库存。一般情况下是周期库存量、保险库存量以及最低库存量三者之和。为了满足两次成品油到货之间的市场正常需求，油品销售企业需要保持相应的周期库存量，以维持正常的经营；为了应对突发性的消费需求，还需设定一个保险库存量留出备油缓冲时间。高限库存即油库高限安全库存；低限库存即油库低限安全库存，油库的高限和低限库存除了考虑物理仓容外还要考虑危化品行业的安全管理要求。

3. 油库实物库存

企业拥有所有权和租赁使用的储存容器中实际存放的成品油(含汽油、煤油、柴油)数量称为油库实物库存。

4. 油库库存预警

油库库存预警主要是以当期油库出库规模为基础，结合相应的外部条件，预测未来一定周期内某种资源的出库规模，分别以合理库存、高限库存和低限库存为标准，分析未来库存的变化情况以及可支撑天数，并在考虑货物在途时间的基础上以此为依据进行补货。

5. 油库实物库存管理

油库实物库存管理遵循下列动态平衡公式：

期末库存=期初库存-出库+进库

可发库存=实物库存-罐底库存

思考题

1. 库存管理的目的是保持合适的库存量，既不能过度积压也不能短缺。结合石油石化行业的管理要求和自身经营需要，思考油库库存控制的标准是什么？库存控制到什么量才能达到要求？如何合理配置库存？

2. 合理库存、高限库存以及低限库存对于石油石化行业库存管控和经营支撑十分重要，结合各自企业特点思考如何确定企业的合理库存、高限库存以及低限库存。

3. 油库的合理库存是一直不变的吗？若是，理由是什么？若不是，引起它变化的原因是什么？

4. 油库的库存是不是越多越好？为什么？

5. 油库实物库存运作是保障经营的重要手段，结合企业管理现状，思考如何有效开展油库实物库存管理？

6. 如何开展库存预警？能否尝试对自有油库开展库存预警？

第二节 保管损耗

本节目标：

1. 介绍保管损耗的原因及其分类，知悉控制损耗的基本措施。
2. 帮助管理人员知悉库存盘点的内容和意义。

故事

消失了的油品

在大家的齐心协力下，春节终于安然度过。不过今天超哥又遇到了新的问题——损耗。为更好地达到降本增效的目的，今年公司提高了油库损耗的考核标准。

看着省内各油库反映上来的数据，超哥倍感压力，特别是一些老旧油库去年都是刚刚达标，今年这个任务对于设备陈旧的油库来说实属困难。自从新的要求下发后，有好几个油库都已经三番五次在他这里叫苦了。

这几天，超哥学习到一些油品损耗的相关知识。在油库层面，油品储运发生的损耗主要包括：蒸发损耗、输转损耗、装车损耗、滴漏损耗和清罐损耗等。其中蒸发损耗是油品损耗中损耗量最大的一种，在整个油品储运损耗中约占70%~80%。因此超哥正准备以此为着手点进行分析，发掘一些之前忽略了的细节，来寻找有效的措施。自己相关知识有限，还是需要要问问数质量部门专家。

“东叔”，他拿起电话：“最近好几家油库都在反映损耗目标定的太高难以实现，我想找找办法，提升一下这方面的知识水平，但我对这方面知之甚少，您看咱公司有哪位专家比较擅长呀，我想去请教一下？”

“超哥，这个你算问对人了，刚好有个老朋友从事这方面好多年了，走，我现在就带你去，他就在咱楼上。”东叔答道。

“好！”超哥仿佛看到了希望。挂了电话，他直接来到东叔这里，跟着东叔上楼去了。

二人来到楼上走廊尽头的一间办公室，门开着。超哥顺着门看了进去，发现办公室不大，靠里面窗的位置摆放了一张办公桌，桌前坐着一位看着鬓角已经开始发白的男人，正埋头写着什么，脸上略微有些黝黑，一看就知道是常年在太阳下晒的。

东叔走过去：“老李，忙着呢？”

听到声音，那人抬起头一看然后笑了起来：“阿东，今天是稀客啊，你可是无事不登三宝殿的。”

东叔迅速说道：“没事儿就不能来看看你么？不过今天还被你说中了，确实有事情需要你这个专家的帮忙。”

东叔看了一眼超哥，继续说道：“这位是我们处的营销总监超哥，今天专门来请教你油库损耗方面的知识。”

超哥听到东叔的介绍，走近了一点：“李叔，您好！我是阿超，常听东叔提起您，说您的专业水平行业数一数二，特来向您请教请教。”

“哪里哪里，快请坐！”老李说完便去倒了两杯热茶。

坐定后，超哥问到：“李叔，今年咱损耗的标准提高了不少，油库的弟兄们都叫苦不迭，不知道您是否有好的办法呀？”

李叔说道：“要想知道怎么解决，首先得弄清为什么会有损耗。你知道吗？”

超哥回答：“油品都有挥发性，放在油罐里慢慢蒸发掉了。”

“对，确实是这样。油罐顶部一般都有呼吸孔，气温升高时罐内部油品体积膨胀增大，而油罐容积又是一定的，为保证罐内外压力基本一致，体积增加部分的油蒸气会通过呼吸孔流出；气温降低时，罐内液体体积减小，外部的空气又流入罐内，往复循环，不少油蒸气就这样白白流失掉了，这种情况通常称为小呼吸。还有大呼吸，就是指油品从一个罐低位到装满时，进入了多少体积液体油品，相应地就要排除多少体积的油蒸气；当油罐发油时，发出多少体积的油品，罐内就会增加多少体积的油蒸气，确保罐内液面以上部分蒸气压与外界基本达到平衡，这种进油出油导致的油品蒸发损失叫大呼吸，比小呼吸损耗大得多。”

李叔喝了一口茶，继续说道：“刚刚说的这两种呼吸方式都属于蒸发损耗，除了这个损耗还有其他方式，比如容器黏附损耗、检维修损耗、跑冒滴漏损耗。当然，后面两种损耗可以通过加强管理来减小甚至是避免。明白了这些，我们可以根据产生这些损耗的原因来采取相应的措施：一是要减少操作环节，合理使用油罐。减少输转作业，避免不必要的倒换油罐，减少装卸次数，实行并罐存储，保持储油罐有较高的装满程度；减少油罐的收发次数，避免罐与罐之间的倒油频次，减少大呼吸的损耗；利用大呼吸的排、吸气抵消小呼吸的排、吸气（油罐发油安排温度较高时，收油安排温度较低时），发油后及时安排收油，减少排期中的油气浓度。二是利用附属设备减小损耗。用浮顶罐储存易蒸发油品，是降低呼吸损耗的有力手段；建立集气罐或油气回收装置，尽可能回收油蒸气；保持呼吸阀等附属设备完好，管理好罐顶计量口，非作业需要不轻易打开计量孔。三是降低温度，减少蒸发损耗。第一可以控制油品的存储温度，比如白色或银色的油罐涂料，有效地反射太阳的热辐射，使罐内的温度较低，减少损耗。再比如采取喷淋水管在温度过高时喷淋，达到冷却油罐的目的。还有地下罐、附土罐、山洞罐、水封罐不受阳光直射，明显减少油罐呼吸；第二就是要对油品的进出库进行精心的安排，当然，还有一些其他的方法，就得根据油库具体情况具体分析了，但基本原理都是一样的。”

“您不愧是专家，让我茅塞顿开！”超哥感激地向李叔说道。

聊了一会儿后，东叔和超哥就回去开始着手下一步油库的调研和落实这些措施去了。

时间过得很快，不知不觉就到了月末，各个油库都开始了油品的盘点。超哥也没闲着，顺便也问了同事一些关于盘点的流程。盘点首先是对油库的所有油罐进行检尺，计算出每一个油罐的实物库存，然后再与系统中的账面库存进行比较，找出账面库存与实物库存的差异及原因，主要还是存在着已售未提、已提未售和进出库损耗。但超哥此时最关心的还是盘点后损耗情况如何，经过一个月的努力，最终是否真的有效果。

下午快下班时，盘点后的报表数据终于送到超哥手中，超哥看了一眼损耗数据，脸上露出了微笑。

笔记二十八

1. 损耗的定义

损耗是蒸发损耗和残漏损耗的总称。蒸发损耗是指在气密性良好的容器内按规定的操作规程进行装卸、储存、输转等作业时，由于石油产品表面汽化而造成数量减少的现象；残漏损耗指在保管、运输、销售中由于车、船等容器内壁的黏附，容器内少量余油不能除净和难以避免的洒滴、微量渗漏而造成数量上损失的现象。

2. 油库损耗的种类

油库中油品储运发生的损耗主要包括：蒸发损耗、输转损耗、装车损耗、滴漏损耗等。蒸发损耗是油品储运损耗中损耗量最大的一种，在整个油品储运损耗中约占70%~80%。油品储运损耗分类如图10-1所示。

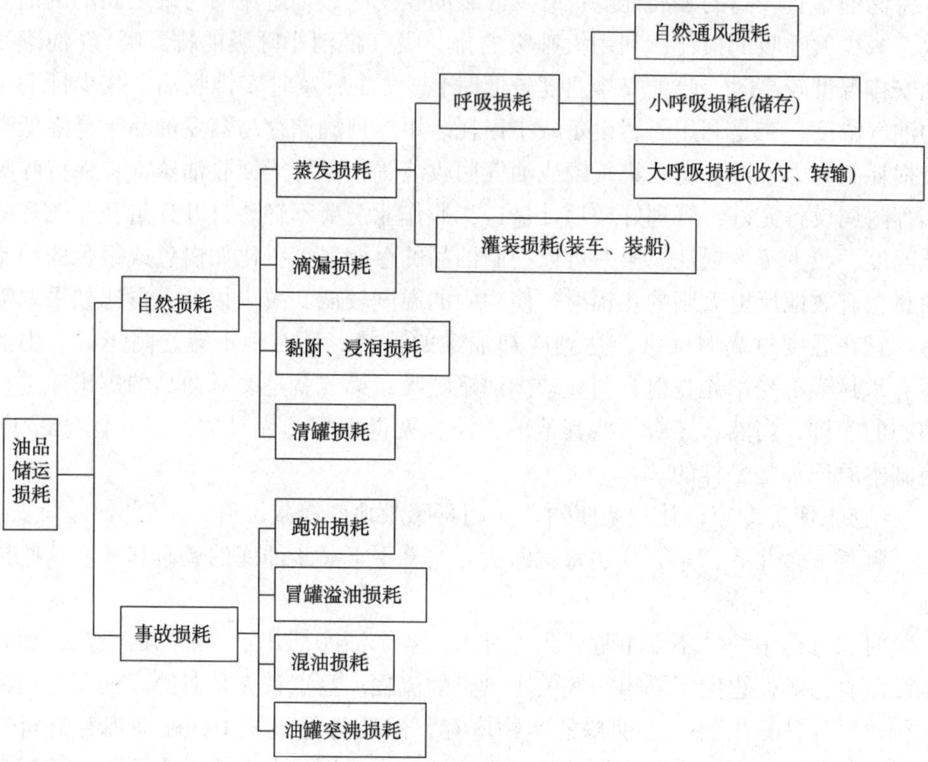

图10-1　油品储运损耗分类

3. 呼吸损耗的计算方法

1）常压储罐大呼吸蒸发损耗计算公式

$$F=\frac{5.8PV_{\mathrm{L}}}{133.32\times10^{6}}K_{\mathrm{T}}\cdot K_{\mathrm{e}}$$

式中　F——常压储罐大呼吸蒸发损耗量，m^3/a；

P——散装温度下液体的蒸气压，Pa；

V_L——年周转量，m^3/a；

K_T——周转系数；

K_e——系数，汽油储罐 $K_e=1$，原油储罐 $K_e=0.75$。

常压储罐大呼吸蒸发损耗计算公式适用于呼吸阀定压为 -490~1960Pa 的常压储罐。

2）低压储罐大呼吸蒸发损耗计算公式

$$F_V=\frac{5.8P_V}{133.32\times10^6}\left(\frac{P_a+P_1-P_V}{P_a+P_2-P_V}\right)\cdot V_L$$

式中 F_V——低压储罐大呼吸蒸发损耗量，m^3；

P_V——液体表面温度蒸气压，Pa；

P_a——标准大气压 101325Pa；

P_1——真空阀开启时的表压，Pa；

P_2——压力阀开启时的表压，Pa；

V_L——液体进罐量，m^3；V_L 一般指一次进油量，因此计算出的 F_V 为低压储罐进油一次大呼吸损耗量。

低压储罐大呼吸蒸发损耗计算公式适用于呼吸阀定压为 1960~19600Pa 的低压储罐。

3）浮顶罐大呼吸蒸汽损耗的计算公式

$$L_W=\frac{4Q\cdot C\cdot W_L}{D}$$

式中 L_W——浮顶罐大呼吸蒸发损耗，kg/a；

Q——平均发油量，m^3/a；

C——罐壁黏附系数，$m^3/1000m^2$；

W_L——储存液体平均密度，t/m^3；

D——储罐直径，m。

4）常压储罐、低压储罐小呼吸蒸发损耗的计算公式

$$L_y=\frac{1.7K}{1000}\left(\frac{P}{101325-P}\right)^{0.068}\cdot D^{1.73}\cdot H^{0.51}\cdot T^{0.50}\cdot F_P\cdot C$$

式中 L_y——储罐年蒸发损耗量，m^3/a；

K——系数，汽油 $K=24$，原油 $K=14$；

P——液体的蒸气压，Pa；

D——储罐直径，m；

H——储罐留空高度，m；

T——每日大气温度最高与最低年平均差值,℃；

F_P——涂料系数，铝漆 $F_P=1.39$，白漆 $F_P=1.02$；

C——小直径储罐的修正系数。

4. 控制保管损耗的常见措施和方法

成品油在仓储过程中，每经一个流转环节都会产生损耗，但流转环节的多少和损耗量的大小，则与油库设施设备、管理水平有直接关系，为提高效益、降低损耗，主要的方法和措施：

1）完善硬件设备及管理手段

（1）加强设备维护保养，杜绝跑、冒、滴、漏，控制操作工艺，降低蒸发损耗。所有油罐、机泵、阀门、工艺管线等连接部位运转部位和静密封点都应连接牢固，做到严密、不渗、不漏，油罐附属设备应灵活好用严密不漏，油罐输转做到不超高、不超量、不超压、不跑油、不溢罐；控制操作工艺，合理安排油罐使用率，油罐尽可能装满，避免浮盘降低到起浮高度以下，降低油罐输转次数减少呼吸损耗，合理安排收发油时间，在降温时间收油，收油时尽量加大泵的流量，发油时则相反，使油品来不及大量蒸发而减少损耗。

（2）安装油气回收系统，减少蒸发损失。推广油气回收装置，防止油气挥发到大气中，把储存同类油品的油气罐体空间，从罐顶用管线连接，并和集气罐相连，避免降低油罐在收、发作业时排除的油气，降低油品蒸发损耗。

（3）安装自动计量系统提高计量准确性。把安装油罐液位自动计量系统作为解决加油站油品超耗问题的关键措施，自动计量系统能提高油库收发油品的计量精度，只有计量准确才能提升油品损溢管理水平，降低成品油的非正常损耗，随着自动化程度的不断提高，液位自动计量系统在油库管理中的作用日益突出。

（4）加快信息系统建设，实现智能管理。通过信息网络实现对油罐、流量计的在线实时测量和监控，堵塞计量管理上的漏洞。主要包括：为油库提供联网功能及数据库服务；实现油库进、销、存的智能管理；实现油罐在线实时测量、监控；实现各油库、油站间与主管部门的实时通讯，最终实现成品油输转控制流程的可视。

2）加强内部体制建设、严格管理程序，杜绝非正常损耗

（1）明确损耗控制目标及损耗控制流程。落实损耗指标和损耗管理责任人，在每年年初就制订各油库的损耗考核内控指标，并指定油库主任为损耗管理第一责任人，要求油库主任亲自组织查找损耗的成因并严密监控。落实损耗预警制度，对出现超耗的油库，油库上级管理部门及时发出预警，组织整改，落实措

施，跟踪检查整改情况。强化内部损耗分析与考核，分环节进行损耗分析，查明原因，严格考核，落实责任。

（2）完善内部损耗控制。明确油库成品油损耗关键控制环节，即油库储存及收、发油环节即制订相应的措施加以防范，规范岗位设置，细化岗位职责及业务流程，保证权责分明，防止出现问题时相互推诿、扯皮，无法追究责任，在此基础上建立一套科学可行的考核办法和有效的奖励处罚措施，提高员工工作的积极性。

同时，加大明察暗访式的抽查工作力度，每季度不少于1次组织对各油库计量工作情况进行不定期的突击抽查和考核，以确保计量数据真实准确，账账相符，账实相符。适时恰当地进行岗位轮换，既要调动员工的工作积极性，培养优秀员工，又要杜绝某些习惯势力的不良行为，尽可能降低成品油的非正常人为损耗。

思考题

1. 油库日常管理中可以避免的损耗有哪些？
2. 控制蒸发损耗还有哪些其他措施？
3. 保管损耗增加将对我们工作带来哪些影响？
4. 油品存储过程中，有哪些环节可以减少损耗的发生？
5. 结合企业自身工作要求，思考如何控制保管损耗？保管损耗发生后有哪些处理方案？

第三节　油库管理的信息化和现代化

本节目标：

1. 解析油库管理现状，帮助管理人员了解油库库存管理的优化措施。
2. 了解油库信息化建设水平，帮助管理人员理解液位仪在现代油库管理中的重要作用。
3. 了解油库设备管理的基本内容。

故事

人工与科技的较量

自上月盘点结束后，超哥这几天又闲不住了，上月末盘点报表虽然最终送到他手里还算及时，但是却让他察觉出了一个问题：月末盘点耗时耗力，需要通过人工检尺，并根据罐容表进行计算，再做最后的登统和盘点，不仅效率低下，而且还会有人员高空作业的安全风险。在科技如此发达的现在，还得依靠人工确实有些没有跟上时代的发展。有没有更好的办法可以解决这个问题呢？

带着这些疑惑，超哥找到了东叔："东叔，最近我一直在思考一个问题，还需要您提提建议。"

"啥事啊？"东叔问道。

"咱油库怎么现在还主要靠计量员去检尺计算啊？没有技术可以直接做到实时监控么？"超哥继续说道。

"当然有啦，油库的油罐是有液位仪对油品的高度进行监控的。"东叔继续回答。

"那为什么我们还需要大量的人工检尺呢？"超哥疑惑更大了。

"这个一方面主要还是由于现在的液位仪仍有部分安装不够规范，且液位仪在计量方面的应用也不够深入等原因，导致液位仪的数据与人工检尺数据比对时，常出现一些偏差，因此仍然有许多油库为了保证数据的准确性，沿用传统的人工计量方式；另外一个方面是油库自身还存在着信息化应用不够、人员素质参差不齐、管理模式不够现代化等问题。"东叔耐心的解释。

"油库的各种进、销、存账目至今仍然是通过人工生成，未能发挥出液位仪自动计量的巨大作用，进而导致像损溢管理功能、流程管理功能、设备检漏功能安全联锁功能等也得不到有效应用，并且在油品转移、高低液位预警、库存实时监管上也均未能发挥出在线监控的作用。这东西好是好，但也基本成了一个鸡肋式的存在，食之无味，弃之可惜。"

"原来如此。如此方便的技术居然给用成现在这个样子，真是让人哭笑不得。真该去好好琢磨琢磨，怎样才能运用好液位仪这个好东西。"超哥苦笑到。

挂了电话，超哥一边思考，一边查询着相关资料。原来造成液位仪数据不准确的原因通常有 5 个：液位仪本身测量精度、温度计测量精度、液位仪的安装、液位仪的标定和日常维护、硬件算量。每一个原因都会不同程度的对测量结果有影响，要想保证测量的精确性，必须把控好每一个细节。越是学习深入，超哥越能感受到解决现状的困难之大，但同时也看到了其巨大的应用价值：油车卸油时，可以利用液位仪的"油品高位报警功能"，予以自动提示，防止油品溢罐事故；利用液位仪的实时测量功能，记录进油前尺与后尺数据，并根据液位仪动态计算的体积数据，监控整个进油过程；当发生不合理的油品损溢时，可以通过早晚观察油罐油高状况判断油罐是否存在漏油现象；可以通过观察油罐水位情况，或设置"水高报警"，及时检查油罐，防止发生抽水事故；可以依据液位仪测量的油罐空容数据，管理油品的及时配送；可以利用液位仪的“油品低位报警功能”，防止潜油泵发生干抽事故而损坏设备……想到以液位仪为基础就已经有如此大的潜力，如果后面再结合一些软件平台进行数据分析，能提高的效率非常可观。

想到这些，他觉得如果真的能实现，确实能够较快的提升工作效率。但是这项工程设计面广，工作量大，仅凭他一个人甚至是他这个部门的力量是远远不够的。思索再三，他决定去油库看看。

说走就走，一会儿就到了江城油库，油库范主任正在门口等着他，隔着老远就挥着手说“超总监，欢迎来到基层，可得给我们基层的同志好好指导指导啊”。

“老范，你可别说，我是来向你们学习的。”超哥笑着说道，“主要来油库了解一下现代化和信息化的情况，你给我介绍介绍呗。”

“这样吧，我带你到咱们江城油库里面转转，具体感受一下咱们油库都有些啥。”老范递过来一套工作服。

两人进入油库，边走边聊。

“江城油库目前库容近 20 万(立方米)，共有 12 座油罐，分为库区、计量区、辅助生产区和预留区域，在岗员工近 70 人。”老范一边介绍一边指着前方的建筑说道，“这是公路发油台，我们有 12 个发油鹤位，汽、柴油各 6 个，江城 100 多座加油站都是通过这个发油台一车车装出去的。”

“这是库区，这是汽油罐、这是柴油罐、这个个头小点的是混油罐，旁边这是稳高压系统、泡沫系统、清水系统。”老范指着那片罐区说道。

“这是铁路专用线，这是输油管道，这是输油泵房。”在油库的东南方，老范继续说。

“走，我们再去看看码头。”老范带着超哥往江边走去，“这是趸船、这是栈桥、这是输油臂。”

看完这些，超哥和老范一起走到办公楼边上，老范说，“我们这油库作业方式挺齐全的，进库有管道、水运还有铁路，出库除了进行公路发油外，还进行铁路二次装车辐射到其他区域，油库年周转率超过 25 次，人员也是捉襟见肘啊。”

“那你们账目怎么管理的?”超哥问道。

“我们油库的各种进、销、存账目至今仍然是通过人工生成，日常盘点也是由计量员人工检尺进行数据登统。”老范答到。

“那为啥不用液位仪啊。”超哥接着问到。

“你可别说了，液位仪的确是个好东西，我们也一直在用，但是大多用来与人工检尺进行比对，而且跟其他系统也存在不兼容的情况。”老范皱着眉头说。

“如何才能真正用起来呢?”超哥看着老范。

“首先，油库管理点多、面广而且比较繁琐，急需完善液位仪系统各项功能，提高系统使用精度，逐步替换人工检尺；其次，需要加快液位仪系统与其他信息进行信息系统集成，尽快实现库存信息全覆盖。最后，要加快人才队伍培养，真正培养一批可以熟练使用信息的员工队伍。”老范说到。

“是啊，我们也在考虑如何加快油库信息化现代化建设和应用，老范你以后也得给我们提提建议啊。”超哥拍拍老范的肩膀说到。

“好的，没问题，这也是我们迫切的需求。除此之外，我们基层还有好多其他的问题给你汇报呢，走，去我办公室坐坐。”老范做了个请的姿势，引着超哥走上办公楼。

笔记二十九

1. 油库库存管理模式

传统的管理模式主要是根据以往的油库库存量和销售经验，依据各地区的实际情况制订油库的进货计划。这样的管理模式无实施业务流程的再造，工作效率较低。主要表现有三个方面：一是成品油的运送大部分靠下游企业的需求来实现，各销售区域按照行政区域划分，可能会导致资源的优化配置不够合理，成品油供应的效率受到影响；二是在成品油物流活动信息传递过程中，存在“长鞭效应”，它指的是在油库各方面物流活动流程上，往往根据下一级企业的计划情况来制订和落实各种决策，如果出现信息传递有误，就会导致整个运行不够顺畅；三是运营管理水平不高，油库内部运行的自动化水平低及信息技术应用的不够深入也会成为影响油库库存管理的主要因素。

2. 油库库存管理的优化措施

(1) 加强油库的信息化管理水平。以油库液位仪等自动化系统为基准，建立油库管理的统一标准和管理系统，对油库库存信息进行分层次实施监控。先进的管理信息系统，可以提供全天候、全方位、全过程的服务，为制订最优配送方案、提高配送的效率和准确性提供最精准的数据支撑。

(2) 完善内部控制机制，保证存货安全。油库经营管理效益的提高环节主要是存货资产价值的管理，所以在库存管理中要对事物库存的定期盘点和抽查盘点等方面重点管理。一方面要确保库存管理流程规范，另一方面要进行现场库存监督，由财务资产、调运、配置、质量检验和油品监督检测中心组成现场盘点抽查小组，检查账面与实物是否相符。

3. 油库主要设施设备

油库主要设施设备分类有：一是储油设施设备，如储油罐、污油罐、混油罐等；二是输送设施设备，如管线、阀门、机泵等；三是收发油设施设备，如公路发油台、装卸油鹤管、铁路栈桥等；四是码头设施设备，如码头、趸船、栈桥、输油臂、收油胶管等；五是电气设备，如高压配电柜、变配电所等；六是消防设施设备，如泡沫站、消防站、消防水泵房、稳高压系统以及消防通道等；七是给排水设备，如事故池、污水处理池等；八是机修设备以及其他辅助生产设施设备。

4. 油库设施设备管理要求

(1) 称职的管理人员。油库要有健全的设备管理组织，要根据实际情况及时地将具有一定的专业技术、责任心强的同志充实、调整到设备管理工作岗位，结合重点，定期或不定期地组织油库设备管理专题活动，解决实际问题，进行计划检修。

(2) 完善的制度。完善的制度是实施设备管理活动最直接、最有效的手段。当然，所定制度必须要联系实际、可以操作、能够遵守、精简易行。

(3) 定时检查。根据“谁使用，谁维保”的管理原则，针对人员变动及时调整设备保养责任人，对其所用设备实行“定人员、定设备、定责任、定目标”的“四定”管理。

(4) 建立健全油库设备档案资料。一是油库应按档案管理的要求，建立设备管理档案，逐年收集、整理、装订各种设备技术资料；二是建立油库主要设备管理台账，以便及时了解和掌握各主要设施的性能参数和技术状况；三是按有关规程和总体规划编制好油库主要设备大、中修及更新计划、清罐计划、改扩建计划、备品备件计划、设备管理工作任务等，实行计划检修，并要做好改造工程竣工，大型设备大、中修后的检查，试运转及验收工作，保证油库主要设备完好率达到98%以上。

思考题

1. 结合各自企业油库运营情况，了解当前油库有哪些信息化系统？

2. 油库信息化现代化建设的瓶颈有哪些？

3. 油库管理的设备有哪些，主要有哪些作用？

4. 如何提高油库管理人员的信息化和现代化意识？

5. 未来油库信息化现代化主要发展方向是什么？并结合石油石化行业油库管理现状指出当前急需解决的主要问题有哪些？

第十一章 精细化运行

第一节　一 次 物 流

本节目标：

1. 了解成品油一次物流的定义和内容。

2. 了解成品油一次物流在物流环节中间的作用，探索一次物流的优化方法。

3. 掌握运用一次物流优化去解决日常运行的困难和矛盾。

故事

装置出了问题

李翔前脚刚进办公室，还没等他放下包，内线的电话就响了，下意识地咯噔了一下，喃喃自语：“这么早谁找我？”

“李翔老弟，实在不好意思，刚接到我们生产部门通知，装置出了点问题要检修，95 号汽油产出来不合格，估计要四天左右才能恢复。”是江南炼厂运销处的电话。

“你们这是一大早就送‘好消息’啊！那今天你们的汽油库发库存是多少？”李翔立马问到。

“前天上午那船发出去后，到今天没有合格品。”电话那头满是愧意的说。

“好吧，再次确认下，四天后能恢复出厂 95 号汽油是吗？”

“是的，放心吧，保证四天后出 95 号汽油。”电话那头自信满满。

“好的。有什么变化请第一时间通知我。”李翔不忘叮嘱一句，作为一个调运主管，他最怕的就是情况不明难以预判。

挂完电话，李翔打开电脑，他要分析一下江南炼厂95号汽油4天不能出厂的后果，做一个一次物流优化方案，尤其是主供的江城市场供应问题。

“果然有问题啊!”李翔喃喃自语，“江城的95号汽油保供只有1天了。”

“周强同志啊，最近的95号外采什么时候到货啊？我们的江南炼厂装置故障了，95号汽油要断供4天。”李翔冲他最熟悉的方向望了望。

“最早的一船是后天，去泉城的，不过是小船只有1000吨，在后面的船预计是5天后抵港。”周强最近都在忙着准备会议材料，不过情况他还是了然于胸的。

“哎……屋漏偏逢连夜雨啊！怎么装了条这么小的船?”李翔不由地皱了皱眉，这时周强抬起头，看过来说：“现在船只有这么大咯……你做个资源优化保供呗”。

“是啊，谁让你靠不住呢……”李翔调侃道。

“嘿！那你不要用我的外采好了。”周强也不示弱。

“那不行，已经是我碗里的肉了。”李翔边说边拿起了笔，看着报表做起优化平衡。

10分钟后，李翔出现在超哥的办公室。

“超哥，江南炼厂汽油装置故障造成95号汽油不合格，预计四天后恢复，目前影响最大的是江城的95号汽油有缺口。”李翔汇报简洁明了。

“坐下说吧，那你有什么方案吗?”超哥停下了工作，问道。

“我已经做了方案。江城的95号汽油日出库0.1万吨，缺口0.3万吨，其中外采补充0.1万吨，江州炼厂补库0.2万吨。”李翔边说边在沙发上坐下来。

“外采从哪边下来的?”超哥的问题一针见血。

“北边。本来安排的是发泉城的，现在改到江城，刚好优化价格可以更低。”李翔得意地说。

“恩，那配置计划上呢?”超哥满意地点点头，继续问道。

“本月江城在江州炼厂没有95号汽油配置计划，不过呢，泉城在江州炼厂上月有0.32万吨的欠量，所以我准备做一个一次物流优化串换，将泉城在江州的欠量就地实物发给江城，后期待江南炼厂恢复生产后将江城的配置计划实物发给泉城，这样不仅优化保供了市场，还节省了费用。”

“很好，这个一次物流优化做的非常好，结合配置和外采资源，还做了时间和空间上的优化。可以说是个经典的优化案例啊!”超哥的喜悦之情溢于言表，毫不吝啬表扬。

“超哥，这不是在你手下嘛……强将手下无弱兵。再者，都是你领导有方，教育的好啊!"李翔把本想说的"骂"字紧急收了回去，改成了"教育"，脸上堆着笑容。

"给你点颜色就开染坊了，赶紧去落实去。"超哥正了正身，转身工作了。

笔记三十

1. 一次物流的定义

成品油物流是指根据需要，将运输、仓储、装卸、配送、信息处理等有机结合起来，实现成品油从供应地向消费者转移的实体流动过程。成品油一次物流指油品从生产企业到油库、终端客户以及合资专项用户的运输组织过程。主要内容包括配置及运输计划下达、运输工具安全检查、配送路径的优化选择、配送船舶的优化调度以及配送节奏的科学制订等。

2. 一次物流的配送方式

一次物流配送主要有水路、铁路、公路、管输四种运输方式。

1) 水路运输

油船是海上或者江河湖泊等水域航线上运输散装油品的运输工具。水路运输在油品运输中发挥着重要作用，尤其在沿海及沿江地区，水路运输的比例甚至会高于铁路。相较于铁路运输，它具有成本低廉的优势，但速度较慢，受自然条件尤其是天气条件影响较大。我国的成品油水路运输可分为三种：海运、江运和江海联运。

2) 铁路运输

铁路运输一般是指通过铁路油罐车装载成品油进行运输。铁路油罐车是散装油品铁路运输的专用车辆，按照其装载油品的性质可分为轻油罐车和黏油罐车。其中轻油罐车主要是用于运输轻质油品(如汽油、煤油、柴油等成品油)的，罐体一般为银白色。铁路运输虽然较为便捷，但具有成本较高、装卸环节多、损耗率高等缺点，同时还会受到运力紧张等因素的限制。

3) 公路运输

公路运输是指利用汽车油罐车在炼化企业地付站或配送油库发油台装载油品进行运输。公路运输具有单车装载量小、机动灵活、运送快捷的特点，但相较于其他运输方式而言，公路运输最主要的不足还在于运输安全程度较低、安全事故发生频率较高，同时运行成本高、效率低下。

4) 管道运输

管道运输是目前最先进的成品油运输方式，它具有其他运输方式无法比拟的优势，主要表现为占地少、运输量大、损耗低、运行费用低、安全密封等一系列优点，能够产期稳定的运行，是有效降低运输成本的利器。但也存在着一定的缺陷，如投资大、回收期长、只适用于定点间的运输等。

3. 水路承运商管理

为实现水路运输安全可靠，应加强水路承运商和船舶准入管理，规范船舶日常检查。标准检查对象为承运商和船舶，按船型可分为沿海、沿江及内河准入检查标准[1000 载重吨(含)以上]和沿江及内河准入检查标准[1000 载重吨(含)以下]，按用途分为上线检查和日常入库检查。

承运商准入检查指标主要有：企业资质；机构或人员配置；数质量管理；体系管理；调度管理。

船舶准入检查指标主要有：船舶一般资料；安全管理；通信；证书和文件；防污染；轮机；船员管理；货物操作；外观；航行安全；系泊；船舶结构。

沿海、沿江及内河船舶(以 1000 载重吨划分为两档)因航行区域不同、船舶结构不同、载重吨位不同、国家管理要求不同，将船舶检查标准拆为三类。为突出检查要点、降低检查难度，在检查大项不变的前提下，分类分项明细中检查内容和标准略有区分。

4. 一次物流的优化目标及方法

一次物流优化的主要目标有：一是合理统筹协调，实现资源的顺利出厂和市场的稳定供应；二是优化运输通道，提高运输工具的利用效率，做到“统筹资源，运距最短，费用最低”；三是做好基础数据管理，保证基础数据的准确性，确保运输通道的优先正确；四是结合资源和需求情况，全面统筹供需关系，在满足供需双方的调价下，实现物流成本的最小化；五是根据物流设施的不断变化及时根据情况进行数据更新，让各流向物流处在最优状态；六是打破行地市政区域的限制，做好时空、区域上的大统筹优化。

思考题

1. 成品油一次物流配送的主要方式有哪些？各运输方式有什么显著特点？

2. 成品油一次物流配送应把握哪些原则，才能保证配送的合理性？

3. 成品油水路运输过程中需要注意哪些问题，如何解决？承运商准入标准有哪些？

4. 如何有效监督一次物流配送的过程？运输过程中的安全如何保障？

5. 描述石油石化行业成品油一次物流的管理流程。

第二节 二次物流

本节目标：

1. 了解二次物流的定义和内容。

2. 了解二次物流在物流流通环节中间的作用，寻求二次物流的优化方法。

故事

车轮上挖出的小金矿

今日一早，超哥刚来到办公室，就接到王总的电话，让他忙完去一趟。超哥心里想最近一切太平，难道自己有哪里做的不好吗？怀着忐忑的心情超哥来到王总办公室。

“超哥，你来啦，坐吧。”王总说道。

“王总，不知您叫我过来有什么指示？”超哥问。

王总从桌上拿起一个文件：“今年以来，咱们的配送费用一直居高不下，在全国省市排名中一直靠后，听说明年开始对这方面的考核力度将加大，所以叫你过来想想办法。这个文件你先拿回去看看。”

听到这里，超哥终于明白了，他接过王总递过来的文件，迅速浏览一下，回答到：“王总，我回去仔细研究一下，保证想出一个好的办法来。”超哥刚准备走，王总又说道：“我建议你先从配送的运距查起吧。”

“明白！”

回到办公室，超哥正准备安排李翔组织人员开始核实运距，一个月内将最新的数据收集起来。正巧东叔也来。

“超哥，干嘛呢，火急火燎的。”东叔问到。

“东叔，现在我们二次物流的费用居高不下，每年的支出没有好几个亿都打不住。”超哥说道，“现在总公司一直在提降本增效、提质增效，我们是不是也要想想办法，把物流费用压减压减。”

“这不，领导又转一份文件给我们了，您老给出出点子啊。”说着，超哥把文件递给东叔。

东叔看了文件，意味深长的说道：“也是该整理一番了，现在运价一直在涨，运距也好久没有去核实。”

超哥点点头：“是啊，本来效益压力就很大，现在运营成本这么高，总部也开始面临压力了，这一级一级传导下来，我们也是该梳理一番了。”随后，超哥又说到：“东叔，除了这个以外，我们还有别的措施可以做么？”

东叔想了一会儿：“有倒是有，但是会有点儿麻烦，需要我们出一些政策平衡一下。主要思路就是要打破地市的行政区域限制，有些地市交接之间的加油站其实离临近地市的油库更近，但现在我们油库到加油站的管理又是各地市分别管理，因此这种跨地市的提油还没有完全发挥出来，这是其一。”说完后，东叔看向超哥：“沿着这个思路，其二你知道了吧？”

超哥会心一笑：“我懂了，还有就是省与省交界的地方也存在这种，其中就是需要加油站打破行政区域管理的限制，减少实际配送距离，这样我们年度平均运距也会下来。”

“就是这样，但是这个需要我们去协调相邻的省公司，还有我们的地市公司。各地市公司都有自身的利益考量，各自也有自己的考核压力，协调起来还是有些难度哦。”东叔笑了一下。

听到这里，超哥也苦笑了一下。

一个月后，李翔核实运距的任务也完成了，整个人都晒黑了一圈。“领导，这不查不知道，一查吓一跳啊，现在我省硬件设施建设真的进步很大，修了好多新路，很多配送运距都变了，部分承运商还真的没有及时上报。”

看着李翔的汇报材料，超哥也没有很吃惊：“好的，挤一挤水分总是有的嘛。这些公路承运商也是狡猾得很，运距变小的就不及时上报，运距增加倒是报的挺及时的嘛。多收的费用从后面补回来，并对出现多次此类情况的承运商按照制度进行通报批评。”看到这些数据，超哥心里也有底了。这一块估计能省不少呢。

接下来就是跨区配送的问题了，超哥和李翔根据最新油库和加油站的运距，并结合油库的出库能力，制订出几条跨省、跨地市的通道。

第二天一早，超哥就拿着材料向王总汇报情况，王总看了看，说道：“现在你对我们的二次物流现状有了感性的认识，那么后面你打算怎么干？”

“一方面要强化本区域内成品油二次物流的运行和优化管理，编制配送计划，组织运力做好油库向加油站、终端客户的资源配送，确保资源供应及时高效；另一方面重点做好承运商及上线运力监管，提高单车准入标准，各上线车辆全部安装电子锁、视频监控等车载监控系统，加强油品配送过程监控，促进提升承运商服务水平。”

王总听后若有所思，点了点头，笑着说：“阿超，还是很有感悟么，除此之外，你还要全力开展二次物流优化工作，有效控制运杂费用支出，避免非合理费用的支出，降本节费也是为公司提质增效嘛。”

笔记三十一

1. 二次物流相关概念简析

成品油二次物流配送是指成品油从油库到加油站或其他终端用户的运行过程，涉及油品、油库、运输车辆和加油站4个方面。主要内容包括库存控制、配送路径的优化选择、配送车辆的优化调度以及配送计划的科学制订等。成品油二次物流主要通过公路运输实现。

运距是指油罐车载运成品油从油库到加油站或者终端客户之间的路程长度，以公里为计量单位。

平均运距是指一定时期(年、月、季)内，平均每吨油品被运送的公里数。在运输油品既定的情况下，平均运距决定货周转量的大小，影响着运输过程中劳动消耗量的多寡，以及车辆周转时间，货运达期限，在途物资数量，运输成本水平等。

运价是指承运单位货物的价格，是完成每吨油品运输所收取的运费，运费是运价与运量的乘积。由于运输业是独立的物质生产部门之一，但它不生产有形产品，其生产活动只是使货物发生空间位移，其生产过程与消费过程是同一过程，这使运输价格不同于一般工农业产品的价格，其特点一是在价格构成中包括距离、质量等因素，其计算单位是吨公里运价，二是只有销售价格一种形式；三是随所运货物种类、选择的运输方式和运输距离不同而制订不同的运价。目前采用油运价联动机制进行运输价格制订。

油运价联动机制，按照“及时反映油价变化、同时避免油价上下波动导致运价频繁调整增加管理难度”的整体设想，综合考虑时间周期、油价变化两个维度因素进行联动调整。比如可按以下方式进行测算：以*N*个国家成品油调价周期为一个运价调整周期。每个运价调整周期结束后，计算该周期内供军队柴油出厂价格累日算术平均值，并与上次运价调整周期所对应的供军队柴油出厂价格算术平均值比较，当变动幅度突破一定幅度时启动运价调整；未突破则暂不调整，累计到下一个周期。

2. 二次物流配送模式

成品油二次物流配送模式主要分为：库站配送和客户配送。

(1) 库站配送是指油品从油库通过油罐车运输至加油站的实物流转过程。配送车辆到达油库后按顺序等待装车，油库负责对车辆进行安全检查并检查返回铅封(电子锁)施封情况，严格核对提货单提油卡、罐车安全容积和行驶本等信息。装车完毕油库发货人员对车辆施加铅封(电子锁)，打印出库单据，企业通过卫星定位、电子锁或视频监控系统跟踪车辆行驶信息，建立监控台账。对于非正常停车、路径行驶异常等情况，要与承运商确认情况、分析原因并记录在案。车辆到达加油站后，承运车辆和人员必须按照标准卸油流程接卸油品。接卸完毕后加油站要维护到货信息并在纸质单据(或电子系统)上签字，同时确认施加车辆铅封(电子锁)后引导车辆离站。

(2) 客户配送是指成品油资源通过油罐车从油库、炼厂地付公路运输至终端客户的实物流转过程，含直销配送、小额配送等。按照配送客户提出的相关时间、地点、品种等资源配送要求，制订客户配送交货单信息，同时与承运商进行沟通并安排承运车辆和供货油库，承运商按订单进行提油配送。

3. 公路运输准入标准

根据安全、高效、降低成本、树立形象的要求，以国家车辆技术标准为准绳，结合装卸油设施、加油站实际情况，对车辆结构及相关设备、车辆管理等方面进行规范，制订公路车辆准入和入库检查标准。标准检查对象为承运油品车辆，按车型分为单车、牵引车和挂车检查标准，按用途分为上线检查和日常入库检查。

单车准入检查指标主要有：

车辆资质证明；电气路；灯光、喇叭、后视镜；侧边防撞栏；排气管消声器；危险品警示标识；喷涂荷载质量；灭火器；车载监控系统；卸油软管；电源总开关；罐体结构，防波板；三角警示牌；静电拖地带；制动和驻车系统；倒车报警器；变速箱；扶梯，走台，护栏；转向节；暗管检查；蓄电池和保护措施；油气回收系统；油箱；防溢流系统；卸油口及监控设备；铭牌信息；静电接地设备；举报联系方式。

牵引车及挂车准入检查标准与单车基本相同，主要区别在于挂车载货后的总质量应当与牵引车的准牵引总质量相匹配。

为提高效率，在准入检查上做简化处理形成车辆入库前的安全检查，主要指标有：

车牌号、驾驶证、危险化学品营运证；电气路；排气管阻火器；轮胎；发动机渗漏情况；卸油口及监控设备；蓄电池保护措施；静电接地端子和静电拖地带；油箱；灭火器。

附录：国家技术标准。

机动车运行安全技术条件 GB 7258—2012；道路运输爆炸品和剧毒化学品

车辆安全技术条件 GB 20300—2006；汽车和挂车侧面及后下部防护要求 GB 11567.1.2—2001；运油车、加油车技术条件 QC/T 653—2000；道路运输危险货物车辆标志 GB 13392—2005；道路运输液体危险货物罐式车辆第 1 部分：金属常压罐体技术要求 GB 18564.1—2006；汽油运输大气污染物排放标准 GB 20951—2007；危险货物运输车辆结构要求 GB 21668—2008。

4. 二次物流的优化方法

二次物流优化的主要目标一是优化各油库的库存，降低库存成本；二是优化运输调度，提高运输资源的利用率，做到"流向合理，运距最短，费用最低"。

二次物流优化的关键在于配送路径的选择。一是做好运距管理，保证基础数据的准确性；二是确定所有加油站的主力库、次优库和辅助库，优先保证主力库配送，在受资源供给或者突发事件影响时，及时采用次优库和辅助库补充；三是根据油库的设施设备等硬件条件，及时根据情况进行修正；四是打破行政区域的限制，全盘考虑确定加油站最合理油库。

思考题

1. 成品油二次物流运输过程的运距应怎样核查，并提出具体操作方案。
2. 结合自身成品油物流格局，如何开展跨省/区配送。
3. 加油站对应的主力库、次优库和辅助库如何确定，并举例说明。
4. 成品油公路运输过程中需要注意哪些问题，如何解决？承运车辆准入标准有哪些？
5. 如何有效管理客户配送？
6. 简述企业成品油运输价格制订标准和流程。
7. 描述石油石化行业成品油二次物流的管理流程。
8. 结合企业现状，思考如何降低二次物流非合理配送。

第三节 运输损耗

本节目标：

1. 了解成品油运输损耗的定义及成品油运输损耗存在的原因。
2. 掌握利用各类信息手段，进一步完善和加强运输损耗的日常监控。
3. 初步了解应从哪些方面综合考虑，从而制订合理的定额损耗率。

➲故事

积少成多

春节假期刚结束，许多办公室还能处处感受到过节喜庆的味道，大家的脸上洋溢着欢乐的笑容，期盼着今年能事事如意。

超哥照常坐在办公桌前，桌上的热茶飘出比平时更为缭绕的白雾，彰显着冬季才有的温度，手指有节奏的敲击着桌面，想着心事。

“现在离元宵节还有 3 天，市场的柴油消费一如既往地处在冰点，好像有好多柴油船因为油库没有足够空容，等卸超过一周时间了吧。”超哥无奈的叹息道。

“希望近期卸货的柴油船，损耗不会因此而显著提升吧”，说着拨通了李翔的内线。

“李翔，帮我查一下近一个月内发运我省油库已卸的柴油船中，运行在途周期超过 10 天的船舶的损耗情况，半小时后在我办公室汇报。”

半小时后，李翔抱着笔记本电脑来到超哥的办公室，开门见山地说道：“超哥，我翻了一下进库记录，近一个月内运行周期超过 10 天的已卸柴油船舶共 6 条，其中有 4 条的损耗率达到 1.8‰，超出 1.6‰的定损范围，比平时船运损耗率有增加。”

说着，就将电脑屏幕翻转过来，把明细给超哥审阅。

接着说道：“每年春节都是这样，柴油需求极度萎缩，船舶滞港情况严重，所以损耗略有提升，也是合理的吧？”

超哥瞄了眼李翔。

“没错，船在运行过程中震荡、颠簸，会加速舱体内油料的蒸发，时间越长蒸发量越大，给企业以及承运商造成损失，但是我们凡事要多留心，不能过于依赖经验主观的下结论。”

说到这里超哥顿了顿，看一眼电脑上的物流优化调度系统。

“要加强日常的监控管理，谁能拍脑袋断言这些增加的损耗量都是因为运行周期增加而造成的呢？作为调运主管，你要想想从哪些方面做好监控和分析。”

说完就示意李翔回去工作。

李翔捧着自己的电脑，低头沿着走廊往自己办公室走去，一路眉头紧锁，思考着超哥布置的任务，自言自语道：“日常监控，该怎么做呢？”

突然，他感觉到前方似乎有人，马上一个急刹车，抬头一看，原来是东叔。

东叔笑嘻嘻的问道：”想什么心事呢，那么入迷，差点把我都撞翻了，我这把老骨头可经不起你们年轻人折腾哦！”

李翔单手挠着头皮，不好意思的说道："不好意思，东叔，这不超哥让我在想损耗日常监控的事情，我这正琢磨着呢，您老是专家，帮我出出主意吧"，说着把事情的前因后果和东叔说了一番。

东叔听完李翔的讲述后，想了想，笑着说道："李翔，我们不是有船舶实时定位监控系统吗，这不就是日常监控的一个重要手段吗？"

"就拿眼前这事情来说，春节期间有不少船舶会停运过年，不排除有些船舶在满载过程中会停泊休息，再往坏里想的话，船舶在停泊期间甚至有可能发生偷盗、偷换油品的事件，对我们企业会造成重大的损害，而这些事情的表象之一正是损耗量的增加，话说到这，你应该知道怎么做了吧？"

"明白了，东叔。您真行，老辣老辣的，不服不行啊！"

说完，李翔一脸崇拜的和东叔道了别，飞奔回自己的办公室。

东叔的一席话，让李翔茅塞顿开，回到自己的办公桌后，他急切的打开电脑上的船舶实时定位监控系统，调出了四船超耗中第一船的运行轨迹。

"18 号 16 点，在这，19 号 0 点，在这，咦？怎么 19 号 18 点船还在这呢？得去问问。"说着李翔拨通了承运商的联系电话。

"喂，是蔡经理吗，我是江南公司的小李啊，和你确认下，你们船在 2 月 19 号凌晨至 18 点之间，在航行途中一直停泊未航行，是什么原因？"

还没等对方回答，李强继续说道："由于该航次的运输损耗量超出了我们规定的范围，请书面盖章来函说明中途停航的原因。"

就这样，李翔逐一调取了这四船的运行轨迹，并联系相关的承运商，将回复函的内容逐一登统记录了下来。

李翔捧着记录好的台账，兴冲冲的跑向超哥的办公室，

一进门，就跟发现新大陆似的。"超哥，这四船超耗的船舶，我调取他们的运行轨迹，果然发现有重载情况下中途停航的情况发生，我已让他们来函确认其运输过程中的停航原因，经确认可以排除偷盗油行为。"

超哥听后，满意地点了点头。

"明白了，既然这样，就按照正常的超耗处理流程处理，按当期零售单价计算赔付金额扣减相关承运商的运费"。

"另外，说到运输损耗的日常监控，其实每笔运输记录的台账都有，但是你们平时估计都不怎么留意损耗几百千克乃至几吨这码子'小'事，你们都玩惯千吨、万吨这种'大'数字了，要知道积少成多、滴水穿石的道理，千里之堤，溃于蚁穴，对于日常损耗的监控必须引起足够的重视，才能避免企业的损失啊。"

"嗯，我们之前这方面确实做得不够。"李翔诚恳并一脸认真地说道。

“刚才我也想过了，回去之后会定期将台账整理分析，利用大数据可以以油库或者承运船舶分别作为主体进行分析，对于损耗率较高的油库，可以协同数质量部门去实地进行调研，寻找问题；对于损耗率较高的承运船舶，我们将下达整改通知，停止其承运业务两个月，待其整改结束后再行恢复使用。”

超哥露出了满意的微笑。

“说的不错，李翔，你刚才说了分油库、分承运船舶，那分运输方式呢？最近铁路有没有发生过超耗？”

李翔想了一下，说道：“没有，铁路罐车在卸货时是逐罐记录收货的，车上油罐一旦有超耗，我们会即刻联系炼厂的人来实地共同计量，确有超耗的，由炼厂承担，我前面已经整理检查过铁路收货记录，并无超耗现象。”

“好的，你去忙吧，切记日常监控一定要落到实处！”说完超哥端起茶杯想喝口水，桌上的电话响了起来。

“阿超，总部昨天刚下达了文件，拟从5月份起将水路运输的定损率，从1.9‰降低至1.6‰，要求各单位落实执行，具体发文我已通过公司邮箱转发给你，请注意查收！”电话那头王总用他那具有鲜明特色的口音说着。

“好的王总，一定落实到位”，超哥回答道。

李翔刚准备离开，又被超哥叫回来。

“刚才王总打电话来了，5月份我们要把水路运输的定损率，从1.9‰降低至1.6‰，一会我会把邮件也转发给你，你做好相关通知工作和系统主数据调整工作。”

“啊？又要下调啊，我记得前几年咱们的水运定损率还将近千分之三呢，这也降的太快了点吧。我估摸着承运商又要来诉苦了。”李翔面露难色地说道。

超哥喝了一口水，双眼闪烁着智慧的光芒，笑着说道：

“其实啊，总部的决策绝非一时兴起，不自夸地说，我前些日子就在考虑这个事情了。原因其实也很简单，随着总部整体物流优化工作的逐步推进，远距离运输的占比逐年降低，长输管线这种低损耗、低成本的运输方式比重逐年增加，既然水路运距在变短，那么定损率还有什么理由不下调呢？”

超哥看向李翔，“而且，损耗率的下调不仅有利于提升公司的整体效益，同时也能督促我们的承运商加强自身的精细化管理，从而提高自身的市场竞争力。”

“哎，超哥不亏是超哥，高度就是不一样”，李翔戏谑地调侃了一句。

“超哥放心，我一定做好承运商的通知和解释工作。”说完便潇洒地离开了。

办公室里，超哥独自望着窗外，再次陷入了沉思。

“运输损耗的管理和控制，还有很长的路要走啊。”

笔记三十二

1. 成品油运输损耗的定义

成品油输运损耗是指以发货点装入车、船以后至车、船到达卸货点的整个运输过程中发生的损耗。其中包括铁路罐车、公路运输、水上运输、管道运输等四项损耗。由于车船在运行中震荡、颠簸，加速了装载容器内油料的蒸发，特别是当运输容器内密封不良，装载量超过安全高度时，不仅会使油蒸气溢出，造成蒸发损失，而且有可能造成油料外溢，增大运输损耗量。

2. 成品油运输损耗的成因

1）装车过程中的损耗

铁路运输成品油时，需要通过装油鹤管将油注入罐体，鹤管的位置常常影响损耗量。当鹤管高度较低、距离罐体底部较近时，喷射油体所产生的搅拌作用较少，油体所产生的挥发较小；当鹤管高度较高、鹤管距离罐体底部较高时，喷射油体所产生的搅拌作用较大，油体的挥发也随之增大。

2）装车速度过快所造成的损耗

装车速度加快时，成品油注入罐体内部时对罐体底部和四周侧壁的冲击力也较大，因此也加强了罐内液体的搅拌作用，在挥发作用下，气体浓度快速上升，导致其加速排出罐体外，从而使得损耗加大。

3）运输过程中的“呼吸”损耗

由于油品的挥发特性，在环境较为活跃时，其挥发快、损耗大。由于通过铁路或者公路运输，其地域跨度性大，罐车处于暴晒情况下，随着温度升高，内部压力增大，呼吸阀自动打开，造成“呼吸”损耗；同样，夜晚气温下降，内部压力降低，呼吸阀吸进外部汽体，造成“呼吸”损耗。

4）人为因素

一是由于计量人员操作不规范导致计量误差，产生损耗；二是因监管不够，发生偷盗油等现象。

3. 运输损耗过程的防范

1）尽量减少中间环节

中间运输环节越繁琐，成品油在运输途中产生的损耗越多，因此减少成品油运输损耗的首要措施就是尽可能地减少中间环节，防止多次倒换运输工具而造成的油品损失。

2）改进装车方式

传统装车方式中，鹤管高度对损耗量的影响十分显著，可将传统的鹤管装油方式改善为液下装车方式，使输油管的管口直达油罐底部，以油料水平流出的方式来减少其对四壁的淋冲作用和对油体的搅动，从而减少损耗。

3）强化输油速度控制

装油过程中，输油速度过快会导致油料损耗加大，输油速度过慢又会严重影响装油效率，因此在装油过程中应适当控制流速，选取合适的速度进行装油。

4）减少计量误差

油料的计量误差多为人为因素造成，因此在计量过程中应规范计量操作流程，提升人员计量水平。

5）加强承运商的管理

油品运输过程中，应严格承运商的管理，加强运输过程的监管力度，防止偷盗油品的行为出现。同时，要完善对承运商的考核制度，针对长期出现损耗较大的单位进行调查，确因承运商自身原因导致的问题进行通报批评，并给予惩罚。

4. 超耗量的确定以及超耗的后续处理

成品油运输的超耗，是指在油品运输过程中造成的损耗量，超出事前规定定损量的部分，即为超耗量。对于运输超耗造成的损失，货主方有权对承运商提出索赔。

超耗赔付量=发运数量×定损率-(发运数量-收货数量)

超耗赔付金额=超耗赔付量×当期该承运油品零售价

思考题

1. 影响运输损耗的因素有哪些？
2. 如何提升损耗率的日常监控时效性和准确性？
3. 采取哪些措施可有效降低水路运输损耗率？
4. 损耗的数据分析结果如何与日常物流运行方案挂钩？
5. 如何将“互联网+”、“大数据”思维融入到成品油输运损耗的日常监控中？

第十二章 物流优化

第一节　资源串换

本节目标：

1. 解析资源串换的具体操作流程。
2. 阐述资源串换的目的，优化效益的测算。
3. 了解资源串换运作中遇到的突出情况，如何处理解决。

故事

油市乾坤大挪移

秋日的江南省，天高云淡。伴随楼下修路挖掘机的轰鸣声，公司二楼会议室，调度运行会议正在有序召开。

"截止昨日，公司成品油物流购进达到正常进度，但整体库存较上周下降2万吨，分区域来看，北部的榕城和南部的泉城汽油库存相对薄弱，保供天数分别为3天和5天。"

周强手握各项运行报表，对采购情况做了汇报。

"在南方的地方炼厂，安排一船6000吨外采汽油，用于保障榕城供应，安排是明天的船期。后续，江州炼厂在完成长输管线备油后，3天后可组织一船3000吨汽油供应泉城保障市场。"

"等一下。"超哥冷不丁地打断周强的汇报。

"南方的汽油外采？"超哥问道。

面对突如其来的询问，李翔丈二和尚摸不着头脑，一时没反应过来，心想这是正常的运行保供安排啊。

“嗯。”李强轻轻吱了一声。

超哥顿了一下，正色说道：“这不合理啊，从资源格局来说，泉城离此外采炼厂仅100公里，运费最多也就是30元/吨，但是若运到榕城，就要多跑接近200公里，运费要多60元/吨。这笔外采的购进成本也相对高了吧？”

“超哥，成本的确是高了，接近60元/吨。”作为这笔外采资源的操盘手，周强迅速答上。

“之前跟李翔也碰过情况，最近江州炼厂的汽油生产不太稳定，而且这5天正好是长输管线备油大批次，可下水发运到榕城资源很有限。若考虑开展优化串换的话，那么榕城的汽油保供压力就很大了。”

对于周强的救场，李翔投去感谢的目光。

缓过神来后，周强继续汇报道：“超哥，榕城的汽油资源我专门测算过，若等江州炼厂完成管输备油后，再安排下水发运，则至少是4天后了，会出现一天的断档期。而这船汽油是实物，所以这么安排衔接了。”

超哥用笔轻轻的敲了几下会议桌，果断的开展分析。

“这么操作的话，从物流上来说，泉城下一个周期的汽油则仍需要从江州由北向南水路发运，一来一去就增费了120元/吨，大数就是72万元，那可不是一笔小数目。”说到这里，超哥转头看着李翔，转念起了一个新的点子。

“李翔，你看在运行保供上，是不是可以修正一下江州炼厂长输管线的批次运行方案，将现在的汽油顶柴油顺序输送模式，改为两段输送？混油可能会多一小段，但是能腾出1天多的备油时间啊，这样江州炼厂就能先水路发运一船3000吨汽油，就近保供榕城了。你看看方案是否可行？”

“而且从经营量上来说，泉城的汽油经营量是榕城的两倍，油库码头设施条件也更好，接卸这船大船更为合理。”

李翔听后低头在报表上算算划划，不多会儿露出一喜之色。

“超哥，我算了一下，这个方案应该可行！会后我牵头跟相应的岗位人员落实”。

“嗯。那周强再跟供应商谈一下，把这船实物就近串换至泉城，合同价格也议一下。同时，把这笔外采串换方案报给总部，争取一下串换优化奖励。”超哥接着对周强安排道。

“好的。我来落实。”周强随即用手机开始发送信息。

后面的汇报很快顺利地完成，超哥在向各部门与分公司安排几项近期重点工作后，就要求散会了。

周强跟李翔拿着笔记本，边走边聊着。

“思路还是不够宽，我光顾着保供，压根儿没太注意费用和流向的问题。”李翔略有些自责地说。

“我也是没在运行保供上多思考一步啊，还是得多学习和思考。”周强摇摇头，看了李翔一眼，苦笑着摆了摆头。

回到自己的办公室，李翔召集岗位人员，分析梳理运行情况，不一会儿把调整后的运行方案落实下去了。

第三天一早，李翔的手机嗡嗡嗡地振个不停。接起后一看，是泉城数质量科的同事发来的信息，这船汽油到泉城后取样化验质量不合格，烯烃含量卡边，略有超标。

李翔心里一想，还好不是硬靠这船来保供榕城，不然到了今天连调整运行方案的余地都没有了，榕城汽油必定脱销。但是，这船油质量不合格，串换就开展不下去了，最坏情况甚至这船汽油都得退货。

李翔顺手拿起今天的库存报表，按着工作习惯测算资源保供天数，泉城实际保供也就是 3 天左右，而且后天油库还有部队军事演习，需要征用 5000 吨级以上大船码头，不能进行收发作业。

这下反而榕城汽油保供变成了一个麻烦事。李翔在办公室来回走了起来。走了几步，李翔拿出手机，找到泉城数质量科的电话，随即就拨了过去。

“老弟啊，我看到你的信息了，这船汽油烯烃不合格。但是这是系统外主营炼厂的产品，油品质量应该是比较可靠的，是不是哪个环节弄错了?”

“老哥，你又批评我不仔细。是这样的，昨天下午我们计量员上船做的取样化验，这是刚出来的结果。这家炼厂我听说最近在做装置升级改造，油品质量不稳定也是可能的。不然你跟周强联系一下，看看是否让供应商来处理解决。”

“嗯，我会跟他反馈联系的。从我运行的角度出发，是需要这船汽油保供泉城的，还请老兄辛苦一下能否再重新做一次化验呢?因为烯烃只是卡边，也许还有那么点余地，哈哈。”

“行吧行吧，也就是你了，再帮你重新做一次看看。但是，该遵守的原则，我可是一点都不会让步的哦。”

“那是那是，辛苦你了。”

放下手机，李翔顿了顿神。觉得这事还是要向超哥汇报一下，油品质量的事情谁也说不上，万一不行可得考虑紧急保供方案啊。

带着库存报表，李翔来到超哥办公室，三下五除二把刚才这船外采汽油的前因后果汇报一遍。

超哥皱了皱眉，对李翔说：“嗯，你的处理措施是对的。在外采复测结果没出来前，要先做一个紧急保供汽油的方案。万一这船不合格，泉城的汽油市场保供压力就差一整天啊。”

“江州的汽油库存已经挖空，这两天恐怕再下水一船基本无望。江南调运周期有点长，即使现在立即组织，算算时间是完全刚刚好，保供都计算到了小时。这一船外采汽油还真是卡着时间点，榕城和泉城的时间都卡到了。”

李翔一边分析一边有点小怨言，一时也是十分的无奈。

到了下午，泉城数质量科那传来好消息，外采汽油复测后烯烃含量正好合格，数质量部门同意安排接卸。

李翔长舒一口气，总算是把榕城和泉城的汽油资源都给供应上了。

笔记三十三

1. 资源串换的定义

串换是指不同经营主体为节约物流费用，提高资产利用效率，以货币价值为尺度，在不同时间、不同地点相互出售(转移)同一种商品的过程。成品油资源串换是不同的油品经营者之间，以节约成品油物流运行成本或相互补充所需资源为目的，采取的“对等销售、异地互供”，并按规定从串换方取得法定票据的经营行为。

2. 资源串换的效益测算

针对配置外采联动，统筹外采安排情况，按照物流综合费用最低的原则，实行配置、外采资源联动，提出资源串换建议，降低总物流成本。

$$\text{节费成效} = \left[\sum_{\text{串换前配置资源}} (C \cdot T) + \sum_{\text{串换前外采资源}} (C \cdot T)\right] - \left[\sum_{\text{串换后配置资源}} (C \cdot T) + \sum_{\text{串换后外采资源}} (C \cdot T)\right]$$

式中　C——吨油运费；

T——物流运量。

3. 资源串换的方式

配置资源可与外采资源、储备资源、进出口等多口径资源开展统筹串换，在开展资源串换的方式上，可主要通过时间上、空间上两个方面开展。时间上是指通过提前预排，实施跨周期的资源串换，避免不同时期的成品油资源出现对流运输。空间上是指通过资源流向分析，对不同单位、不同口径的资源开展统筹优化，避免纯粹的对流运输。

思考题

1. 资源串换的方式有哪些？哪些资源可用来进行串换？

2. 资源串换的创效如何测算?

3. 资源串换产生的效益如何有效地进行分配，有什么分配原则?

4. 在配置资源与外采资源串换过程中，外采资源接收单位承担更大的外采质量与资源供应压力，应如何在资源考核中给与还原与鼓励?

5. 资源串换运用的主要思想是什么?

第二节　一二次物流优化

本节目标:

1. 解析成品油一二次物流与一二三级物流的定义及相互关系。
2. 了解成品油一二三级物流优化的目标与测算方法。
3. 掌握成品油一二三级物流优化基本方法。

故事

挖地三尺又何妨

“阿超啊，今年总部要求的运杂费用指标是11个亿，目前时间过半，费用花费也过半。这费用指标的控制，你还得多下下心思啊。”王总看着汇报材料，若有所思。

超哥略有无奈。近年来通过物流优化的各项工作，整体运杂费用已经呈现大幅下降，运行的同志在这方面也是做足功课和花费很大心思。但今年总部给的指标额度实在是太小了，干毛巾再挤出一滴水，谈何容易。

“好的，王总。我们也再深入分析分析，争取在一二三级物流运行上再挖挖潜力，下半年的运行工作再干出些成绩。”

“可以解放一下思想，换换思路。运行上的瓶颈问题，也许可以在储运设施改造、发展规划等环节上，寻找到新的突破。”王总语重心长的说道。

“明白了。我带着运行部门去重点地市开展一次调研，找找根节点。”

跟王总汇报运杂费用的指标与完成后，超哥转身离开。

翌日，带着调研课题，超哥领着李翔等人直接出发去泉城开展现场调研工作。一路上，大伙聊得火热。

“泉城的主要油库麒麟库是我们的管线沿线油库，但他周边还是分布好多分销的小油库。虽然每个小库的经营量都不大，可加在一起，每月也有2万吨的柴油经营量。”李翔分析道。

“是不是有可能把麒麟库的管输柴油资源，通过水路码头下水二次发运？”

“可是麒麟库的水路码头一直以来都是接卸用的，反向下水的流程不通吧，输送泵有没有都不知道。”

“如果水路的流程走不通，直接用公路送呢，飞云库辐射的几个区域，跟麒麟库比起来，公路距离也就多 70 公里，吨油 25 元，比目前飞云库从江州炼厂水路直接配送的一次运价，可是要便宜 40 元呢!”

“这倒是个好主意，但泉城的公路运费就要高起来，老何可能又要绷着个脸啦，他的指标肯定要超。”

“指标考核，超哥给调整还原一下就行了咯。反正整体的费用是降低的，这个优化工作应该做得通。”

李翔等人争执得火热，超哥在前排坐着，并没有做声。一边听他们讨论，一边心里也在盘算。他们讲的情况，他心里是有底的，但实际操作上遇到的限制可不少，地市指标考核、码头改造，甚至还有他们没考虑到的麒麟油库罐容不足的问题。还是等到了现场，问问老何的意见吧。

一行人驱车直奔麒麟库，老何带着油库相关人员已经在油库会议室等候多时了。下车一阵寒暄后，大家就围坐在会议室内。

“这次来主要目的是调研，不是正式的会议，也是带小李他们过来向老何以及油库的同志现场学习的，哈哈。”超哥做了简单的开场白。

“欢迎各位到泉城调研，说真的，我早就期待着超哥来一次呢。”老何一脸笑容，热情似火，眼睛眯成一条缝。

“哈哈，老何还是这么好客。这样，先由李翔简单做一个关于运杂费用的汇报，大家对情况有一个共识，然后针对几个项目，老何跟各位同事也提提意见和想法。”超哥说完，伸手示意李翔先做汇报。

当说到麒麟油库水路二次辐射到飞云库的方案时，老何突然打断了一下。“这里我提几句。”

“老何请说。”

“是这样的，麒麟库下水二次辐射的这个方案，我们自己也已经想过。已经给公司发展规划处提了方案，增加水路发运柴油的流程，公司发展规划处已经给了批复。新购进的泵已经在采购的路上了。本来想设备设施弄好了，再向超哥汇报的。”老何目光如炬。

“这可是大好事，如果能实施下去，通过麒麟库水路二次发运飞云油库，吨油可节省 40 元。如果每月操作 2 万吨的话，就是 80 万元的优化创新，一年算下来就是近1000万元啊。”超哥略微激动，没想到能如此顺利。

“但是，”老何话带转折。

“麒麟库现在的柴油罐容只有3万立方米，放满也就是2万吨可发量，一天出库量0.18万吨，保供最多11天。而长输管线每月3个批次的混输批次，也就是卡着边在输送。也就是说，不解决罐容不足矛盾的话，柴油下水量最多就是0.5万吨的水平，到不了2万吨。”

“嗯，这的确是个麻烦事。如果提报罐容改造，一整套流程走下来，少说也要大半年。而且油库新建投资也不是一笔小费用，需要详细的测算。”超哥分析道。

“老何这里还有什么高招，可别藏着掖着哦。”

“怎么可能。这样，我们去现场看一看，我倒是有几个新的想法。”

大家随着油库主任的指引，来到柴油罐区。老何指着柴油罐说道：“这就是3个10000立方米的柴油罐，这条管线就是长输管线的进库线，这是截断阀和流量计。”

“这里是准备新建的水路发货泵和预留的流量计接头，我们准备2个月内就把流程导通。就目前的设施设备，我有个想法，有没有条件开展长输管线单输柴油？多批次输送柴油就能增加麒麟油库的柴油下载量，可以给水路移库准备更多的资源。”

李翔想了一想说：“目前，这条长输管线已经满负荷输送了，再增加柴油批次一个管输时间不够。另外，麒麟库也不能单输，单输承受不了首站泵压力，必须再带上一个下载库一起配合下载。”

“李翔，你看能不能这么优化。”超哥说道。

“长输管线给江城的柴油数量下降一部分，改由北线输送供应，把两条管线的输送结构改一下，给泉城的输送留出时间。”

“至于柴油单输的工艺问题，你再测算看看。把榕城和江城以及泉城的输送配比调整一下，压力差前后调整一下，增加泉城的下载比例，看看设备工艺上能否适应？”

超哥一连串的优化措施，让李翔有点跟不上节奏，边回答边带着另外两人拿出电脑和测算模型开始盘算起来。

“超总监就是办法多。”老何充满自信的继续说道。

“我还有个新的想法，就是我们麒麟库的公路平台发货能力其实很大，如果解决了管输下载量的瓶颈，那么在水路二次发货辐射的基数上，公路其实也可以增加二次辐射。远期来看，甚至可以把周边几个小油库的供应功能都给替换掉。

虽然公路物流费用上增加一点，但跟运营一座油库的人力、物力比起来，那可是便宜不止一点半点。”

“老何你能提出公路辐射的想法，让我有点意外。”超哥面露喜色。

“公路费用增加或多或少会对你们地市公司班子的考核有影响，尤其是对你，所以我一开始也没开口提这事。”

“你还不了解我，只要对整体格局有益处的事，我多辛苦一点不算什么。这点上，我和我们油库主任是有共识的。再说了，这不还有超总监嘛，给我们考核做还原不就好了，哈哈。”

另外一边，李翔小团队测算后，拿出了一稿令人满意的结果，超哥刚才畅想的运行工况是可行的，这样长输管线下载量的瓶颈，在不增加油罐投资的情况下，就能够得到解决。

回到会议室，大家对这次的调研成果非常满意。通过一二三级的物流优化，麒麟库增加下水辐射 2 万吨，增加公路跨区辐射 1 万吨，整体测算每月可创效 100 万元，而且基本没有增加大额的投资，实实在在地降低运杂费用整体支出，优化整体运行格局。

笔记三十四

1. 一二次物流与一二三级物流的关系

一次物流也叫一级物流，二次物流包含了二级物流与三级物流，其中油库与油库之间的配送称为二级物流，油库与加油站之间的配送称为三级物流。

2. 一二三级物流优化的定义

一二三级物流优化是指在实际物流配送过程中，根据所面临的各类约束限制条件，通过增加资源就近供应，减少高运价资源发运及对流运输，使资源从生产企业至消费终端整个物流配送过程“效率最高、费用最低”，最终实现物流配送的整体优化。

3. 一二级物流优化的效益测算

一二级物流优化考虑的是以生产企业为起点，以油库为终点的配送过程优化。主要通过提高一级物流中管输、水路等运输成本相对较低运输方式的比例，结合适当的库库中转方案，综合测算整体效益，即：$\mathrm{Min}(C_{厂-库2},\ C_{厂-库1}+C_{库1-库2})$。

4. 二三级物流优化的效益测算

二三级物流优化考虑的是以销售企业油库为起点，以终端消费加油站为终点的配送过程优化。主要通过统筹库库中转与库站配送方案，宜转则转、宜直则直，综合测算整体效益水平，即：$\mathrm{Min}(C_{库1-站}, C_{库1-库2}+C_{库2-站})$。

5. 一二三级物流优化的效益测算

一二三级物流优化主要是通过综合比选炼厂地付直达送站、炼厂—中心库—分销库—加油站、炼厂—中心库—加油站、炼厂—分销库—加油站各类方案，以入站总成本最低为目标，有效运用生产企业和销售企业储运设施，扩大炼厂地付及管线下载库辐射范围，开展跨省配送，突破发运和接卸能力瓶颈。即：$\mathrm{Min}(C_{厂-站}, C_{厂-中心库}+C_{中心库-分销库}+C_{分销库-站}, C_{厂-中心库}+C_{中心库-站}, C_{厂-分销库}+C_{分销库-站})$。

思考题

1. 一二三级物流优化是否存在跨区域间配送，从整体区域间开展统筹优化？

2. 如何结合一二三级物流优化，科学开展储运设施的消瓶颈工作？

3. 开展一二三级物流优化，如何与外部的储运设施共享相结合？

4. 如何根据整体物流情况，建立一二三级物流优化模型，利用最优化原理、运筹学、图论等数学理论知识，更科学合理的推断出优化格局？

5. 如何结合生产和销售企业储运设施共享或者改造提升开展一体化物流优化？

第三节　物流数据的挖掘与分析

本节目标：

1. 了解数据挖掘分析的定义。
2. 理解数据挖掘、数据分析与大数据的区别。
3. 明确数据挖掘分析在物流运行的作用。
4. 强化数据保护意识，明确数据作为信息资产的重要意义，培育大数据时代核心竞争力。

故事

烧脑的数据源

早餐时，超哥不时听到周围同事欢快地讨论着下周国庆节长假外出游玩的计划。而每逢长假，就是他们这个经营团队最繁忙的时候，江南省成品油市场的稳定供应，离不开每个团队成员的辛勤付出。

“国庆，又到了要忙活的时候了！”说完，舒展了一下关节的超哥，发出了下午一点召开国庆节资源保供会议的通知。

李翔没反应过来，怔了几秒。“哦，好的。”

把会议消息通知大家后，看着大家纷纷埋头开始准备会议材料，李翔淡定地打开电脑，心里乐道：“幸亏自己早做准备，市场需求的预计数据已经了然于胸，后续调运安排不就是水到渠成的事。”接着开始笃定的安排起调运计划。

下午一点，参会人员陆续从各科室向超哥办公室位移，几分钟就集合完毕。

超哥咳了咳，这两天有点感冒，喉咙一直有点痒。

“就要国庆了，江南省的汽油市场保供压力逐年上升，为了确保节日期间的市场稳定供应，让大家过个太平祥和的节，就只好现在让大家多辛苦一下了。”超哥直入主题。

“现在各自汇报一下自己的工作安排吧。嗯……李翔，就从你先开始吧。”超哥扫视了一眼，眼光落到李翔身上。

于是李翔便自信的开始汇报，超哥拿起水杯准备喝口水。但谈到安排的汽油资源总量时，超哥略微皱了皱眉，水杯送到嘴边又停下了，对数字十分敏感的超哥，总觉得这个数字哪里存在问题。

待李翔汇报完，超哥放下还没碰到嘴的水杯，说道：“嗯，不错，准备得还是挺充分的，就是这个市场需求的预计，感觉有点保守。先听听销售部门的汇报吧。”

赵丽接着对自己销售部门的工作进行了汇报，当李翔听到赵丽说 7 天长假预计需要 12 万吨汽油的时候，不禁向赵丽投出了质疑的目光。

“赵丽一定是算错了吧？去年国庆汽油也就要了 10 万吨，怎么可能一下就多出 2 万吨呢？”想想不好打断赵丽发言，他也就憋着了。

而在对面，超哥也把李翔一脸狐疑的表情尽收眼底，赵丽汇报完毕后，他笑着说道：“成品油市场的需求预测，是我们经营首先要关注、要做好的一项重要工作，刚才大家都说的挺好，唯一出现不同意见的，就是对节日期间汽油消费预测上。”说到这，超哥故意顿了顿。

“所谓的需求预测，是需要大数据来支撑的，李翔，你说说，你汇报里说的 10.5 万吨汽油需求，是怎么得出的结论啊？”

李翔眨巴着眼，理所当然的说道：“我预估的，去年国庆 7 天是 10 万吨的需求，今年我估计 10.5 万吨差不多吧，12 万吨，能有那么多吗？”

“先不说有没有那么多，我们先听听赵丽的 12 万吨是怎么测算出来的。”超哥看向赵丽，赞许之意溢于言表。

赵丽有条不紊地道来:“是这样的,我整理了近3年的所有销售明细,整理出国庆节的汽油销售数据,去年市场汽油消费确实是10万吨,近3年的汽油年消费平均增长率约7%,但国庆节期间的汽油消费增长率却达到近15%,而且去年国庆节期间可有4天在下雨哦”,说完朝着李翔露出胜利的微笑。

看着一脸郁闷的李翔,孰对孰错已知分晓。

“现在大家都知道应该按哪个需求数字安排计划了吧?借今天的机会,正好和大家强调一下挖掘和分析数据的重要性,同时也抛出一个时下流行的概念——大数据。”

“你们说刚才赵丽做的算不算是大数据分析?”超哥微笑着问大家。

众人有点头的,有摇头的。

喝了口水,超哥继续说道:“其实刚刚赵丽对于今年国庆节的汽油需求预测,并不是大数据应用,她这属于对数据进行挖掘和分析,以便提供更为准确的决策依据。我们很多时候习惯用经验去预测或者说拍脑袋,但在如今的信息化时代我们有着庞大的数据,数据是不会欺骗人的,除了传统的数据挖掘和分析,还有时下大数据分析。”超哥说着,竟有些许兴奋。

“你们谁知道大数据?”

“我们现在物流运行过程产生出的庞大的数据不就是大数据么?”李翔说的很自信。

“哈哈,大数据可不能与大量数据等同哦,大数据有四个特点:数据体量大、数据类型多、处理速度快、价值密度低,其中处理速度快就决定了它和我们传统数据挖掘分析有着本职上的不同。大数据需要特殊的技术,包括大规模并行处理数据库、分布式数据库、云计算平台等,其中它和云计算就像一枚硬币的正反面一样密不可分。我举一个物流方面的大数据应用的例子吧。”超哥把椅子向前挪了挪。

“大家都知道京东吧?京东自营物流配送自营产品,人们都可以享受到211限时达服务,什么是211?就是当天11点前提交的订单,当天下午到;当天晚上11点提交的订单,次日下午3点前到。为什么能这么快?”

众人互相望了望,都摇了摇头。

“之所以能做到这么快,是因为京东利用自身的大数据信息挖掘,做出精准的商品和用户画像,精准地预测用户的购买倾向。也就是说,在用户消费之前,京东早就已经将商品放到了附近的移动仓和配送店里了。”

众人听完纷纷点头,顿觉思路豁然开朗,纷纷插上想象的翅膀,交头接耳地讨论着大数据还能创造些什么神奇的东西。

“大家安静。”超哥说道：“立足我们的成品油物流，其实也有许多方面的数据可以进行深度地挖掘和分析，乃至后面也是可以利用大数据来帮助提升决策和运行水平的。这样，大家回去后想想，欢迎会后来我这交流，大家共同学习进步。”

李翔开完会，坐在自己的位子上，心里默念道：“大数据应用，真是个好东西，我要好好研究下，好好想想怎么应用到我们的日常物流运行中去。”

不知不觉中，李翔在电脑上不停地查阅学习，桌上的笔记本写了一行又一行，天色也渐渐漆黑起来，直到晚上7点，他才满意的合上了本子，摸了摸咕咕叫唤的肚子下班了。

第二天一早，李翔早早的在公司食堂出现了。满脑子大数据应用的他，用火热的眼神，期待着超哥的出现。

终于，超哥的身影映入他的眼帘，李翔激动地朝超哥挥挥手，示意他坐过来。

“超哥，我昨天想了几个数据挖掘与分析方面的内容，想和你分享下我加班奋斗的成果。”

“可以啊，那么快就学以致用了。”超哥鼓励道。

“第一呢，对于所有的运输通道数据的挖掘分析，分析测算该通道的平均在途周期，更进一步的话，还能分时间季节分析，比如丰水期、枯水期、春节、国庆节，这样能为我们日常运行提供更为精准的运行预计数据支撑。”李翔继续说。

“第二呢，我们江南省石油公司所有油库分品号的出库情况，可以利用数据挖掘与分析找出变化规律；第三呢，超哥，这我可能想的更天马行空一点了。”

“没事，你说，我们需要创造性思维。”超哥鼓励道。

李翔憧憬着说：“希望未来，我们可以通过加油站的视频监控，掌握到我们公司加油的车辆的加油信息、加油周期以及加油喜好地点，从源头分析预测客户的需求。”

超哥听后，点头说道：“有想法，不过要整理归类那么多数据，可是有不少基础工作要做哦，要确保物流运行基础数据的全面、准确和完整，还是搭建一套高效的信息系统来处理和加工数据，第三点就要借助大数据了，用大数据分析的成果推动物流运行水平的提高。”

“明白了，超哥，看我的吧！”说完，李翔稀里哗啦扒完碗里几口饭，就跑上楼了。

“这小子一定又有什么鬼主意了。”超哥欣慰的自言自语道。

笔记三十五

1. 数据挖掘、数据分析和大数据的定义

(1) 数据挖掘又称为资料探勘、数据采矿。它是数据库知识发现中的一个步骤。数据挖掘一般是指从大量的数据中通过算法搜索隐藏于其中信息的过程。数据挖掘通常与计算机科学有关，并通过统计、在线分析处理、情报检索、机器学习、专家系统(依靠过去的经验法则)和模式识别等诸多方法来实现上述目标。

(2) 数据分析是指用适当的统计分析方法对收集来的大量数据进行分析，提取有用信息和形成结论而对数据加以详细研究和概括总结的过程。这一过程也是质量管理体系的支持过程。在实用中，数据分析可帮助人们作出判断，以便采取适当行动。数据分析的数学基础在 20 世纪早期就已确立，但直到计算机的出现才使得实际操作成为可能，并使得数据分析得以推广。数据分析是数学与计算机科学相结合的产物。

(3) 大数据指无法在一定时间范围内用常规软件工具进行捕捉、管理和处理的数据集合，是需要新的处理模式才能具有更强的决策力、洞察发现力和流程优化能力的海量、高增长率和多样化的信息资产。

2. 大数据的特点

(1) 数据体量巨大。百度资料表明，其首页导航每天需要提供的数据超过 1.5PB(1PB=1024TB)，这些数据如果打印出来将超过 5000 亿张 A4 纸。有资料证实，到目前为止，人类生产的所有印刷材料的数据量仅为 200PB。

(2) 数据类型多样。现在的数据类型不仅是文本形式，更多的是图片、视频、音频、地理位置信息等多类型的数据，个性化数据占绝对多数。

(3) 处理速度快。数据处理遵循“1 秒定律”，可从各种类型的数据中快速获得高价值的信息。

(4) 价值密度低。以视频为例，一小时的视频，在不间断的监控过程中，可能有用的数据仅仅只有一两秒。

3. 数据挖掘、数据分析与大数据的区别

大数据是互联网的海量数据挖掘，而数据挖掘更多是针对内部企业行业小众化的数据挖掘，数据分析就是做出针对性的分析和诊断，大数据需要分析的是趋势和发展，数据挖掘主要是发现问题和进行诊断。

4. 数据挖掘与分析、大数据对于物流运行的作用

随着社会信息化的发展，成品油物流运行中产生的庞大数据信息得以保存，且每天还在不断产生新的数据，通过对大量数据的挖掘和分析，可以提升改善优化物流运行的效率，而结合庞大的成品油以及非油消费及需求数据，通过利用和发展大数据技术实现云存储和云计算，最终以大数据应用提升成品油物流运行水平。

思考题

1. 大数据有哪些主要特征？它与大量数据有什么样的区别？

2. 什么是数据分析？在进行数据分析前，应该怎样实现原始数据的采集过程？

3. 数据分析的实现主要得益于什么技术的发展？

4. 数据挖掘最主要目的是什么？

5. 大数据给成品油的配送工作带来指导性的意义，具体体现在哪些方面？

第十三章 供应链管理

第一节　供应链的概念

本节目标：

1. 解析供应链管理的概念，帮助管理人员了解供应链管理的内容。

2. 解析供应链管理与物流管理的区别，帮助管理人员更好地理解供应链管理的意义。

故事

紧追时代的步伐

最近，超哥参加了公司组织的培训班，主要内容是成品油的供应链管理，在不断学习的过程中，他也逐渐理解了供应链管理的基本概念。

今日，超哥正在办公室继续学习相关知识，东叔刚好过来：“又在用功学习呢？”看见东叔过来，超哥放下了手中的书本，笑着回答：“时代在进步，我也需要不断学习呀。东叔您找我有什么事情么？”

“没什么事情，就是看你最近学习这么认真，我也想看看你到底在钻研什么好东西，虽然我一把年纪了，但是对于新知识还是有所追求的。俗话说的好，活到老，学到老，我也不想被落后呀。”东叔认真地说道。

“原来这样啊，虽然我学习的也不是非常深入，不过要是能在学习中和您这样资深的专家探讨探讨肯定也受益匪浅了。”超哥说到：“其实我现在学的也是与我们工作密切相关的，就是供应链管理，我们一直在标榜的是物流管理，但是现在我们需要转变观念，从简单的物流管理上升到供应链管理的层次。”

东叔听后很好奇：“物流管理不就是说的我们运输成品油嘛，但是供应链管理这个应该怎么理解呢？听着好像要比物流管理更加拔高了一些。"

超哥思考了一会儿，解释道："确实，物流实际上只能算是供应链中的一部分，注重的是实体流动过程，比如我们运输成品油的过程，只关注油品是不是及时送到位了，但供应链管理就不一样，它关注的是从最初的供应商一直到最终的经销商的过程，而且并不是仅仅关注物流，更重要关注的是商品流通过程中不同节点之间的关系。"

超哥端起桌边的茶水喝了两口继续说道："供应链是围绕核心企业，从原材料采购开始，制成中间产品以及最终产品，最后由销售网络把产品送到消费者手中的将供应商、制造商、分销商、零售商、物流服务商直到最终用户连成一个整体的功能性网络结构。供应链管理就是把供应链最优化，以最小的成本，令供应链从采购开始，制成中间产品以及最终产品，到满足最终客户的所有过程均能有效操作，把合适的产品以合理的价格，及时送到消费者手上。"

东叔看着超哥，说道："阿超，你知道的还不少啊，说起来头头是道啊。"

超哥笑了笑，接着说，"就石油石化行业而言，我们要逐步完善企业多层级、全过程供应链管理体系建设，并为推动建立具有采购、成本、结算以及配送职能一体化、协同创效的区域物流中心提供支撑。要丰富日常监控和实时分析功能，深度融合进销、物流、价格、库存等各方面经营数据，打通信息通联上的"梗阻"，消除信息孤岛现象，同时利用大数据、云计算等现代科学方法实现成品油经营、物流信息可视化、智能化、规范化。而且要建立自下而上的数据采集架构以及多维一体的信息联动机制，通过实物库存预警、经营指标动态模拟等方式，有效应对市场变化和经营需求，提高精准运行能力。这样可以更好地打破各企业之间的信息壁垒，考虑整个供应链的效益最大化。"

东叔听着虽然觉得有点儿晕，但是毕竟经验老到："你说的有点儿高端了，我看通俗点儿讲，就是说我们的油品运输不能只考虑油库到加油站这一段的物流，还要考虑从生产企业，甚至是以原材料供应商为起点，一直到到消费者手中这一全流程的运行过程和效益问题，只要整体有效益，就可以运作下去。"

"对对对，就是这样，东叔，还是您说的比较好懂，哈哈！"超哥夸奖到。

"这个思路确实值得提倡，也非常科学，不过实际执行中需要各节点上的企业能够互相共享信息，不然各自都打着小算盘，恐怕不好实现啊。"东叔感叹道。

"虽然这个很难，但是这也是现代化物流发展的努力方向，努力朝这个方向前进吧。"超哥也很憧憬，要是真的能很快实现这个设想，消除各企业之间的信息壁垒，企业整体的效益将会有一个大的提升。

笔记三十六

1. 供应链相关概念

1）物流

物流是物品从供应地向接收地的实体流动过程中，根据实际需要，将运输、储存、装卸搬运、包装、流通加工、配送、信息处理等功能有机结合起来实现用户要求的过程。

2）物流管理

物流管理是指在社会生产过程中，根据物质资料实体流动的规律，应用管理的基本原理和科学方法，对物流活动进行计划、组织、指挥、协调、控制和监督，使各项物流活动实现最佳的协调与配合，以降低物流成本，提高物流效率和经济效益。

3）供应链

供应链是指围绕核心企业，从配套零件开始，制成中间产品以及最终产品，最后由销售网络把产品送到消费者手中的、将供应商、制造商、分销商直到最终用户连成一个整体的功能网链结构。

4）供应链管理

供应链管理指使供应链运作达到最优化，以最少的成本，令供应链从采购开始，到满足最终客户的所有过程。包括工作流、实物流、资金流和信息流等均能高效率地操作，把合适的产品以合理的价格，及时、准确地送到消费者手上。

5）概念分析

物流强调的关键点是“实物流动过程”，即更关注物的空间位移，物流管理的对象是物流活动和与物流活动直接相关的其他活动；而供应链强调的是由供应商、制造商、分销商、零售商，直到最终用户所形成的网链或者网络结构，它更关心的是商品所有权转移，精髓是上、下游的供求关系，是生产、分销、零售等职能的分工与合作。

2. 供应链管理原则

供应链管理原则是根据客户所需的服务特性来划分客户群；根据客户需求和企业可获利情况，设计企业的后勤网络；倾听市场的需求信息，设计更贴近客户的产品；时间延迟；策略性的确定货源和采购与供应商建立双赢的合作策略；在整个供应链领域建立信息系统；建立整个供应链的绩效考核准则等。

3. 供应链管理核心理念

供应链管理的四大核心理念：整合思维、合作思维、协调思维以及分享思维。

思考题

1. 什么是供应链？什么是供应链管理？
2. 供应链管理与物流管理有不同？它们之间有什么样的联系？
3. 有哪些方法可以促进消除企业间的信息壁垒？
4. 怎样才能有力推动从单纯的物流管理向供应链管理迈进？
5. 供应链管理的原则有哪些？

第二节　供应链的构建

本节目标：

1. 解析供应链构建的基本原则，帮助管理人员明白怎样建立有效的供应链。

2. 阐述供应链构建的过程，帮助管理人员通过供应链管理提高应对多变客户需求的能力。

故事

理论指导实践

自从上次学习了供应链管理相关的概念后，超哥一直没有机会实际运用一下。今日他正坐办公室思考着问题，电话突然响起来了。

原来是江州炼厂运销部门的负责人老周打电话过来了：“喂，超总监您好，我是江州炼厂运销处的老周啊！”

“周处，您好，不知道您今日电话有何指示？”

“哪有什么指示，是有事情有求于你啊。听说最近市场消费一直不景气，我们厂里的油都出不去呀。现在汽油库存已经很高了，再不出去都没有地方进料了，超总，您得想想办法加紧把汽油疏散啊。”老周说道，语气中显然还带着一点儿焦急。

“周处，最近汽油消费确实不太好，我们的油库和加油站库存也是一直居高不下，恰逢梅雨季节大家出行又少，年年在这个时候都是汽油消费的低潮，也是我们面临的一大困难。不过您放心，不用您说我这边也会想办法加快出库节奏，为炼厂疏通后路，还需要您再耐心坚持几天。”

“超总，真的要加紧了，按照目前这种出厂速度，我这边再有两天就真的扛不住了，务必抓紧时间啊。”老周又催促了一下就挂掉了。

要想缓解炼厂的高库存，现在江南石油公司也还有些可调节的手段，目前看来不算难事。超哥想的却不仅仅只是解决眼前这个问题，他思考的是造成如今这种局面更深层次的原因：生产的节奏与市场的需求匹配度不高，再深入分析就会发现，其实是因为生产企业与销售企业间的信息传递不够及时、准确。对于老周的话，超哥其实也有些将信将疑，毕竟炼厂的生产和库存状态并没有完全对销售企业公开，作为销售企业的他们并没有权限可以直接观察到炼厂的生产和库存状况，只能通过自己的工作人员与炼厂运销处调运人员进行不断沟通才能知道。同样作为生产企业的炼厂也不能便捷地了解到目前市场实际的消费状况，造成生产企业与销售企业间之间的信息壁垒。因此，导致常发生市场需要油时炼厂油品供应不及时，又或者是炼厂需省市疏通后路时却发现省市已无空容可以接卸的状况，严重影响双方业务的正常运行。超哥觉得，刚好趁此机会和炼厂谈谈，建立起一个更有效的供应链信息沟通网络，让炼厂及时知道省市消费情况，同时让省市也能及时知道炼厂的生产状况，让双方更好地掌握所需信息，提前做好对应措施。

为此，超哥深思熟虑了一番。作为江南省石油公司，目前面对的竞争非常激烈，社会单位由于油品来源不同，价格上还具有一定的优势，且服务态度也非常好，是有力的竞争对手。而我们自身的优势就在于品牌和强大的零售网络，只有利用好我们下游的零售网络和上游的生产能力，并通过有效的方式、方法链接起来，才能使整个业务流程更加顺畅。

想到这里，超哥有了一个大胆想法，可以参照物流快递信息网络建设一样，建立一个强大的供应链管理系统，既能囊括炼厂的生产又能包含市场消费信息，同时还可以把油库和加油站的库存等信息也纳入进来，做到从生产到销售终端加油站的全过程信息流，这样就会更加有效率。想到这里，他马上跑到王总办公室汇报了这个想法。

王总听完超哥的想法后大加赞许，并说道：“阿超，你悟性挺高的嘛，这才刚学的东西马上就想到学以致用了。那么具体的工作思路有了么？”

超哥顿了顿，说道：“目前有个初步的想法，未来的成品油供应链管理体系应用范围包括全部销售企业，主要涵盖成品油资源进货管理、实物库存管理、销售和出库管理等主要模块，并在此基础上实现实时可视化展示。”

“在进货资源管理方面，将自产资源和外采资源全部纳入供应链管理体系进行监控，包括发站(港)、到站(港)、品种、数量以及运输方式等信息。同时开启油品启运和入库验收时间的录入和确认模块以实现对在途情况的监控。"超哥提出自己的想法。

"在库存管理方面，一方面要加大液位仪系统推广范围和使用力度，并与供应链管理系统实现无缝连接，实现油库和加油站实物库存实时监控，同时建立库存预警模块，通过设置不同触发点数值，实现库存临界及时预警。另一方面要动态模拟油罐内不同品种油品实物库存变化情况，并根据日均出库情况(同期出库变化、当月前期日均出库情况等)在线推算当期库存可支撑天数，同时通过进货资源来源、运输方式等设定平均在途时间，进行智能提醒。"超哥说到。

"在资源出库方面，要将油库实物出库油品信息全部纳入供应链管理体系进行分类和数据整理，特别在直分销业务管理中，每日分油库、分客户对提油规模、运杂费用、销售价格等信息进行分析、汇总和展示。同时也要将加油站日销售数据和库存信息纳入供应链管理体系，并设置合理的库存水平和库站配送正常运输能力等边界条件，通过数据联动实现加油站精准配送。"超哥继续说到。

"最后在可视化展示方面，要以电子地图为载体搭建供应链实时可视化模块，实现成品油供应链全局一张图，实现供应链节点追溯查询展示功能，并利用虚拟现实技术动态展示成品油实物流转的过程信息。同时对码头、栈桥以及发油台等作业单元，以流程化形式监控和显示，同时增加对管道界面跟踪和流速提醒的展示，并与油库库存及收发作业状态进行关联。"超哥说完看着王总。

"这个思路非常好，你把具体想法形成一个文字材料，大家一起开会讨论一下，你在会上把这些思路给大家分享分享，谈谈具体我们该怎么做，尽快落实到行动中。"王总说道。

"好的，我一定会好好准备。"超哥高兴地回答。

笔记三十七

1. 供应链构建的基本原则

供应链构建过程应遵循一些基本原则，才能保证其有效实施：一是自顶向下的设计和自底向上相结合的设计原则；二是简洁性原则；三是互补性原则；四是协调性原则；五是动态性原则；六是创新性原则；七是战略性原则。

2. 构建供应链的过程

一是分析企业面临的竞争环境；二是对企业自身的现状进行分析，结合上下游企业的实际运行状况，分析出自身的生产、运输和管理中存在的问题，提出合理化的改进建议；三是提出明确供应链设计的目标，同关键客户和供应商共享信息，以提高企业应对不断变化市场需求的能力；四是明确企业资源的分配方案（即资源配置计划），将企业的优质资源投入到最高效的市场，并重点关注业务流程中物流、资金流、信息流的输入、输出、流向；五是提出供应链组成的基本框架，明确各企业在供应链中的地位；六是选择合适的软件技术，提高工作效率；七是把控好供应链整体设计；八是建立供应链评价标准，以便于进行动态的改进。

3. 供应链的优化

（1）根据市场竞争的变化，明确企业自身在供应链中的定位。特别是成品油销售企业，必须根据自身的优势和市场动态的变化环境来确定自己的位置，并制订相关的发展战略，以此对企业的业务活动进行动态调整，重点培育自身的业务优势。

（2）将企业的业务目标同现有能力及业绩进行比较，深入发掘现有体系的明显弱点，进行重点改进。通过优化资源流向、运输方式、配送与服务范围，重新选择、构架供应链。

（3）整合企业内部信息。应用系统工程统筹规划企业的物流、信息流、资金流和工作流，并将企业的业务流程按照新形势下供应链管理的要求进行重组，促进供应链上下游企业间的业务流程集成为一个有机的整体，提高企业生产流程、管理流程的效率，能快速应对外界的反应变化。

（4）注重企业间信息资源的共享与利用。实现同一供应链中的上下游企业间的信息共享，及时了解企业合作伙伴的动态需求，并做出及时、快速的反应，以提高整个供应链的反应速度和核心竞争能力。

（5）强化供应链第三方物流能力。油品能否通过供应链快速地分销到目标市场上，取决于供应链上物流、配送网络的健全及市场开发状况。因此，要最大限度地谋求第三方物流的专业化水平和发展能力。

（6）建立跨企业的供应链成本模型。通过对整理供应链作业成本分析，找出其中不增值的部分和效率低下的部分，进行优化改进，并保证供应链上各成员企业间公平的成本负担，以实现供应链成本的合理化。

（7）广泛采用信息技术，建立整个供应链管理的信息系统，并根据信息系统的建设状况，动态改进供应链。

（8）供应链优化的实践中要注意采用一些实用的工具方法，如线性规划、非线性规划等。通过设计有效的供应链，可以提高企业竞争力，提高企业生产柔性，降低库存和提高顾客响应能力，达到企业成本和服务之间的有效平衡，为企业全面实现供应链管理奠定基础保证。

思考题

1. 供应链构建过程中，怎样实现信息的实时共享？

2. 供应链构建过程中，为什么要分析竞争对手和环境？

3. 供应链构建过程中，最大的难点在哪里？

4. 供应链构建的八大要素是什么？除此之外还有没有其他需要重点关注的因素？

5. 结合自身企业状况，如何搭建企业级供应链管理体系，并有何建议？

第三节　供应链管理策略与应用

本节目标：

1. 阐述供应链需求预测的基本方法，帮助管理人员提前做好预测分析。

2. 阐述供应链思维在实际工作中的运用方法，帮助管理人员进一步理解供应链的运作，以便于制订更为有效的物流配送方案。

故事

姜还是老的辣

转眼间快到七月了，公司里很多人都已经开始在谈论休假安排了。

今早一到办公室，超哥一直眉头紧锁。在昨天的市场营销会上，王总重点提到暑假期间保障汽油市场供应的事情。同时也对物流配送提出更高的目标，油品的配送过程不仅要做到保证市场，同时还要兼顾成本与效益，充分发挥好炼销一体化的优势。这对于超哥来讲，也是一个不小的挑战。超哥决定今天要进一步落实，于是马上召集大家，也请东叔一起指导指导。

大家过来后，超哥说道：“又到暑期了，对于今年的汽油保供工作，大家怎么看？有什么准备没有？”

赵丽微笑着说道：“按照惯例，每年七八月份都是江南汽油消费旺季。市场的需求将迎来一个消费高峰，特别是在中小学刚刚放假的那段时间，但不同地区、不同地市爆发的时间和程度又往往让人始料不及。压力倒是有一些，不过年年困难年年过，我也算是经历过大风大浪的了，早就习惯了。超哥，市场供应的保障，我还是有信心的，就是还需要物流配送部门的大力支持，没有油了我可是想卖也卖不了，巧妇难为无米之炊嘛！”

“只要周强及时把油采到了，我这边当然会不遗余力地运输。虽然暑期汽油消费有一定的波动，但是运输还是没有问题的，再难，我们还可以跨地域配送以应急，但关键是还要做到高效率、低成本还是有一定的困难。”李翔说道。

周强一听赶紧说：“炼厂的资源生产也是有一定的节奏的，要是能一直均衡交货我们的压力就还小一些，通过我们自身的储备还有可调节的余地，但是就怕哪家炼厂突然出现装置故障，长时间油品供应不上，那就会出问题。所以我们前期必须要做一些准备，以防万一。这不，我已经着手加快采购速度，争取近日把汽油库存稍微涨涨，同时对于外采资源的供应也积极落实。这些准备工作做好了，我相信不会有什么大的问题。”

超哥听后，哈哈一笑：“你们有信心就好，不过你们也知道，这几年随着‘两权’放开，地方炼油企业产能不断增加，对成品油市场带来很大的冲击，通过优惠降价、抢滩布点等措施民营企业迅速扩张，市场份额也在逐步增大，这方面你们可不能大意。对于市场我们可不能丢啊，这一块儿的预测也得更准确一些，为后面的配送提供数据支撑，更好地制订物流配送方案。”

赵丽想了一小会儿，郑重地说道：“对于市场需求的预测，通常有两种思路，一种是定性的分析，另一种是定量的分析。按照传统的做法我们通常都是采用历史经验分析法，以历史数据为基础进行定量分析，主要就是通过对比同期的消费水平，结合今年以来需求的平均增长率来做一个初步预测。这是最简单、最直接的方法，但是弊端是完全没有考虑随机变化的因素，比如营销策略是否发生变化、销售终端是否进行过降价促销、市场是否出现产品的更新换代、社会的消费方式是否有明显的变更等，进而导致预测不够全面，损失一定的准确性。同时，这种分析方法也很难做到分区域的精准分析，因为随着预测区域的收窄、预测时间的缩短，那些非线性的随机因素的影响会逐渐地放大，进而会影响市场预测的分析效果，今年对于我们江南省特别明显。”

“为啥今年在我们江南省特别明显呢？”超哥很惊讶。

赵丽顿了顿，笑着说道这个还得东叔来解释一下，他经验比我丰富，更有权威性。

东叔也并未推辞：“这主要是由于江南省的地理位置和地形地貌以及国家的发展战略所决定的，江南省位于我国的中东部，交通十分发达，多条跨省高速公路干线穿省而过。而且江南省东部主要是平原地区，经济较为发达，主要高速公路也位于此区域，往年节假日汽油消费增幅十分明显，但是西部主要是山区，风景名胜比较多，交通显得没那么便利，汽油经营规模一直位于全省末端。但是随着国家西部大开发战略的实施，目前我们西部地区以及相邻的好几个省份陆陆续续投用了多条高速公路，加上当地风景优美，这些地方也成为国内游的主要目的地，交通也逐渐变得繁忙。”

东叔继续说道：“如果我们仍然按照原有的东部增幅大、西部增幅小的历史思路来进行分析预测，那么忽视西部地区增加的消费需求，就会导致无法保障汽油经营需求。对于新情况、新局面，我们要在利用历史经验的基础上，进行差异化对待、全面化分析，这样才尽可能提升我们消费预测的准确性。”

“那有没有更好准确的预计办法？”超哥问到。

东叔回答：“若是想要达到更加全面而准确的预测，就必须运用一些数学的方法对数据进行一些变换然后再进行分析，比如移动平均法、指数平滑法等，但是难点在于首先需要搜集巨大的基础数据，并做好非常完备的市场调查，费时费力。其次，还需要通过信息化等先进的计算手段建立数学分析模型，这对我们目前业务运行中的信息技术手段又会提出新的要求，而且还需要一定的时间让业务人员去适应，同时也会花费更多的人力成本和时间成本。因此，为了图方便我们一般都采用前一种方法，然后再通过人工经验综合一些定性分析方法，比如季节性因素影响、天气的影响、区域差异等，得出一个相对准确的数据。”

“东叔，这样看来形势还是很严峻的。”超哥略微皱眉，“那我们应该怎样来制订配送方案呢？”

东叔答到：“首先要以预测需求量为基础，明确好资源供应量，这是最贴近市场的数据，必须是越准确越好；其次暑假期间我们要时刻监控加油站、油库的库存，保证加油站和配送油库的油品充足，库存只能维持在 7 天以下的提前做出预警，提早协调资源补充；第三还要回头盯紧炼厂的生产状况，保证油品的及时出厂，并协调炼厂根据市场 92 号和 95 号的需求，调和油品。说起来简单，但具体要做到这三个环节的信息共享，还是存在很大的困难。目前，加油站和油库的库存监控均需要人工采集，炼厂的库存情况也需要及时与炼厂沟通来获得。我建议大家统一每日早上 9 点将情况梳理，及时对接，做好产销衔接的工作。一是要保证炼厂资源的顺利出厂，不打乱生产节奏，使生产效益最大化；二是要保证油品的配送节奏合理，最大程度做到就近配送，基本消除非合理的跨区域运输，降低运输过程中的费用支出；三是要抓住暑期市场汽油消费旺盛的特点，做大油品的销售规模，提升市场占有率。通过全供应链整体效益最优的思路，进行物流配送，以达到降本增效的最终目的。”

听了东叔的话，他突然明白，这不刚好就是供应链管理的思维方法具体运用到了实际工作中吗？马上向大家说道：“大家都听到东叔说的了吧，就按照东叔说的办。大家每日上午9点在群里将各自负责的情况进行汇报，信息及时共享。散会。”

笔记三十八

1. 成品油需求预测的目的

(1) 为适应成品油市场的销售打下良好基础；

(2) 为生产计划决策提供依据，提高对市场的快速反应能力；

(3) 明确不同区域间需求差异与重点工业地区，优化资源配置；

(4) 优化运输方案、降低物流成本。

2. 成品油需求预测的流程

成品油需求预测流程图如图12-1所示。

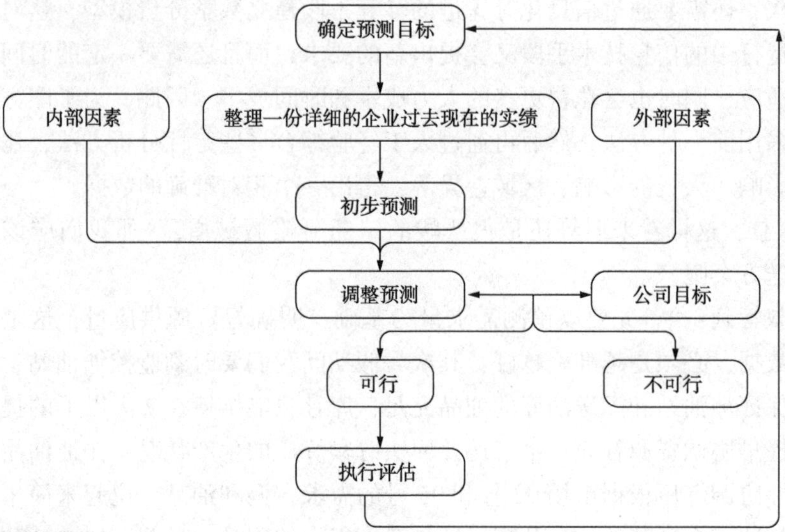

图12-1　成品油需求预测流程

3. 市场占有率的预测内容

1) 市场占有情况预测

$$S_i = \frac{m_i(1+p_i)^n}{\sum m_i(1+p_i)^n} \times 100\%$$

式中 S_i——企业 i 在 n 年后的成品油市场占有率预测值；

m_i——企业 i 某年某产品成品油销售量(额)；

$\sum m_i$——某地区成品油市场同类企业销售总量(额)；

p_i——企业 i 成品油销售量(额)的年平均增长；

p——某地区成品油市场销售量(额)的年平均增长率；

n——预测的未来时期数(年数)。

2) 油库和加油站需求预测

成品油销售企业的销售终端主要以油库和加油站为主，因此做好成品油的销售预测主要是做好油库和加油站的销售预测。

常用的预测方法有定性预测和定量预测。

(1) 定性预测主要是通过社会调查，采用少量的数据和直观材料，结合人们的经验加以综合分析，作出判断和预测。它是以市场调研为基础的经验判断法。

(2) 定量预测方法是依据市场调查所得的比较完备的统计资料，运用数学特别是数理统计方法，建立数学模型，用以预测经济现象未来数量表现的方法的总称。运用定量预测方法，一般需具有大量的统计资料和先进的计算手段。定量预测方法大致可分为两大类，即时间序列预测方法和因果分析预测方法。时间序列预测方法主要有：水平型发展趋势、线性变化趋势、二次曲线趋势、对数直线趋势、修正指数曲线趋势、龚佩子曲线趋势。因果分析法的主要工具是回归分析技术，因此又称其为回归分析预测方法。运用回归方程进行分析预测的方法主要有三种：一元回归预测、多元回归预测、自回归预测。

4. 成品油供应链管理主要策略

成品油供应链上各节点企业必须建立完善的成品油供应链管理系统，使成品油供应链有效的运作，降低整个成品油供应链中各种费用，保证国内成品油市场的正常供应，满足终端客户的实际需求。主要策略有以下几个方面：

1) 供应链的规划

供应链管理流程设计应根据各节点企业实际业务需系统的设计管理流程，不能照抄照搬，应结合上下游的情况，以降低供应链总体运营成本为前提，关注每一个关键环节，通过技术支持和协作，建立现代化的成品油营销体系。

2) 客户关系管理

终端客户资源是成品油供应链中最有价值的核心资产，是分销商利润的源泉，是未来收益的重要保障。因此客户关系成为最重要的供应链成员关系，有效的客户关系会对整个供应链起到强有力的导向作用。在实际运行中，应以客户需求为驱动力，以先进的信息手段为技术支持，以更低的供应链总库存量、更快的需求响应能力和更可靠、更准确的交货能力以及更高的服务质量来满足客户的需求，减少客户流失，提高顾客忠诚度。

3）供应商关系管理

在成品油供应链这个链条上，供应商即炼化企业是源头。供应商关系管理是一种通过对企业和供应商双方资源和竞争优势的整合来共同开拓市场，扩大市场需求和份额，降低供应链各环节成本，实现“双赢”的管理模式。在实际工作中，应针对成品油市场分布和炼化企业加工能力进行整体优化，使供应商与分销商有机结合，建立完善的供应链。

4）物流配送管理

要根据各种运输方式的特点，制订成品油运输策略，以减少中间环节，降低物流成本。要提高供应链效率，必须不断完善运输结构，重点发展管道运输，降低对铁路的依赖程度，增强与第三方物流企业的合作，整合好外部运输资源。

思考题

1. 成品油需求预测的基本方法有哪些？
2. 定量预测与定性预测的优缺点是什么？
3. 预测中需要考虑的偶然性因素有哪些？
4. 消费需求预测在供应链体系中扮演什么角色？如何才能发挥其作用？
5. 结合自己企业实际，如何把需求预测应用到日常工作？

第十四章 应急处理

第一节 市场保供

本节目标：

1. 解析市场保供的紧急处理，了解可发库存、在途库存、日出库量、保供天数相关概念及逻辑关系。

2. 帮助管理人员做好分区域的市场进销平衡和资源的均衡摆布。

故事

一场不能输的战斗

一大早，东叔就看到了李翔眼里的血丝，“又熬夜了？”

“哎……昨晚电话被打爆，这江州炼厂装置故障造成管输首站库备油不足，导致管输推迟。现在都是低库存运作，保供天数低，下面市公司都炸锅了，库存最低的榕城汽油已告急，即将面临脱销……详细的一会开会细说吧。”

“一会大家把资源情况碰一碰，问题会解决的。赶紧吃早餐吧。稳住！”东叔给了他一个笃定的眼神。

“恩，您老说的对。”在东叔沧桑而自信的脸上，依然是那份从容慈祥的笑容，仿佛一早的沉重和忧烦尽被吹散，李翔顿感一下轻松了很多。

8点半还没到，大家已经坐到了超哥的办公室里。

“好，今天是个紧急会议啊。”超哥放下手中的笔，拉了凳子向大家靠过来。”昨晚江州炼厂装置突发故障，现在管输首站库汽柴油都备油不够，管输预计要推迟，大家现在把情况详细说说吧，李翔先说说我们的资源及库存情况吧。”

“好，”李翔用手搓了搓脸，把手上的进销平衡表分给大家，“昨晚第一时间接到炼厂通知后，我连夜把情况摸了下，目前现在最严重的是榕城的汽油库存，是卡着管输时点保供的，今天下午就没有油提了，昨晚和超总监汇报后，当晚部分加油站已开始从临近江城油库提油了，同时，经平衡后已将刚装的一条发往泉城的0.3万吨的汽油船改到榕城，预计下午能到。”

“够惊险刺激呀，玩心跳呢，这离脱销仅一步之遥啊！”赵丽倒吸一口凉气。

“是啊，现在低库存运作，对我们销售企业的要求是更加严格，且现在管输比例大，一旦有个风吹草动，马上就是面临市场脱销的局面。榕城是我省的副经济中心，汽油消费量大，你要协调好跨省提油和水路船舶的及时靠卸，确保市场平稳。”超哥将目光落在了李翔的脸上，直到获得了他确认的眼神后方才离开，他继续说：”从这张表反映的数字来看，形势还是很严峻啊，我们汽油最少的保供天数不足一天，最多的也就3天。关于江州炼厂的生产和管输情况，有最新的情况吗？”

“昨晚江州炼厂通报的是预计要影响5天，汽柴油都要降量，目前最严重的就是柴油不够，调控中心也在做工况调整，最新的情况一会要再次对接下。”说完李翔把身体正了正。

“外采情况咋样？目前在途的有多少？”超哥把目光转向周强。

周强翻开自己的笔记本，写得密密麻麻的，这是他的“数据库”。

“目前汽油在途1船0.3万吨，柴油2船0.8万吨，今天还有一条0.3万吨的汽油装出来，表里面还没有更新。”汇报得言简意赅，清楚明了。

“好，这样，李翔你再和生产企业、首站油库确认配置资源的情况，周强你把外采情况排摸一遍后再报李翔，赵丽你把销售情况细化反映到表里出库量上，最后由李翔再次汇总更新进销存表。”时间不等人，需要尽早摸清情况做出布置安排。

“好。”言毕，大家各自起身出门。

“东叔。”在即将出门的刹那，超哥喊住了东叔，“您和厂里生产部门熟，帮着详细了解一下装置影响和生产情况，现在最不确定的就是他们了。”

“放心吧，你不说我也会了解的。”东叔合上笔记本，声音铿锵有力。

众人走后，超哥坐回桌边，“希望管输情况不要更糟，”他心里默默念道。

两个小时后，李翔带着更新的进销存报表走进超哥办公室。

“最终确认，江州炼厂装置故障预计3天后修好。结合炼厂资源进库情况，在和首站油库、调控中心对接后，决定调减本批次管输量，通过挖库等措施优化方案，管输时间仅推迟一天半。这是我结合各库的可发库存、在途库存、保供天数，更新的进库方案。”李翔语速太快，一下子结巴了。

“瞧你激动的，我看看。”超哥撇了他一眼，认真的端详着报表。

“可以，盯紧管输安排，做好沟通对接，如果后续资源能跟上，下载库水路进库控制在合理水平，毕竟管输方式降费最优。后面你和赵丽结合国庆节期间的汽油消费增量，接着这张表做一个国庆节期间的进销存平衡，有问题提前预判及时解决，确保国庆节期间市场供应充足。”

“好的。坚决保证我们江南省石油公司不出现市场脱销事故。”李翔不由自主的双腿并拢，两手垂直。

“稍息，向后转！去吧。”超哥反应很快。

李翔不好意思地笑了笑，摸着头出门了。

超哥拿起红笔，在几个关键数字上圈了圈，走向了王总办公室。

笔记三十九

1. 在途库存定义

在途库存是尚未到达目的地、正处于运输状态或等待运输状态而储备在运输工具中的库存。

2. 保供时间的确定

$$保供天数=\frac{可发库存+在途库存}{日出库量}$$

3. 油库的进销存动态平衡

油库的进销存动态平衡是成品油经营销售工作重要环节和监控手段，而进销存动态平衡表就是日常工作的重要工具，通过对每天的进货(包含配置、外采、串换等多种属性资源)、销售(根据昨日的实际出库数量)、库存(进货减去出库剔除铺底后的可发库存)，从而动态平衡分油库、分区域、分油品的保供天数，为企业进行合理的资源补库提供科学的决策依据。

思考题

1. 如何更好地利用在途库存？
2. 发生应急保供时，除了进销存报表，还有哪些指导依据？
3. 面临市场紧急保供时的应急资源补库方法有哪些？
4. 如何准确有效地制订市场应急保供方案？
5. 制订市场保供方案应该考虑哪些要素？

第二节 管道故障

本节目标：

1. 了解造成管道漏油的因素，以及管道漏油对成品油经营活动的危害。
2. 帮助管理人员做好管道漏油事故后的应急保供等工作。

故事

保命的管线

吃完早餐，李翔打开电脑，一如往常打开进销存报表，检查运行情况是否正常，这是他每天上班的第一件事，也是他美好一天的开端。

“现在天气逐渐热起来了，汽油消费逐渐回升，这两天管线沿线汽油出库量已经有反应了，翔子，你下一个批次汽油输送要开始加量了，我这个月可是要打销量翻身仗的。”赵丽看着序日销量表，喜悦之情溢于言表，声音也特别清脆悦耳。

“现在的外采价格也走的很快，昨天1笔谈好的汽油供应商突然跳价，搞的措手不及。”周强的语气中还带着昨日的气愤。

“放心吧，我老早想到了，只要管道不出事，我绝对满足你所有要求！”想到炼厂生产正常，首站库存充足，李翔的回答也是掷地有声。

“铃铃铃”话音刚落，李翔桌上的电话响了。

“喂，你好！……你说什么？你确定？”只见李翔猛地跳了起来，声音分贝大的吓人，办公室所有人都惊愕地看向他。

“你们这弄的？那什么时候能修好？……什么？预计一个半月。你们这真是唯恐天下不乱啊！”办公室众人都互相望了望，默契地点点头：不好，出事了！

“好好，知道了，我马上向超哥汇报，有什么最新的消息请第一时间通知我。”李翔匆忙地挂掉电话，“发生了打孔盗油，管输后面输不起来了。”一边说一边奔向门外。

“完蛋！”赵丽先前的喜悦荡然无存，瞬间乌云密布。

“呵呵，这真是一个‘超级豪华大礼包’，还好现在是停输状态。”周强无奈的撅噘嘴，“我精心准备的休假计划又要泡汤了。”

“周强，赶紧把外采资源整理一下，一会开会。”边上的东叔提醒到。

“对对对！”周强连连应声，立即拿起电话。众人也都迅速转过神来，进入战斗状态……

这边李翔已经把情况向超哥做了汇报，两人正在做应急方案讨论。

“马上启动应急处理方案，江南炼厂的资源后续不要再进首站了，立刻给管道沿线地市安排铁路和水路补库，你和铁路部门打声招呼，立即筹措车皮，通知相关岗位立即铁路请车。弄好后马上叫东叔、周强、赵丽过来开会，我马上向王总汇报。”说完两人先后出门。

到了王总办公室门外，超哥敲了敲门。

“请进。”王总的语气略显急促，超哥走进来见王总刚放下电话。

“管线发生打孔盗油了？”王总单刀直入，主动发问。

“是的，我就是来跟你汇报这件事。”超哥迟疑了半秒，立马答道。”早上接到管道储运公司电话，长输管线榕城市段发生打孔盗油，现在漏油段两端阀门已经关闭，相关单位正在现场处置。由于该段管线埋深较深，在地下 10 米，且是定向穿越段，挖掘和修补起来难度较大，他们初步预计施工周期要一个半月。”超哥也顾不上做了，站着一口气做了简单汇报。

“刚才管道储运处还有安全处已经给我打过电话，现场抢修的事他们已经奔赴一线处理了，现在主要就是市场保供问题，你这边要立即召集各方商讨市场保供预案，重新摆布资源，启动管道沿线省市的铁路、水路和公路补库，尤其是铁路运输周期长，要立即开始请车。”突发紧急情况，王总的布置干脆利落。

“嗯，铁路我们已经开始请车了，上来之前我们已经让他们做会议准备，一会儿我们就要召开紧急会议。”超哥一边回答，一边看了下李翔发来的请车信息。

“很好。”毕竟是自己多年培养出来的，处理事情越来越娴熟了，王总心里暗暗高兴，但是脸上依旧严肃，想想还是得提个醒：“赶紧去吧，记住要大格局资源统筹，注意管网联动。一定要确保市场供应稳定！”

“好的，王总，那我先去忙了。”超哥连声答道，快步走出王总办公室，脑中开始飞速运转管网联动那句话。

刚进自己办公室，李翔等人都已经屏气凝神，处于整装待发的态势了。

“这次突发事件，已经跟王总汇报过了，一个目标，一定要保证市场的稳定供应。”刚坐下来，超哥就把目标要求亮出来，这是会议的基调。

“谁先说？”超哥看了看大家，拿出笔记本。

“我先说说吧。”说着李翔递上一张管线沿线库的库存分析表。”这是最新的分油库的库存报供表，按照目前库存及出库量推算，榕城、江城、泉城三地柴油保供天数基本差不多，都在7天左右，汽油保供就有差异了，分别是3天、2天和5天，由于江城不能水路进库，但是汽油消费量大，而且外采还进不去，所有江城的汽油要加大铁路发运力度，不然铁路发运根本来不及。榕城和泉城都是可以水路补库的，我已经把相关航线的所有上线运力梳理一遍，通知各家承运商运力全部回归我司市场保供。"

"这两天有多少运力可以抵港?"超哥看完报表，抬头问李翔。

"现在我们都是管输，上线船舶基本都在执行外面的计划，船做不到一时全部回来，目前梳理下来今明两天只有2条船抵港，但是4天后能到一半，后续也将陆续回来。"李强继续汇报。

"外采方面呢?"超哥目光移到周强的身上。

"外采最新梳理下来，目前抵港我们只有一条0.5万吨的汽油船，因为有个指标略微超标还没卸，正在二次化验，还有一条0.4万吨的在途；柴油方面只有一条0.4万吨今天在装。"周强迅速补充道。

"但是还有一个比较棘手的问题，现在已经是夏天高温作业，江南炼厂发油有时间限制，柴油还好一点，就上午10点至下午2点左右不能发运，汽油就严格了，基本都是傍晚至早晨才能发运，差不多也就半天的时间，最多也就装出两条船，满足不了两地的需求啊。"李强说完，露出愁容。

"这两天没船，外采不够，船到了又没时间装。"超哥皱着眉头，默默念道。手上的笔轻敲着笔记本。稍微缓了一会，超哥抬起头。

"这样，关于榕城和泉城的保供我们两条腿走路，周强你继续盯着在化验的外采船，指标一旦合格立即通知改卸榕城市的油库，至于汽油发油时间限制的问题，我们可以从江州炼厂也安排水运发榕城和泉城两地，由于江州炼厂到榕城和泉城无配置计划，可以安排和江南炼厂的串换，将江南炼厂的资源安排从首站库下水调省外，这样江州炼厂的资源就可以留下来给榕城和泉城了。"

周强、李翔欣喜地点了点头，这样榕城和泉城市场保供就没有问题了。

"接下来就是江城的保供问题，铁路上联系下来怎么样?"超哥喝了口水，一上午没喝水嗓子都冒烟了。

"铁路已经联系请车了，明天第一批就能发出，但是由于我们现在管输比例大，铁路发运极少，区内铁路罐车基本都调出局了，现有的罐车不多，明天只能发出11车，和铁路部门联系，由于现在联系的少，他们态度不是很积极，说是由于要从外局调入，他们说最快要一个星期才能达到40车/天的水平。"说完李翔放下笔记本，看了看超哥。

"东叔，这就要靠您了。"超哥微笑着看向东叔，说道。

"这帮家伙，回头好好找他们说道说道当年荣辱与共的日子。"东叔抖了抖衣服，眼光里写满了故事。

"那就有劳东叔了。关于榕城的保供，除了铁路，其实还有一条路，不知道你们考虑过没有？"超哥看了看众人。

大家互相看了看，没人接话。

"江城的管输是双向的，既可以从我们现有抢修管道输送，也可以从另外一条管道输送，只是由于资源的递推关系，我们很少开展反输业务。但特殊情况下并不是不能输送，毕竟相比铁路，管输成本优势更大。"

李翔一拍大腿。"对呀，我倒忘了这茬。会后我马上联系，结合管输批次安排，仔细测算铁路发运补库数量，争取做到铁路发运科学合理，将物流费用控制在最科学的水平。"

"对的，我们不仅要做到管道出现问题的情况下，确保市场供应的平稳，而且要做到物流运行调整的最优，将物流增费控制在科学合理的水平，做到全面的统筹优化创效。会后，大家按照我们刚讨论的原则方法尽快整理拿出一个全面的市场保供运行方案。"超哥这几句话讲得激情四射，面对这样一个团队，他还是满意的。

下午上班的时候，李翔传来好消息，那船外采油再次化验合格了。开完会回来，超哥也看到桌上放着的保供运行方案，他长舒一口气，一边看一遍点头，偶尔提笔改改。

临下班的时候，超哥拿着修改好的方案走进王总办公室。

笔记四十

1. 管道漏油

1）管道漏油的定义

管道漏油是指成品油管道出现破损引起油品从管道泄漏。成品油管道漏油不仅会造成环境污染，带来巨大经济损失，严重的还会引起重大安全事故。

2）管道漏油的诱因

引发成品油管道漏油除了管道自身腐蚀等非人为破损外，还有诸如第三方施工、打孔盗油等人为引发的管道漏油事故，因其具有易燃易爆等属性，往往人为造成的管道漏油造成的危害更大，后果更严重。

2. 管道漏油后的保供思路

1）其他方式替代

当管线因故停输、进行检修作业时，根据管线附近油库的硬件接卸条件，采用铁路、水路、公路运输方式进行替代，同时加大库库、库站之间的转运能力，以保证市场油品供应。

2）寻求其他资源

在炼厂资源因管线故障出厂效率明显降低的情况下，可通过提前平衡外采资源计划，加大外采资源的发运力度。

3. 外管道漏油后的现场处置方案

（1）第一发现人应立即向相关部门报告，并联系人员立即关闭泄漏点上、下游线路截断阀，同时采取临时措施减缓油品扩散，在应急抢险专业人员到达现场前做好现场的安全警戒，及时疏散人员及车辆，保证消防通道畅通，禁止无关人员和车辆进入。

（2）输油站在接到险情报告后，应立即集合专业应急队伍，尽快到达漏油现场，同时要向消防、医疗等单位请求支援。

（3）到达现场的人员应用黄沙对泄漏油品进行围堵；用器皿或吸油毡回收泄漏油品；用回收泵将积聚在低洼处的泄漏油进行回收至废油桶；并清理现场油污、工具，检查是否有油料进一步扩散，确认周边水体、土壤等自然环境是否受到污染，并采取相应措施最大程度减小对环境的污染。

（4）抢维修人员现场对漏点进行抢修。

（5）处置完毕后应对现场进行检查，确认维修效果，保证险情已被排出。

（6）清理恢复现场。

思考题

1. 如何更加有效地对成品油管道开展保护，避免出现管道漏油的情况？

2. 成品油管道泄漏后，应采取怎样的措施才能尽可能地在保证安全的情况下，减少漏油损失？

3. 成品油管道泄漏后，如何准确高效地制订市场应急保供方案？

4. 针对管输高比例的运行方式，如何更好地规避管输造成的运输风险？

5. 在现在大力发展管输的时候，是否该保留水路、铁路等传统的运输通道，维持一定运力规模？

第三节　恶劣天气

本节目标：

1. 了解台风等恶劣天气对成品油生产经营活动的危害。

2. 帮助管理人员做好台风等恶劣天气下的保畅保供工作。

故事

风　斗

“这下热闹了，东海 2 个，南海 2 个，这是要从海上包围我们啊！”看着台风网上的四条风柱，李翔满脸无奈的自嘲。

“感觉像是四大龙王出海巡视啊。”周强接过了腔。

“可别互相打架，缠斗在一起。”赵丽看的是手机 APP，图缩小后全在一起了。

“缠斗不怕，就怕他们强强联合，变成一个超强台风，那就歇菜了。”周强神补了一句。

李翔用鼠标将登陆预测时间放大。“目前最强的这个预计 4 天后将正面登陆我省啊，不知道会不会突然 90 度大转向呢……”随后脸上露出无奈的神情。

这时候电话铃响了。

“李翔，通知大家下午 1 点召开保畅保供会议。”超哥指令简单明了，说完就挂了。

李翔挂了电话，清了清嗓子。“下午 1 点，召开防台保畅保供会议”，声音洪亮而清脆。

顿时，整个办公室迅速回到忙碌状态。

下午 1 点，超哥不大的办公室里，众人济济一堂，将沙发坐的满满的，看人到齐了，他将椅子往前凑了凑。

“按照台风路径，今年第 17 号强台风将会在我省或者我省临近地区正面登陆，按照现在的发展趋势，可能后面会发展为超强台风，那么这个破坏力就很大了，公司王总也很重视，一再叮嘱我们要做好相关预案，不要打无准备之仗。”

照例，超哥将会议背景和目的先说了，他喝了口水，嘴角露出一丝微笑，缓了缓，问到：“大家都准备得咋样了？”

“台风预案每年都有，我们也一直做，思路方法都很成熟，其实都不用准备，大家一直都按照防台的原则在开展物流的优化运行。”李翔快人快语，觉得超哥好像过于担心，抢先说道。

“是吗？”超哥故意拖长音调，“那你是早有准备咯？既然如此，那这个防台保畅保供的预案就由你来完成吧！”

“要特别注意的是这次的台风是正面登陆，破坏力将会很大，搞不好会破坏我们炼厂、首站油库的生产储运设施，以及电力、交通等，所以这次的预案要比以往更加完善，想得更加周到。”超哥收起笑容，向大家说道。

这次确实不同以往，不能让他掉以轻心，他继续说道：“李翔，你先说说吧。”

“好的，”李翔接过话茬，“首先涉及到的我区内江南炼厂，按照台风影响前后4天水路码头封港为基准，我们制作了炼厂的汽柴油产运存序日预测表。”说着将表给超哥递上一张。

“按照我们推算，汽油长短管线输送完库存就稳定在合理水平，不用下水发水路；柴油今日安排一条2万吨的大船装运泉城，装完以后进行短管线输送和长输管线备油，也不会出现库存高峰；航煤方面不是我们配送，但是我们也已经和炼厂沟通联系过了，中航油相关流向的水路运力也会跟上，这次台风期间，江南炼厂的汽煤柴均不会堵库，将会保持生产平稳。”

“嗯，要提醒我们的相关上线承运商，让船舶就近避风，尤其是重载船舶，不要出现什么事故。”超哥叮嘱道。

“我们省的市场保供情况呢？有油库需要提前补库吗？”超哥问完抬起头，防台不仅要生产企业保畅，也要销售企业保供。

“由于台风影响时间一般不会很长，对油库加油站的持续影响最多2~3天，所以保供方面影响也不是很大。”说着李翔又递上一张表。“这是我们最新的产运存报表，根据数据反映，我们省内低于2天保供天数的就榕城市油库，昨天已经在安排水路补库，确保台风期间库存稳定在3天以上。其余的都基本正常，资源上我们应该说准备都很充分。”

“嗯，很好，准备很充分。但是啊，考虑到这次台风的破坏力，可能台风过境后交通不能立马恢复，所以市场保供要按照计划再富余一天安排，毕竟如果真的造成了灾害，我们要保证灾后的用油充足。”超哥向李翔投去赞许的目光，也提出了补充。

“嗯，好的。这一次确实忽略了正面登陆破坏性大这一特点。”李翔满怀佩服地应声道。

稍微顿了顿，超哥继续说道：”虽然台风我们见的很多，防台的物流运行我们也很有经验，但是大家千万不要松懈大意，这次的超强台风正面登陆，我们不仅要保畅保供，还要保安全，大家要和外采商、承运商、油库、加油站做好充分的沟通协调，台风期间加强生产安全措施，提前避风，一旦发生灾害影响物流运行，要第一时间上报，及时启动应急预案，这次大家要高度警惕！”

“好的。”大家的回答很响亮，起身准备离去。

“我还没说完。”超哥连忙说。

众人纷纷回到座位坐好，等候指示。

“会后，周强你抓紧给各承运商拟一个台风期间进一步加强安全生产工作的文，提出我们的要求。我们争取今天发出去。还有，李翔，你回去按照我们的会议要求，重新整理一下，下班前把方案交给我。”

通过众人周密的安排，这次台风有惊无险，再次平安度过。

笔记四十一

1. 台风

1）台风的定义

台风是指发生在热带海洋面上具有暖中心结构的强烈气旋性涡旋（热带气旋），就是在大气中绕着自己的中心高速旋转，并向前移动的空气涡旋，在北半球作逆时针旋转，在南半球作顺时针旋转。台风是发生在热带海洋面上的、具有暖流中心结构的、风速在32.6m/s以上的强烈的热带气旋。这种热带气旋在中国及东南亚地区称“台风”，美国及大西洋地区称“飓风”，印度及孟加拉湾地区称“热带风暴”。世界气象组织定义：中心持续风速在12~13级（即32.7~41.4m/s）的热带气旋为台风或飓风。北太平洋西部（赤道以北，国际日期线以西，东经100度以东）地区通常称其为台风，而北大西洋及东太平洋地区则普遍称之为飓风。每年的夏秋季节，我国毗邻的西北太平洋上会生成不少名为台风的猛烈风暴，有的消散于海上，有的则登上陆地，带来狂风暴雨，是自然灾害的一种。

2）造成台风灾害的主要因素

大风是伴随台风的主要天气，也是造成台风拔树倒屋的主要原因，因此必定是台风灾害的重要成因之一。降水是与台风伴随的另一主要天气，同时也是引发渍涝和山洪暴发从而形成灾害的主要原因，因此必定是造成台风灾害的重要成因之一。我国南方的主汛期发生在台风季节，江河水位普遍较高，台风带来的暴雨使江河水位猛涨，常常造成洪水泛滥，淹没农田村庄，冲毁道路桥梁，而且还可能引发泥石流、滑坡等多种次生灾害，造成巨大损失。风暴潮也是引起灾害的重要因素。

3）台风对成品油运行的危害

台风等恶劣天气往往体现在强破坏性，除了给生产储运设施带来破坏外，还会阻碍中断正常成品油物流运行，如果不提前预判制订相关方案，极易造成炼厂堵库和影响市场的稳定供应甚至脱销。

4）保畅保供保安全

针对台风等恶劣天气对成品油物流运行的影响，我们的防台预案目标是保畅保供保安全，要保证生产企业不堵库，生产后路畅通，保证市场供应不因台风而脱销，保证台风期间不出现安全环保人身事故。

5）台风天气航行的应对措施

首先密切关注台风的信息，包括移动速度和路径与本船的关系，提早跟踪或获取岸基支持，尽早避离台风。一旦被迫遭受台风袭击时，为避免卷入台风中心，船长及船员必须沉着应对，采取措施减少危险和损失。在遭受台风袭击时船舶操作应注意，在右半圆，应使左舷首受风，全速航行，航行困难时，则使右舷首受风，减速滞航漂浮；在左半圆或台风进路上，应使左舷尾受风顺风航行，顺风航行困难时，则使左舷首或右舷尾受风滞航（南半球相反）。注意船舶摇摆周期，调整航向、航速，勿使摇摆周期和波浪遭遇周期相一致，防止谐摇（尤其在横浪中航行），同时还应避免船首和大浪发生正面撞击。在大风浪中掉头操作十分危险，如为形势所迫必须掉头，应考虑本船稳性，趁风浪相对较弱间隙，慎用车舵，尽快转调。当船体产生左（右）倾斜时，应避免向倾斜的高舷一侧大舵角转向，以免加剧倾斜，并立即检查水密门窗关闭情况，尽量使船首迎风浪，然后设法将船体调平。为避离台风中心而顺风航行时，应考虑到风浪、视线、船体摇摆、稳性恶化、航速较快等情况。因此，在接近岸边、岛屿或滩险的海域，特别是夜间更应提高警惕，谨慎驾驶，必要时可顶风滞航，以防发生事故。

2. 常见天气灾害及应对措施

面对恶劣天气首先要从心理上做好准备，要稳定好船员情绪；其次要提前分析气象条件，除了每天接受常规天气预报以外，还要通过气象传真机接收地面天气分析图、地面天气预报图，高空天气分析、高空天气预报图等；最后将收集到的所有天气信息进行总结，分析并做出合理的船舶航行计划。

1）冷空气

首先，做好船舶设备的防冻工作，尤其是甲板上的油、水管路。油轮需特别注意货油管、加温管、洗舱管等的防冻工作。其次做好甲板主要通道的防滑措施。应将主要通道的冰雪铲除扫清，撒黄沙或加铺草垫以防人员滑跌，并安装安全扶手绳，确保人员行走安全。再者注意机舱主辅机冷却水吸水滤器的防冻工作，采取相应措施，防止吸入碎冰造成冷却水管堵塞，致使主辅机停止，造成船舶失控。在寒潮大风中船舶操纵应特别注意，首先对天气预报进行分析，并结合本船的船舶结构和载货情况，必要时可采取避风措施。随风飘扬的海水在甲板上会不断冻结，造成船舶载重增加，重心上移，稳性下降，造成危险。船舶应及时调整航速、航向，减少甲板上浪造成严重结冰，或驶往附近港口避风。

2）大风浪

大风浪的航行条件对于船舶的航行安全有着很大的威胁，了解大风浪对船舶安全的影响，并掌握合理的应对措施显得格外重要。在进入大风浪区域以前，要检查船舶的水密工作，尤其对甲板上的开口设施的水密情况进行检查，要保证甲板的所有开口部位都被水密密封。要对船上水密门的性能进行检查，关闭时要用专业设备拧紧每个把柄。各个舷窗要关闭并用工具拧紧，锚链管要用水泥封号，防止水灌入其中。要做好船上货物和设施的固定和绑扎工作。船上的锚设备、救生艇筏、装卸货设备等的绑扎要进行加固，其他甲板设备及货物的绑扎也要进行检查并根据情况进行加固。另外要尽量调整船舶压载水，使得船舶保持一定的吃水，同时也要降低自由液面的影响，及时调整不满的压载舱或者其他液舱，从而保证船舶稳性。要适当的降低船速，降低船速不仅能够减轻船舶的拍底情况，而且可以改变船舶的遭遇周期，避开船舶谐摇。在不危及船舶和货物安全的情况下，适当的增加船舶的横摇幅度可以减缓船舶的纵摇，从而降低船舶的拍底和螺旋桨飞车。当风浪进一步增大、进入危险大风浪时，偏迎浪航行也会变得相当困难，这时则适宜降低航速，顶风滞航，使船舶滞留原海区，待恶劣天气过去之后再继续前进。

思考题

1. 如何预防台风等恶劣天气对成品油储运设施的危害？

2. 针对台风等恶劣天气，有哪些措施来保障物流的平稳运行？

3. 船舶在台风中航行需要注意些什么？怎样保证船舶航行安全？

4. 还有哪些天气会对成品油物流配送造成影响？针对不同情况需要采取哪些措施应对？

5. 针对不同地区面临的不同气候环境，我们的应对措施怎样才能做到因地制宜？

第四篇

团队篇

第十五章

团队建设

第一节　团队的内涵

本节目标：

1. 了解团队的意义和价值，认知团队的深刻内涵。
2. 了解优秀团队的特点，并据此强化打造优秀团队所需的能力。

故事

蜕　变

金秋九月的京都郊区某地，中胜集团成品油直分销人员比武竞赛决赛正在进行。比武竞赛是中胜集团分板块、线条选拔优秀人才，促进队伍成长，提升业务技能的一个传统平台。

比赛中的核心项目“油市风云”已经开始了一会儿，江南石油公司目前的成绩中等偏上，但和最前面的差距也不是很大，整体还是胶着状况。

超哥双手抱怀，静静地坐在观众席里，没有像其他领队那样，或是窃窃私语议论着赛况，或是走来走去纠结于成绩，他只是远远地注视着自己的队员，像是在等待着什么。

远处，选手竞赛区。

各个比赛队的成员几乎都在小声议论着虚拟环境里当前面临的市场，以及商量着如何采取决策。江南省的队员在人群中却显得有些另类，4 个队员中有两个人几乎一句话不说，每一“天”(虚拟环境下的一个工作日)开始后，都机器样精准地提供出自己负责的数据，然后就是等待其他两个人商定结果，再根据结果运算自己的数据。坐在中间的两个人交流也很少，每一“天”似乎就说三四句话，有的时候甚至一两句话，每句话也很短，都是很少字的短句，再加上“嗯、好、对”等单字句。

超哥听不见他们说什么，但远远地看着他们的沟通状况却似乎一点也不着急，反而有点甘之若饴。超哥提醒着自己，“不管成绩如何，这个团队有模有样了！”不自觉地，超哥的思绪回到了两个月前。

那是七月份。江城郊区一座培训中心。

前一个月的紧张选拔，挑选出了4位选手，个个都很优秀！韩林，市公司的一个营销部的主任，经验老到，对价格拐点的嗅觉很是灵敏；周强，省公司外采主管，大局观良好，量价平衡总是掌握的很周到；小苏，毕业两年的大学生，目前是客户经理，EXCEL用的炉火纯青；杨娜，一个年轻的女客户经理，细节处理往往有神来之笔。

超哥对4个选手很满意，所以他信心满满，每天上午演练实战模拟的“油市风云”，下午和晚上复习笔试习题，双头并进，他和队员们都感觉良好。但一切都在和京都队对抗的那一次发生了变化。

对抗是超哥倡议进行的。以往都是从省内找些同志来和选手们对抗，基本都是完胜。超哥觉得没有挑战，便找到好朋友京都队的负责同志约战。没想到，约战三天，前两天0∶4的成绩让超哥几欲崩溃。没崩溃的唯一理由，是避免队员们的崩溃。

前两天的比赛结束后，超哥只是给队员鼓劲、加油。第三天第一场结束后，超哥深吸两口气，把自己从愤怒的边缘拉了回来，狠狠地用手搓了搓脸，然后转过身来，对4个茫然无措的队员轻声说道，“再来一次！”

超哥清楚地看到4个队员长出一口气，然后又一次迅速地做好练习前的准备，八道目光整齐地望着他，等着他宣布新一轮练习的开始。那一刻，超哥有些心软，觉得自己可能有些苛刻了，但想了想这几次的练习成绩，咬咬牙又狠起心肠。

30分钟后，超哥再一次搓了搓脸，拿起电话和京都那边的同志沟通了一下，衷心地表达一下自己的敬意，并约定下次演练的时间。

电话挂了之后，超哥看了看4个低垂的脑袋，对四位队员说，“我们复盘，上午的两场对抗全部复盘，一轮轮都回忆一下，当时的所思所想和具体操作，全部重来一次！”

复盘几乎是练习时候的翻版，更准确地说是加强版。一如过去三天的六场比赛，从头到尾讨论的都很热烈，每一个人都把自己的专业特长发挥的淋漓尽致，表达的理由都非常充分，对其他人员的意见批评的也非常中肯、客观，总而言之，就是各说各理，各有道理。实事求是地讲，每个人都很尽心尽力，唯一的问题是，虚拟场景中每一天的决策都千呼万唤始出来，而且往往采取票决制产生决策。

复盘时，超哥并没有像训练时那样，侧耳倾听 4 个人的争论，而是把手机往桌面上一支，将过程录了下来。

复盘后，超哥并没有进行队员想象中的点评，而是宣布训练结束，吃饭。一切下午再说。

午饭后，超哥回到宿舍，并没有进行例行的午休，而是在思考这支队伍后续的训练到底何去何从，毕竟，这是他第一次带队进行技术比武，以往时候，他只是作为一个队员参赛，这次却是以教练的身份参赛，感觉完全不一样。

"4 个人都很优秀，这点毋容置疑。"超哥自语道，用笔在 4 个人的名字后面打了个对勾。然后把 4 个人的名字用一个大圈圈了起来，又打了个叉。"组合起来却没形成合力，问题看来一定出在 4 个人的配合。但症结到底在哪呢？"超哥拿笔的尾端抵着自己的牙齿，陷入了苦苦的思索……

下午一开始，超哥把自己录的视频重新播放一下，然后让 4 个选手发表意见。不出他的意外，4 个人对自己的观点再次进行补充和强调，对不支持自己的观点进行反驳和举证。

超哥默默地听着，一句话没有说。当众人发表完意见后，超哥问，"没有了？"众人点点头。

超哥还是没说话，将视频再次播放了一遍，然后对大家说，"再发表一下意见。"

众人面面相觑，不知说什么好。好半天，周强轻声地试探道，"虽然韩林的操作我认为太激进，但如果数据支撑能准确跟进，其实还是很好的打法。"

超哥站起身，在身前的小黑板上将周强的表述简要记录了下来，也没回座，看着周强，"继续。"

周强深受鼓励，便顺着思路对其他队员的一些做法表示认可。超哥依然每条都做了记录。周强说完，其他成员也依次发言，和周强一样，对其他队员的思路表示肯定。

超哥写了几乎满满一黑板，但似乎意犹未尽，问着大家，"还有没有？"

良久，最年轻的小苏起身说道，"我觉得韩林主任经验很丰富，很多事其实直接就可以定了。我们每个事好像都在讨论，把时间都消耗掉了，最后都不得不仓促下结论，一点不像个团队该有的样子。"

"啪啪啪"，超哥在一旁鼓起掌来，然后在黑板的唯一留白处写下了"团队"

两个字。

超哥走到了4个人的面前，举了举双手，示意4个人彼此互相看了一看。然后问道，“你觉得你的队友优秀吗?”

4个人有些茫然，但都坚定地点了点头。

超哥追击连问，“那为什么一群优秀的人却总是输，甚至连一个个基本的结果都只能是勉勉强强地投票选出来?”

超哥自问自答，“两个原因，明白这两个原因，解决这两个问题，你们无往而不胜!”

“超哥，你说，你说!”年轻的小苏按捺不住了。

“第一是彼此的欣赏和信任。”超哥笑着说，“大家回忆一下我们刚才的复盘。前半段都是为自己的辩护，对别人的批驳，这三天和京都同事的对抗训练中你们也是这样。”说到这，超哥指了指大屏幕上暂停的画面，上面恰好韩林和周强俩人在横眉立目地争论着什么。两人看了之后自嘲地笑了笑，然后又不约而同地伸手握了一下。

超哥接着说，“后半段复盘从周强开始有了变化，都学会去站在对方的角度去想问题，都尝试着去发现对方的优点和长处，这就是欣赏。”

“欣赏是一种基础，信任也是一种基础。我们之前结合大家的专长进行职责分工，每个人都应该对其他人的履职给予充分的信任，而不是质疑以及接踵而来的无休止争论。欣赏和信任，是一个团队存在下去的前提!”

超哥顿了顿，“第二是民主与集中。换句话说团队内要有秩序。刚才说了，无休止的争论深具破坏性，那是不是不争论就好了呢?或是说，做老好人就好了呢?不是这个意思。职责切割清楚，争论的点就会大幅减少，剩下的争论点也可以事先定下原则，如果是条件A就如何如何，如果是条件B就如何如何。”

周强问道，“那如果出现事先预测不到的情景呢?”

超哥笑了笑说，“那就听领导的!”

众人哈哈大笑。

超哥反而没有笑，他严肃地说，“领导其实就是个协调和决策角色，多数事协调下来大家会一致通过，但总有协调不下来的事，这个时候领导的价值就体现出来了，这就是所谓的集中。”

超哥扫视了一下4个人，“所以我决定一下你们这个团队内的秩序。韩林，你是队长，负责最终的拍板。周强，你是副队长，负责向队长提反对意见，同一个问题最多提两次，如果提了两次队长不听，就不要提了，只需记录下来，复盘时候进行检验。小苏、杨娜，你们俩是技术支撑，按职责提供自己的数据表格，在两个队长有大的疏漏时候建言。当然，韩林，你要和每一位队员对接、梳理一下他们的职责和工作产出，看看能否进一步提升效率、优化结果，将可能产生的争论和问题都解决在线下，而不是线上再去讨论这些。”

“是！”4个人异口同声地回答。

超哥的思绪又飘回了决赛现场，因为他看到韩林和周强彼此击了一下掌，他知道，这是俩人打出了一个非常成功的配合，而且他还知道，如果一场比赛两个人能击掌两次，基本就会锁定胜局了。击掌是韩林、周强在那次复盘时握手的一个衍生物，用来彼此激励和提醒，渐渐的就成了队内的标志性动作。

超哥换个坐姿，眼神看了看其他队伍，有的全体在密集沟通，满满都是压抑的声音，有的多数人很茫然，只是队内某一个人在忙忙碌碌。“团队，果然存在着巨大的差异啊！”超哥低声说道。

场外超哥在这边发着感慨，场内韩林和周强突然又一次击掌，年轻的小苏甚至抬起头来，目光搜寻着场外的超哥，找到后，向超哥竖个胜利的手势。

超哥低声念叨着，“这小子，开始显摆了！”但还是回应了个 OK 的手势，然后双手下压，示意队员们安心比赛。

稍晚时间，“油市风云”项目成绩公布，江南省排名第一！综合各项成绩，杨娜获得个人金牌，周强获得个人银牌，江南公司获得团体第二名。

➲笔记四十二

1. 团队的意义和价值

管理大师德鲁克曾说过：“组织(团队)的目的，在于促使平凡的人，做出不平凡的事。”团队有别于群体或是团伙。群体只是一群人的简单聚集，是众多个体的叠加，团伙稍好一些，有眼前的共同利益，能临时性结伙冲击目标，但稳定性、持久性较差，不能发挥良好绩效。团队是由多种角色组成的一个共同体，合理利用每一名成员的知识和技能，协同工作，相互信任，承担责任，解决问题，以期实现共同的目标和业绩。

在当今社会生产和生活中，合作越来越显示出了重要的意义。面对社会分工的日益细化、技术和管理日益复杂化，个人的力量和智慧与团队相比显得十分微不足道，即使是天才，也需要他人的协助。显而易见，团队的意义随着社会分工越来越细致、资源信息越来越繁杂而更加凸显。

团队的意义，或者说其存在的价值，本质上有两点，一是实现质的跨越，通过配合协作、互利互补，实现个体根本无法完成的事情；二是实现量的高效，即效率上的大幅提高，促进生产力的提升。

在现代经济社会里，团队价值在上述两方面都得以充分体现。宏观社会精密细致的分工中，团队价值质的表现非常明显，很少有一个人或少数个体能够独立完成的社会任务或是社会生产。对于单位、组织中的团队而言，团队价值量的体现更为突出，促进任务高成功率、高效率、高效果地完成。

团队还有着一个特别的意义，就是个人和群体的双赢，即团队内的每个人都会随着团队的价值实现而体现自身的价值。个人和团队的关系，就好像一滴水和一盆水的关系，也好像一个足球队员和球队的关系，团队的成功就是个人的成功，失败的团队里没有成功的个人。

2. 优秀团队的特点

对于优秀团队的特点，有很多观点，但各种观点中有一些却是不谋而合地相同。

(1) 必须有强大的凝聚力。构成凝聚力的要素有很多，满足其中的一种或几种就会形成很好的合力。首先是有明确的目标，团队的每个成员可以有不同的目的、不同的性格、不同的思想，但作为一个整体，必须有共同的奋斗目标，或者说理想信念，方向一致才有可能道路一致、步履一致。其次是要有强大的包容性，这种包容不仅包括对成员性格、素养、习惯等的包容，还包括个人爱好、价值取向、利益诉求的包容，越大的公约数，才能形成越大的凝聚力，才能形成越有力的“革命统一战线”。再次是要有相互间的信任，成员之间的相互信任，成员对组织的信任，孔子讲“民无信不立”，说的就是没了信任事情就难以成功，一个充满猜忌、提防的团队离崩散也就不远了。最后是要有融洽的氛围，这种氛围未必一定是多么温馨、柔软，而是必须要有基本的平等、正直、亲善，注重关注情感，让成员能够感受到团队的人性和温度，而不仅仅是机器一样的任务完成。

(2) 必须有良好的沟通力。团队成员间拥有畅通的信息交流，才会使成员的情感得到交流，才能协调成员的行为，既能促进凝聚力的提升，反过来也能将凝聚力转化为良好的执行力。优秀的团队能够进行良好的沟通，成员沟通的障碍越少，团队就越好。优秀的团队成员之间公开且诚实地表达自己的想法，主动沟通，并且尽量了解和接受别人；平庸的团队成员之间主动交流少，有人挑拨关系，有问题互相推诿和埋怨，背后议论别人。有效的沟通离不开下述几个关键词。首先是开诚布公，让对方感受到你真诚的态度，而不是敷衍塞责、心不在焉，否则沟通会适得其反，让人因为你的态度而产生抵触和隔阂。其次是换位思考，换位思考不仅是个技巧，更是一种境界，各执一词的话，沟通就会进入死胡同，但能够站在对方的立场上想问题，能够设身处地地思考对方的感受，就可以更容易地促进彼此的理解，至少能够让折中成为可能。再次是控制情绪，沟通的原因就是因为让彼此接受对方的观点，但当拒绝出现的时候，情感上肯定会出现负面的效应，如果不做好情绪控制，有的时候会让情绪进一步放大，从而冲淡甚至抛弃原来的主题，变成意气用事。最后是讲究技巧，沟通是个技术活，目光、手势、身体姿态、语气、措辞的挑选、时间空间的转换等，都可能对沟通结构产生影响，需要慢慢感受和实践。

(3) 必须有出色的协作力。协作力其实是执行力的升级版，能够在和别人配合时候表现出良好的执行力，协作力必然是出色的，没有人会去拒绝一个协作力突出的伙伴，神一样的队友是每个人的梦想。出色的协作力离不开下面三点。首先是清晰的角色定位，也就是职责的切割和组合，优秀团队的成员必须清楚自己在整个组织架构中的角色定位和分工，明白自己的责任和义务，角色乱了或者说职责模糊了，协作只能是空谈。其次是互补的技能，团队成员要具备为实现共同目标的基本技能，而且这些技能应该是互相衔接配合的，就像一个足球队，都是前锋或是后卫肯定输得一塌糊涂，技能上必须有机组合，才能形成协作出来的战斗力。再有是自身的执行力，这是一切的基础，自身执行力差，自身的本职履责问题频出，那只会成为"猪一样的队友"。

(4) 必须有严格的执纪力。团队中一定要有必要的规矩和纪律，成文的规章制度最好，不成为的规矩习惯也行，前提是一定要有"法"可依，规矩和纪律要树立起来，否则没问题时候还好，有问题时候团队就会陷入窘迫的尴尬。规矩和纪律是保障团队安全和高效的底线、红线、助力线，有了它，才能实现赏罚分明、奖惩有度，才能奖勤罚懒、惩恶扬善，违规的惩罚，守纪的褒奖，这样的团队才能实现长治久安，否则即便这个团队一时表现出强大的战斗力，也很容易成为一现的昙花。

(5) 必须有适宜的领导力。之所以是适宜而不是卓越，是因为适宜才是最匹配的，团队领导的领导力如果太强，远远超出团队成员的基本能力素养，就像大学教授在幼儿园当老师，或是汽车后面挂个小推车，结果往往也会很糟糕。领导力是为确保领导过程的进行或者说领导目标的顺利实现服务的。基于领导过程进行分析，可以认为，领导者必须具备如下领导能力，即领导力五力模型：

(a) 感召力。感召力是最本色的领导能力，领导学理论中最经典的特质论研究的核心主题就是感召力。感召力主要来自于以下 5 个方面：具有坚定的信念和崇高的理想；具有高尚的人格和高度的自信；具有代表一个群体、组织、民族、国家或全人类的伦理价值观和臻于完善的修养；具有超越常人的大智慧和丰富曲折的阅历；不满足于现状，乐于挑战，对所从事的事业充满激情。

(b) 前瞻力。前瞻力从本质上讲是一种着眼未来、预测未来和把握未来的能力。具体分析，前瞻力的形成主要与下述因素有关：领导者和领导团队的领导理念；组织利益相关者的期望；组织的核心能力；组织所在行业的发展规律；组织所处的宏观环境的发展趋势。

(c) 影响力。影响力是领导者积极主动地影响被领导者的能力，主要体现为：领导者对被领导者需求和动机的洞察与把握；领导者与被领导者之间建立的各种正式与非正式的关系；领导者平衡各种利益相关者特别是被领导者利益的行为与结果；领导者与被领导者进行沟通的方式、行为与效果；领导者拥有的各种能够有效影响被领导者的权力。

(d) 决断力。决断力是针对战略实施中的各种问题和突发事件而进行快速和有效决策的能力，主要体现为：掌握和善于利用各种决策理论、决策方法和决策工具；具备快速和准确评价决策收益的能力；具备预见、评估、防范和化解风险的意识与能力；具有实现目标所需要的必不可少的资源；具备把握和利用最佳决策及其实施时机的能力。

(e) 控制力。控制力是领导者有效控制组织的发展方向、战略实施过程和成效的能力，一般是通过下述方式来实现的：确立组织的价值观并使组织的所有成员接受这些价值观；制订规章制度等规范并通过法定力量保证组织成员遵守这些规范；任命和合理使用能够贯彻领导意图的干部来实现组织的分层控制；建立强大的信息力量以求了解和驾驭局势；控制和有效解决各种现实的和潜在的冲突以控制战略实施过程。

五种领导能力对领导者而言非常重要，但这些领导能力并不处于同一层面。在五种领导力中，感召力是最本色的领导能力，一个人如果没有坚定的信念、崇高的使命感、令人肃然起敬的道德修养、充沛的激情、宽厚的知识面、超人的能力和独特的个人形象，他就只能成为一个管理者而不能修炼为一个领导者，因此，感召力是处于顶层的领导能力。但是，一个领导者不能仅仅追求自己成为“完人”，领导者的天职是带领团队或组织实现其使命。这样就要求领导者能够看清组织的发展方向和路径，并能够通过影响被领导者实现团队的目标。就此而言，前瞻力和影响力是感召力的延伸或发展，是处于中间层面的领导能力。同时，领导者不能仅仅指明方向就万事大吉，在实现目标的过程中随时都会出现新的意想不到的危机和挑战，这就要求领导者具备超强的决断力和控制力，在重大危机关头能够果断决策、控制局面、力挽狂澜，也就是说，作为前瞻力和影响力的延伸和发展，决断力和控制力是处于实施层面的领导能力。

思考题

1. 团队和群体的区别是什么？
2. 优秀团队的特点包括什么？
3. 领导五力模型具体指什么？
4. 做好哪些事情会对沟通有所帮助？
5. 作为一名管理者，应从哪些方面考虑和安排，从而能提升团队整体水平？

第二节　规章制度

本节目标：

1. 了解制度对于组织的必要性，以及违反制度可能对组织和个人带来的伤害。

2. 了解如何增强个人修养，提升避免违规违纪的能力水平。

故事

对“王牌”的拒绝

这一阶段，部门内有两个同志被借调到总部，本来人手就不富裕的营销中心更加捉襟见肘，好几个岗位都向超哥建议，能不能向人事部门反映一下，调个人过来补充一下，哪怕一个也好，能帮着大家分担一下，长时间的满负荷运转确实让人受不了。

超哥向人事部门反映了情况，人事部门表示会帮着物色人员。

几天后，一个让所有人吃惊的消息不胫而走——超哥拒绝了人事部门建议引进的销售大咖吕之务。

赵丽听说这个消息之后，脑子里的第一反应是超哥糊涂了！公司里所有人都知道，在成品油直分销的圈子内，竞争对手宏达石油公司的销售副总监吕之务绝对是一号人物。有些人你不服不行，天生就有那种和人打成一片的能力，吕之务就是这样的人。而且性格坚韧，认准的客户牛皮糖一样黏着人家，不达目的不罢休，以往江南公司在和宏达公司的交手当中，没少在其手下吃亏。

午饭后，赵丽和李翔散步的时候，俩人聊起这个事来，意见不谋而合。调运主管李翔也觉得超哥的决定不可思议，而且李翔还爆料说，“据说超哥一口回绝了坚决不要！那可是宏达的销售‘王牌’啊！”

赵丽感叹道，“超哥也太霸气了吧！”

话音未落，就听身后有人说道，“我怎么霸气了？说说看，这事我爱听！”超哥笑咪咪地向两人走来。

赵丽说，“听说你拒绝吕之务的到来，我们有些想不通，正聊着这个事呢。”

超哥一拍额头，“哦，原来如此。我说午饭时候，周围的人看我都怪怪的！看来有必要和同志们解释一下。这样，李翔，你通知部门内同志，下午小会议室集合，开个会，我跟大家说说这里的情况。”

下午两点，小会议室内。

超哥开门见山，“大家说说对我拒绝吕之务的到来有啥看法。”

赵丽不改本色，把自己中午的意见表达出来。李翔在一旁助攻，大倒苦水，诉说部门内如何人员紧张。

超哥赶紧叫停，清了清嗓子，“我和大家解释一下，我为什么不要吕之务。”

“首先我需要强调一下，我知道吕之务的业务能力有多强，对于我们是多大的助力，我和吕之务本人也没有私人恩怨。”

“诸葛亮当年是挥泪斩马谡，我是挥泪拒‘之务’！因为吕之务目前有个硬伤，这个硬伤没解决之前，我坚决不会要他来我们营销中心。”

“什么硬伤？”赵丽问。

超哥没有直接说，而是反问大家，“吕之务近三年的业绩大家都是有所耳闻的，尤其去年更是业绩辉煌，宏达公司不算太大的体量，但吕之务的销售竟然和我们这么大体量公司的销售冠军几乎持平，非常厉害。但大家注意到没有，去年年底宏达公司例行的年度销售能手评比，他却名落孙山！”

“没准人家这几年得奖得腻了，让给别人了。”李翔揣测道。

超哥摇了摇头，自问自答，“因为吕之务去年为了打破自己保持的销售纪录，擅自做主，给一些规模较小的客户以较低价格，惹得一些大客户非常不满。更糟糕的是，他在客户开具增值税发票的时候，把关很是随意，税务机关已经去宏达公司调查了好几次。最要命的是，他还敢私自滞留客户的购油款，并把其他供应商的油串给客户。”

赵丽惊讶地长大了嘴，“真的假的？”

超哥说道，“当然是真的。江南做油的圈子就这么大，只要你用心深入打听一下，肯定就会有所耳闻。”

超哥扫视一下大家，接着说，“没想到是不是？我之所以拒绝他，就是因为这些。对制度说‘NO’的人我对他就说‘NO’！”

听着底下人的议论纷纷，超哥接着说，“西方有个破窗理论，讲的是一栋大楼全是完好的窗户，没有人去毁坏玻璃窗。有一天一块窗户的玻璃被打碎了，但没有及时修补，于是人们就开始不在意这些不再完好无缺的玻璃窗，更多的人开始有意无意地去打破窗户，直至最后，整个楼的玻璃都支离破碎。而我，不想让吕之务成为我们当中的第一个破窗！”

超哥成功地说服大家，但之后不久发生的一件事却让超哥很是恼火。

这次犯错的是榕城公司的客户经理小齐，他挖掘一个终端客户，和客户关系相处得非常融洽，应客户的要求带着客户的购油款回来购油，而且在证照不齐的情况下，软磨硬泡使开票员给客户开了增值税发票。

虽然这次违规没有给企业带来损失，后来证明客户的信息也都是真实的，但超哥还是非常愤怒，直接来到小齐所在的榕城公司营业部，严厉地批评小齐。

看着小齐有点不以为然的表情，超哥心里不禁一紧，觉得很有必要和他好好交流一下思想。

“觉得不是啥原则性问题是不是？”

小齐低着头不说话，用沉默代替回答。

看着小齐苦着的脸，超哥开导到：“小齐，你早晨怎么过来上班的？”

小齐说，“开车啊！”

“车上就你一个人？”

“是啊。怎么了？”

“你为什么不顺道拉一下路边步行的人？当然，我们假设他们都是好人、文明的人！”

“我，我……”小齐不知如何回答，突然间他想到以前超哥说的话，“让合适的人做合适的事！有出租车、网约车、公交车，他们是合适的人，做这些合适的事才恰当。”

超哥微笑着鼓励，“为什么他们合适？”

“因为他们是专业的，被国家制度所认同的从业者，有任何情况，有成熟的体系架构去制约、问责。如果我来做，万一出了问题……”

超哥笑着接过话，“陪人喝酒出了问题都容易担责，别说这个了！”

小齐点了点头，然后说了句心里话，“这些事虽然不该干，但具体在实践中却又是举手之劳，而且有的事不做还容易有‘不讲义气’的嫌疑。到底如何做才能让大家对此更认同呢？”

超哥表情变得很凝重，“首先要有制度，其次更重要的是制度的履行！而履行制度离不开耳濡目染的氛围熏陶，因为人都是健忘的，不经常提点，早晚会被束之高阁，这也是我们每周都组织大家学习规章制度的原因。最后就是狠抓管理，有苗头就严厉制止，就像我之前说的‘破窗理论’一样，不能让第一个破窗出现，真不小心出现了，一定要马上把窗户补好。制度不是废纸，学习不是过场，违规不能姑息，只有这样，人生才能不是儿戏。”

看了看和自己一样变得凝重的小齐，超哥拍了拍他的肩膀，“你还年轻，但这事，无论年轻年老，都任重道远，朝夕不能松懈。”

看着涨红脸的小齐，超哥突然心里一阵畅快，犯错不怕，认识到并改正，明天依然会更好。

笔记四十三

1. 制度的重要性

俗话说“没有规矩，不成方圆”。规矩也就是规章制度，是企业员工应该共同遵守的、用来规范和约束人们思想行为的规范和标准，它保证了良好的秩序，是各项事业成功的重要保证。

制度为员工能力发挥搭建公平的平台。制度是面向全员的一种承诺，一种契约，保证的是大多数人公认并遵循的一个平台，是群体相互配合的基础。制度的确立，不会因为规则、标准的不同，让组织对员工努力的评定产生大的误差，同时还能给员工努力划定标准，让员工有目标、有方向。

制度为员工迅速融入企业提供高效的渠道。按制度办事，能够更快地了解单位的工作流程，了解单位的品格，找到自己的位置，工作更顺畅。

制度为员工规避消极因素施加了有效的保护。从员工品性到外在影响，良好的制度都能予以去纠正，在制度的约束下依法办事，坏人干不了坏事，好人做得更好。

制度为企业经验的传承提供凝练的载体。任何企业在发展过程中都会积累大量的经验，正面的或者负面的，这些经验对组织的促进或是伤害，除了当事人感同身受，如何让后来者趋利避害、不走弯路，有效且稳定的方式就是固化为制度，有了健全、科学的管理制度，企业就能去芜存菁，保持长久的活力。

2. 如何提升制度的执行性

制度的执行离不开两个方面，一个是制度本身，另一个是执行制度的人。因此影响制度执行的因素主要和上述两方面有关。

(1) 制度本身要确保正确。制度本身如果是不正确的、有毛病的，执行起来自然有问题。就像尺子不直，量起东西来自然不准。

(2) 制度要让人有畏惧感。触犯制度一定要对触犯者有惩罚，没有惩罚的制度就没有权威，就会让人无所谓，存在感弱化，可有可无，自然谈不上被执行。

(3) 制度要合情合理。有些制度规定的内容可能是正确的，但在操作细节上可能规定的不接地气，让人无所适从，这样的制度执行起来效果自然不佳。

(4) 在全员范围内进行学习培训。不能不教而诛，要做好宣贯讲解，氛围营造。

(5) 关键人员要带头执行。尤其是中高级管理者要率先垂范，带头执行制度，如有违反制度的关键人员，要一视同仁的处理。

(6) 奖罚分明。执法不严是对制度的直接践踏，必须保证制度执行的严肃性，可以建立相关的问责机制、举报机制来规避执行性差的风险。

(7) 及时对制度进行修正。保证制度的与时俱进，增强制度的时代性。

思考题

1. 什么是制度？
2. 制度能带来什么好处？
3. 制度在企业经验传承上如何发挥作用？
4. 制度有效执行和那些因素有关？
5. 制度为什么要让人有畏惧感？

第三节 培 训

本节目标：

1. 了解培训的目的和意义及对组织的重要作用。
2. 了解成人培训的特点， 搞清其和传统课堂式教学的区别和联系。
3. 掌握高质高效培训的方法。

故事

将培训做到极致

这天的部门会，超哥安排完日常工作，通知一个事情，“总部今年进行专业线条的比武竞赛，江南省公司将组队参战。这次竞赛由上届的老人周强同志担任领队。”

周强有些吃惊，用手指了指自己，“我？”

“对，圆一下你的金牌梦，不过是作为领队！”超哥笑着说。

散会后，周强来到超哥办公室，“超哥，这事一点思想准备都没有，做领队我可实在没有经验啊。”

超哥说，“两年前你做队员也没经验，不还是拿了银牌。没做过领队，但跟着我这领队一起摸爬滚打三个月，总能学到点啥吧。给你三天时间，做个竞赛准备方案出来，然后咱俩再沟通。”

三天后，在小会议室，超哥、周强、赵丽一起讨论着周强起草的方案。

“初步选拔—集训背题—再选拔—集训背题+特训—确定决赛人选—集训背题+特训，这是方案里的主要内容，你有什么特别要说明的吗？”超哥问周强。

周强说，“初步选拔由市公司来负责，每个公司选拔 2 人，然后省公司组织为期一个月的集训，集训内容主要是背题，同时观察队员们的性格和精神状态。一个月后通过笔试进行再选拔，保留 10 名左右的人员，继续集训。接下来一个多月的集训除了背题之外，根据总部竞赛要求，外请专家来进行理论培训，同时进行‘油市风云’(上一次比赛决赛项目油市风云的升级版)的演练。然后通过‘笔试+油市风云’的组合情况，确定决赛人员，接着继续集训，直到决赛，这期间的集训主要是背题和油市风云。”

超哥没有说什么，转头对赵丽说，“上次比武你是全程大管家，对于周强的方案你提提意见。”

赵丽之前已经看过周强的方案，直接把自己的意见说了出来，“整体结构上没有意见，但我有两个问题需要问周强。一是外请专家的理论培训准备采取什么形式？二是一开始你说的集训时候观察队员们的性格和精神状态，这有什么用？”

周强回应道，“先说第一个。理论培训准备聘请高校的教授来进行讲座，因为这次竞赛有一个单元是基本经济理论，所以准备请几位经济学院的老师来进行授课，几位老师分别负责不同领域，正好把这部分竞赛单元涵盖了。”

赵丽追问，“讲座？就是老师在讲台上侃侃而谈，学员在下面听吗？”

周强想了一想，点头说，“基本形式是这样吧，可能老师会充分利用多媒体形式，让课堂氛围更灵活。”

赵丽说，“我查了一下两年前初次集训的名单，当时 30 个人，经济类专业背景的有 12 个，也就是说多数没有此背景。这次比武新增了经济理论单元，如果我们在初次集训时候不对专业背景进行特别举措的话，那么学员们很可能多数还是没有经济类专业背景。对于这些人，通过几场讲座能让知识得到普及吗？”

超哥在一旁仔细地听着，然后看向周强。

周强想了想，点头说，“确实存在这个问题。我是这样看待这个问题的。

一方面经济学理论最终还是要落到知识点乃至题库上，所以针对总部指定教材的准备是必不可少的，这块可以参考其他知识题库的准备，准备好教材，出好题库；另一方面，讲座对于没有相关专业背景的人来讲，其实更多的是抛砖引玉，给学员一个经济学知识的感性认识，然后梳理出经济学的框架结构，让学员更有兴趣、更有效率地去读书，去理解、记忆书中的知识点。”

超哥点了点头，“赵丽的提醒很及时，周强的观点也是对的。尤其是赵丽提到了讲座的形式，要和老师们特别沟通。尽管我们的集训队员年龄上会不是特别大，但毕竟都脱离学校好几年了，心态和履历都和在校时候有很大的变化，如果老师用学堂上课的方式来讲，估计效果会大打折扣。更活泼一些，更贴近社会生活一些，学员们会更感兴趣，接受起来也会更容易。”

“周强，你再回应一下赵丽第二个问题，观察队员们的性格和精神状态有什么用？”

周强说，“我是这样考虑的。这次竞赛的决赛和上届一样，也有着团队项目，因此队员的团队意识和心理素质非常重要。超哥、赵丽，两年前我们集训时候的六连败还历历在目吧。所以我想通过这种方式，对于那些笔试成绩稍差一点的人，如果团队意识、心理素质特别好，那也要选上他，很有可能对团队项目有帮助。”

赵丽在一边建议道，“不仅如此，我觉得不应只是被动地去接受学员出现某种性格特征，而是我们主动干预，引导学员的性格向预期的目标转化。”

周强眼前一亮，“不错！那这样调整大家看行不行。初期集训时候就加入适当的拓展内容，增强学员的团队意识和心理素质。”

超哥微笑着补充，“在后续的特训中此类型的内容更要大比例地增加。而且，周强你要对这类培训的过程和效果做好跟踪记录，如果成效显著，我们以后就加大这方面的培训。有一句话不是说吗，‘性格决定命运！’性格培养必须给予足够的重视。”

“周强，整体竞赛准备方案我没什么意见了。未来的几个月就辛苦你了。今年我们各项工作任务很重，我不能给你配助手了，这次就你自己在前方全权负责吧，有事及时沟通，我尽量挤出时间去看你们。”

“保证完成任务！”周强一个起立，敬个军礼。

一个多月后，当超哥再看到周强时，心里很是感动。这家伙瘦了一圈，而且黑了不少，但精神看上去却很不错。

周强见到超哥，感慨万千，“当初觉得你这个领队天天悠闲的要命，现在才知道，忙碌的时候我是没看到。这领队什么都管，课程安排、老师邀请、日常管理、定期测试、吃喝拉撒什么都管，别的不说，零食我就准备了三大纸壳箱，十多个种类，方便面就有六个口味！”

超哥摆摆手，“这些辛苦都是必须的。学员们状态怎么样？”

周强说，“还不错，准备的比较充分，集体生活过的挺好，尤其几次团队拓展，相互之间亲近了许多。这次要淘汰三分之二，对他们很是残酷，残酷的不是淘汰，而是分别。”

超哥点点头，“淘汰是无奈的，也是必需的。但收获了友情，对以后的工作也是帮助。”

随后通过考试，有十个人进入下一轮集训。

一切都按既定计划进行着，这期间周强增加几项规定动作，比如每天出早操健步走，午饭、晚饭后二十分钟集体桌游，还有每十天一次的EAP讲座，把个小团队弄得好似一家人，凝聚力、执行力极其过硬。当超哥来确定最终参赛选手时甚至发出这样的感慨，“如果决赛让十个人去该有多好！”

确定完人选后，超哥和全部十个人进行座谈，无论入选的还是落选的学员都对这次集中培训表示统一的态度——走心！课程讲授走心，让人兴趣满满；学习氛围走心，让人斗志满满；日常管理走心，让人温馨满满。学员们纷纷表示，没想到离开学校这么多年之后，自己还能在教室里坐这么长时间，消化掉这么多知识，非常的不可思议。

超哥感慨地说道，“大家几个月下来变化太大、太多了！”他逐个伸出手指在数，“一是海量的理论知识背下来，二是全领域的工作内涵串起来，三是结交一群志同道合的兄弟姐妹，四是锤炼自己的意志品质！你们，不虚此行；你们，必将在多年后依然以此为傲、为荣！”

那一天，很多人哭了，那一晚，很多人醉了。

一个月后的总决赛，江南队4位选手获得个人奖牌，其中包括一金、二银、一铜，综合成绩全国团体第一名。

笔记四十四

1. 培训的目的和意义

培训是由组织设计实施的，旨在给其成员提供与当前或未来工作有关的知识、技能，以满足员工和组织当前或未来需要的一系列有计划的、系统性和规划性的活动。

通过培训，可以帮助员工有效地提高其工作绩效，并帮助其对组织的战略目标作出贡献。由于培训注重传授技能和知识，连接员工和业务的需要，实现知识创造和共享，因此于公于私实现共赢，组织的核心竞争力得到直接的增强，人力作为一种资源也体现自身资本属性的保值和增值。

2. 成人培训的特点

了解成人培训的特点，对于培训的组织、设计、实施等有着积极的促进作用，甚至一些有悖于成人特点的培训，往往事倍功半，甚至没有效果。

(1) 成人培训具有功利性特点。成人培训的目的源自于促进自身水平的提升，培训中有用的知识，他们会认真去掌握，培训中没用的知识，他们会走马观花甚至选择性地放弃，因为在他看来这些和他真的没关系。

(2) 成人培训具有经验性特点。儿童对于学习的知识基本都是直接接受的，很少会对知识的本源、始末进行判断和评价。成人有别于儿童，成人由于有较为丰富的知识背景和社会经验，他们会主动地在大脑里去验证、判断所学知识正确与否、效果如何，当然，也会对所学知识进行范围、深度更广的思考和补充。

(3) 成人培训具有自尊性特点。成人不喜欢被视为儿童一样被管理，课上课下需要被成人式的对待，授课过程不仅仅被视为知识的传递，更多地被认为是一种交流和沟通，注重信任与尊重的课堂氛围，喜欢表达自己的观点和见解，渴望得到认可与肯定。

(4) 成人培训具有生理性特点。主要包括两方面，一是成年人普遍记忆力差，对需要死记硬背的东西天然反感；二是专注力不强，持续对固定事物关注时间不长，往往15分钟后就会走神。

3. 确保培训的有效性

企业培训既具有企业的经济属性，也包含成人培训的特点，因此培训的有效性是对培训的一个基本要求。为确保培训的有效，下面4个环节的科学处理是必不可少的。

1) 培训的需求分析

通过科学方法收集多方面的信息，确定员工在知识、技术、能力等方面和组织要求之间的差距，以及用什么方式的培训予以解决。需求分析包括组织分析、任务分析、人员分析。

(1) 组织分析是指企业哪些地方需要培训，以及实施培训的环境和条件如何。

(2) 任务分析是指对具体的业务、部门、岗位等进行分析，找出当前业务层面存在的不足。

(3) 人员分析是指分析员工现有状况和应有状况的差距，找出原因，进而确定哪些人该培训，接受什么样的培训，如何去准备接受培训。

一般来讲，培训需求分析的信息来源主要包括岗位说明书、任职资格要求、绩效情况、对不同层级员工的访谈、现实中的案例分析、调查问卷等。专业的人力资源管理者会从上述信息中总结梳理出清晰的培训需求，并做好相关应对。

2）培训的设计

培训设计是实施有效培训的重要基础和前提，这里所说的培训设计是指某个具体培训项目的设计，而不是广义的、包括中长期培训的设计。培训设计包括培训计划、培训项目设计、后勤支撑设计。

(1) 培训计划包括整个培训项目的目标以及内容构成，包括课程组成、时限、受训对象、讲师、费用预算，培训计划没有统一的模式，但其承接培训需求的结果，并予以纲目性反映所发挥的作用是不可替代的。

(2) 培训项目设计是培训设计的重中之重，包括甄选培训者、开发课程、选择培训方式、获得培训材料、考试或考核等，培训项目设计可以委托培训者进行，但组织方的人力资源管理人员必须全程介入并把关，以求项目和目标的匹配。

(3) 后勤支撑设计是指和培训项目有关的具体日程安排、地点和环境、配套教具和道具、培训通知和住宿安排等。

3）培训的实施

具体的培训实施方式或是技术可以分为很多类，包括培训者对受训者现场的指导、培训者轮岗交流中的学习、教练或是师傅带徒弟、基于网络和视频系统的远程学习、课堂式教学。这里所说的培训实施主要指课堂式教学，包括讲座法、讨论法、视听教学法，以及包括案例学习法、角色扮演法、商业游戏法、头脑风暴法、拓展游戏法等在内的体验式教学。成人培训实施过程中方法往往是符合的，讲座法和体验式教学是主流，且体验式教学越来越受到人们的喜爱和接受。

4）培训的评估

好的培训和影视作品一样，应该是叫好又叫座，即在课堂上受欢迎，又在实际中有效果。通过信息的收集和整理，反映培训对于组织的贡献，体现培训的投资收益，尤其是做出一些定量的分析，这就是培训评估的作用和意义。按评估的内容可以分为三部分。

(1) 对培训活动中的评估，核心是对学员或是培训师的评估，以此来看这次培训项目本身的效果如何。对学员的评估包括判断学员的表现，告诉学员其学习效果，测量出学员的变化，这些评估可以由培训组织者（项目经理或班主任）和培训师进行，可以从课上表现、精神状态、考试（考核）成绩等方面来体现。对培训师的评估包括对其培训方法和教案的优缺点的点评，这些评估可以由培训组织者和学员进行，也可加上学员的直接领导者。

(2) 对学员培训后工作情况的评估，核心是学员自身和工作环境。看看学员是否通过培训满足自身的培训需求，工作绩效是否得到提升，培训中的养成行为是否得到坚持和贯彻，以及是否有制约、限制员工发挥培训效果的环境因素存在及其存在程度。这些评估由培训组织者、学员和学员的直接领导、工作伙伴共同进行。

(3) 对组织的整体评估，即对绩效进行评估，主要观察培训对组织绩效变化的促进、培训本身的成本效益。

目前，对于培训本身的评估做的较多、较完备，但对培训后学员状况的评估、对培训产生的绩效变化的评估较少，应该予以侧重加强。

思考题

1. 培训具有什么作用？
2. 成人培训具有哪些特点？
3. 如何看待培训的功利性？
4. 培训需求分析有什么作用？
5. 要确保培训取得实效，至少要做好哪些方面的准备和处理？

第四节　绩效考核与激励

本节目标：

1. 了解绩效、考核、激励的概念和分别发挥的作用。
2. 了解绩效管理的内容和具体操作。
3. 了解几种主要的考核办法。

故事

一场别致的辩论赛

半年工作会，分组讨论会场，离门口大老远就能听到会议室内传出了热火朝天的讨论声。

听到讨论的这么热烈，王总走了进来。原来是对于年度的绩效考核大家争执不下。

“阿超，你给简单说说大家讨论的情况。”

“我们刚才讨论的其中一个话题，就是直分销线条一线员工的考核问题。一线员工分两类，一类是客户经理，一类是开票员。对于客户经理，我们目前根据上年度的工资总额，拿出20%和客户走访挂钩，80%和销量挂钩，和销量挂钩部分联量计酬，考虑客户新老程度，公司多年的老客户，黏性很大，客户经理对其主要职责是做好服务，所以吨油工资标准核定的较低，对于新客户，由于都是客户经理抢滩登陆、虎口拔牙争取来的客户，给的标准较高。”

“但是，”超哥加重一下语气，“实际执行过程中，发现两个问题。一是由于多年的老客户往往集中在市区或是少数县里，所以负责这些区域的客户经理往往有部分‘低保’可以拿，这样他们在绩效考核时候就更有优势。但大客户就这么几个，不可能雨露均沾，所以就产生矛盾，一些同志耿耿于怀这一点，总觉得理解不了。二是对于20%走访客户情况的考核，有些同志认为难以掌握精准的走访情况，建议取消，但有些同志认为如果不加强这部分过程管理，感觉就给客户经理彻底‘放羊’了，失去了过程的管控。”

“客户经理的就这些问题？”王总问道。

“是的。然后就是开票员。开票员目前的工资主要和两块挂钩，一块是经营量完成，一块是开票的正确率。前者是整个单位直分销的完成率，实行分阶梯对应分值，和工资挂钩；后者依据开票的正确率给予一定幅度的浮动，正确率高的，拿的浮动就高，正确率低的浮动就低。大家对此的观点倒比较一致，都认为应该调整，但怎么调却又没头绪。”

王总笑了，“没头绪你嗓门就那么大，喊得走廊里都能听到？”

超哥有些不好意思，“客户经理考核争执不下，开票员又没有突破口，这不着急吗！”

王总环视一下大家，“那我来说说我的意见。分开来说，先说说客户经理。我觉得刚才大家讨论客户经理时有个问题藏着掖着没有说！”

王总说到这顿了顿，看着大家疑惑的目光继续说道，“除了所谓传统的、老的大客户不能雨露均沾，还有辖区内客户资源的不平衡！”

王总一说完，会议室内的人不约而同地点了点头，随后又有些尴尬。

王总恍如没看到，接着说，“其实这就是不患寡而患不均。这是人之常情，没啥不能说的。这种不平均是必然存在且很难消除的。不过如果大家换个角度，从动态的角度而不是静态的角度来看待这个问题，可能就有思路来解决了。就以那些传统的、老的大客户为例，分两步来解决。”

说到这，王总问超哥，“现在这些老的大客户吨油标准是新客户的多少？”

超哥说，“一般是25%。”

王总说，“第一步，压缩，降到10%，甚至5%。让肥肉不再肥。”

超哥在一旁说，“那服务质量……”

王总一摆手，“质量上一票否决，如果出问题，那就换人维护。要知道，不肥的肉也是肉。尤其这块肉除了单纯能带来一些收入，对于客户经理而言，还是一面金字招牌，跟别的客户一说，某某大企业是我的客户，对于他开拓新市场有着巨大的示范带动效应，他肯定会去百般维护的。”王总喝了一口水，接着说，“第二步就是我刚才说的动态来看，让客户经理适当的轮值，换人来维护这些大客户，半年、一年之后，通过管理者的旁观，以及对客户的访谈，可以准确地得出哪个客户经理更受客户欢迎、效果更好。到那时，胜出者维护，失利者甘心，谁都不会再有抱怨，毕竟客户都不喜欢你。”

超哥一拍脑门，“我明白了。对于不同区域的客户资源，也可以尝试动态的管理，也轮值。比如对于甲县和乙县，A经理和B经理分别维护并轮值，然后根据客户开发情况就可以很好地按照收益最大化的原则进行界定。”

王总笑着说，“是的。大家都试过，彼此都清楚，也就不会说什么。考核的一个前置条件就是公平。轮值就会给客户经理们一个公平，认清自己和别人的公平。”

超哥突然想到什么，有些犹疑，“这种轮值会不会造成客户维护或者开发成本的增加。”

王总点了点头说，“肯定会的。但记住，这还有个衍生品——规避客户私有化的问题，因此这个成本的付出是值得的。”

王总停顿了一下，接着说，“对于客户经理20%那部分，考核对客户的拜访情况，我先不说我的意见，而是给大家讲个故事，然后再说我的观点”

“黑熊和棕熊都喜欢吃蜂蜜，他们都养着同样多的蜜蜂。有一天，他俩决定比赛一下看谁的蜜蜂产蜜最多。”

“黑熊想，蜜的产量决定于蜜蜂每天对花的‘访问量’，于是他设计一套系统，来统计蜜蜂们对花的访问量，在他看来，蜜蜂所接触到的花就是蜜蜂们的工作量。每过完一个月，黑熊就公布蜜蜂们的工作量——对花的访问量，而且还设置了奖项，奖励访问量最高的蜜蜂。如果一个月所有蜜蜂的总访问量高于上个月，那么蜜蜂们会得到不同程度的奖励。”

“棕熊的想法和黑熊不一样，他认为蜜蜂能产多少蜜取决于他们每天带回来多少花蜜，花蜜越多，酿的蜂蜜也就越多。他也设计一套系统，统计每只蜜蜂每天带回的花蜜，并把结果公布，也重奖带回花蜜最高的蜜蜂。如果一个月所有蜜蜂的带回花蜜的总量高于上个月，那么蜜蜂们会得到不同程度的奖励。”

“一年之后，比赛结果出来了。黑熊的业绩不到棕熊的一半。”

“为什么会出现这样的结果呢？”王总在大家深入思考之后继续说，“因为黑熊考核的绩效和最终的绩效没有直接关系，访问了花未必能带回蜂蜜，为了获取更好的绩效还可能明明一次解决的问题故意多次解决！”

“所以，我的意见是——取消这20%的考核，100%全部联量计酬。至于拜访客户这个重要的客户开发维护的过程指标，可以统计、公布、督促，但不和考核挂钩！”

超哥反应很快，在一旁接着说，“我明白了，只要能带回花蜜，哪怕天天留在蜂巢里也无所谓。”

王总也点了点头，“不错，如果两军对垒，只考核出战次数，不考核斩杀首级，那双方都成走马灯了！”

其他参会人员也纷纷表示了赞同。

王总等待大家安静下来之后，接着说，“对于开票员的考核，我也讲个故事来表达我的观点。”

“一个企业的绩效考核会议上，营销部门经理A说：最近的销售不太好，我们有一定的责任，但是主要的责任不在我们，竞争对手纷纷推出新产品，比我们的产品好。所以我们也很不好做，研发部门要认真总结。”

“研发部门经理B说：我们最近推出的新产品是少，但是是因为财务给我们的预算太少了，没钱怎么开发新产品呢？”

“财务部门经理C说：之所以削减了研发预算，是因为公司的采购成本一直在上升，财务没有多少钱了。”

“采购部门经理D说：我们的采购成本是上升20%，为什么你们知道吗？委内瑞拉地震，供应商的矿山坍塌了，导致价格上升。”

“这时，A、B、C三位经理一起说：哦，原来如此，这样说来，我们大家都没有多少责任了，哈哈哈哈。”

“一旁的人力资源经理E说：这样说来，我只能去考核委内瑞拉的地震了！”

和讲上一个故事一样，王总说完后又给大家一段时间消化，然后抛出自己的观点，“开票员就是开票员，他的工资要和KEY指标结合起来，而不能去为别人的‘地震’买单。考核要正本溯源，和岗位职责挂钩起来，开票员的职责其实不仅仅是开票，是后勤服务中极其重要的一环，我建议大家还是好好研究一下开票员职责及其履职现状，从中得到最适合的考核办法。”

赵丽在一旁很是有启发，“我曾经干过开票员，现在想想考核确实和工作脱节了，没和职责扣得那么紧密。”其他人员也纷纷表示赞同。

超哥由于两个问题都被解决，心情大好，在一旁“忽悠”王总，“领导，您的两个故事给我们很深的启发，要不您再来个故事，给我们讲讲到底考核是咋回事。”

王总兴致不错，“我就再跟大家分享一个故事，说说考核和激励的区别。”

“有一个女生，今年26岁，身高166厘米，体重178斤，因为过于肥胖，没有工作，只能在家‘啃老’。”

“有一天，她的闺蜜跟她说‘难道你就想一辈子都这样度过？你不想有工作？不想结婚生子？不想未来有自己的家庭？不想体验完整的人生吗？其实，你的样貌并不难看，只是太胖了，如果你的体重是在110斤左右，你一定会有很多追求者……’”

“闺蜜的话触动到她了，她也明白，父母不可能照顾自己一辈子，所以，她下决心要减肥，给自己定了一个目标，半年内一定要减肥到110斤。于是，她制订了疯狂的减肥计划，并按计划严格执行，虽然有偏离计划的时候，也有放弃减肥的念头，可是想到未来，她咬着牙坚持下来了……”

“半年后，她成功了，减肥到了108斤，她找到了工作，找到了人生的另一半，两年后有了一个可爱的男孩，幸福美满……”

“这只是一个故事，但我想通过这个故事问大家一个问题：‘是什么原因让这个女生减肥成功的？’”

王总自问自答，“是目标110斤吗？答案：NO！”

“大家都知道，让她减肥成功的真正原因是：这个女生她想要有工作、想要嫁人、想要有自己的孩子、想要有家庭、想要体验更完整的人生……”

“这些就是激励，激励是源自内心的驱动力，激励是员工切实想需要的。”

“那什么是考核？考核就是：目标110斤，以及可能衍生出来的每天跑步10公里、仰卧起坐200个等。考核只是一把尺子，让员工知道自己的位置和达成的结果是什么，考核是企业需要的。”

“所以，对于一个管理者，一定要把考核和激励区分开来，同时要有机统一起来，员工和企业的利益才会一致。”

“记住：我们可以有考核指标，但我们不能只有考核思维！”

“没有考核的激励，是虚无并难以实现的；没有激励的考核，是冰冷且难以持久的。”

话音刚落，掌声骤起！

笔记四十五

1. 绩效及其特点

绩效，简单地说就是业绩和成效，是指员工在工作过程中所表现出来的与组织目标相关的并且能够被评价的工作业绩、工作能力和工作态度，其中工作业绩就是指工作结果，工作能力和工作态度是指工作的行为。

绩效具有多因性，即受多种因素共同影响。主要包括4种因素，技能、激励、环境和机会，前两者是主观因素，后两者是客观因素。

绩效具有多维性，即绩效往往体现在多个方面，工作结果、能力和行为都属于绩效范围。

2. 绩效考核及其分类

关于绩效的考评就是绩效考核，是指考评者对照工作目标或绩效标准，采用一定的考核方法，评定员工的工作任务完成情况，员工的工作履职程度和员工的发展情况，并且将上述评定反馈给员工的过程。

绩效考核可分为两类，即判断性绩效考核和成长性绩效考核。

判断性绩效考核是以鉴定和验证员工绩效为目的的绩效考核，它主要强调员工过去取得的工作业绩，强调绩效考核的测量比较，被经常用来控制员工的工作行为。判断性绩效考核的一大特点是将考核结果与工资或其他经济利益联系起来，在判断性绩效评价过程中，符合组织价值观的行为将得到组织的认可和奖励，不符合组织价值观的行为将得到组织的反对和惩罚，这反过来又促使组织价值观得到巩固和加强，从而培育和形成一种以绩效为导向的组织文化。

发展性绩效考核是以提高员工将来的工作绩效为目的的绩效考核，它主要着眼于今后的绩效。发展性绩效考核被经常用来决定员工培训和发展机会，找到排出工作障碍的办法和提出改进未来工作绩效的设想。在这种类型的考核中，考核面谈至关重要，重点放在被考核者的未来发展上，并提供开放和建设性的反馈以创造激励性的环境，从而促使员工个人的发展和终身就业能力的提高。总之，发展性考核强调管理者与员工之间建立一种战略性伙伴关系，在个人发展目标和组织发展目标的互动中实现员工与组织的双赢。

3. 绩效管理

绩效管理是绩效考核的升华。绩效管理是为了更有效地实现组织目标，由专业的绩效管理人员运用人力资源管理的知识、技术和方法与员工一道进行绩效计划、绩效沟通、绩效评价、绩效的诊断与提高，持续改进组织绩效的过程。

(1) 绩效管理的目的是更有效地实现组织预定的目标。绩效管理本身并不是目的，之所以要开展绩效管理是要最大限度地提高组织的管理效率，进而不断提高组织绩效，最终更有效地达到组织预定的目标。

(2) 绩效管理的主体不仅是绩效管理人员，还要包括每一位参与绩效管理的员工。绩效管理由掌握专门知识技能绩效管理者推动，然后落实到员工身上，最终由每一位员工的具体实践操作实现。

(3) 绩效管理的客体是组织绩效。绩效管理围绕如何提高组织绩效这个核心展开，从中所涉及的任何具体措施都是为持续改进组织绩效服务的。

(4) 绩效管理是一个包括多阶段、多项工作的综合过程。绩效管理是一套完整的循环过程，包括制订绩效计划、绩效实施与监控、绩效考核和绩效反馈。

4. 主要的绩效考核方法

1) 目标管理考核法

目标管理考核法又称为 MBO 考核法。目标管理是一个程序化、流程化的管理过程，强调以结果为导向，要求上级与下级协商确定组织目标，然后再分解到部门和个人，并且定期检查目标的完成情况，以目标的完成情况作为考核的依据。

目标管理考核的优点：一是成本较低，操作起来较为简单，减少一些不必要的环节。二是比较公平，由于考核之前员工与管理者达成一个相对客观的标准，增强员工的公平感。三是符合绩效管理的目的，可以强化员工对于达成工作成果的愿望，使员工更好地完成工作任务。

目标管理考核的缺点：一是重结果，轻过程，以结果为导向，缺乏过程的监督，容易导致员工采用不正当途径来达到目标；二是目标定位难以准确，目标太高打击员工积极性，目标太低又脱离目标管理的本意；三是短期效应明显，主要是目标的时效性强，这不利于企业长期目标的达成。

2) 360 度考核法

360 度考核法又被称为全方位考核法，是指从与被考核者发生工作关系的多方主体那里获得被考核者的信息，并以此对被考核者进行全方位、多维度的绩效评估的过程。这里的多方主体，指被考评者的上级、下级、同事及服务对象。

360 度考核法的优点：对于被考核者的上级，考核结果可以与晋升、加薪、奖惩等相结合；有机会与下属更好地沟通，了解下属的需求和想法，发现下属的潜力。对于被考核者的同级，比较了解考核者的真实工作情况，促使同事之间互帮互学，有利于全面提高企业效益。对于被考核者的下级，对上级产生一定程度上的权利制衡效果，帮助上级完善其管理才能。对于被考核者自我，员工心理压力相对较轻，容易调动员工自我管理的积极性。

360 度考核法的缺点：对于被考核者的上级，被考核者心理负担较重，可能存在一定的心理误区，比如近因效应、晕轮效应等。对于被考核者的同级，可能会因为激烈竞争因素，导致事实的扭曲，以及因顾及同事交情、朋友关系等，影响考核结果的客观性。对于被考核者的下级，因考虑上级的反应和态度而不敢反映上级的不足之处，以及由于对上级工作的不了解而产生片面的认识。对于被考核者自我，可能自我评价过高，和别人的评价差距较大。

3）平衡计分卡考核法

平衡计分卡考核法又称 BSC 考核法，是把对企业的评价分为财务、客户、内部运营、学习与发展 4 个维度。它不仅是一个指标评价系统，而且是一个战略管理系统，是企业进行战略执行与监控的有力工具。

财务维度是指企业向股东展示什么，也就是企业的财务状况。客户维度是指客户如何看待企业，如何向客户提供更好的产品和服务，并不断扩大市场份额。内部运营维度是指企业必须擅长什么，也就是企业有别于竞争对手的独特竞争优势。学习与发展维度是指能否创造更多的价值，强调的是企业的可持续发展能力，避免短视行为。

平衡计分卡考核法的优点：始终把战略和远景放在管理的核心地位，使 4 个维度成为一个开放型的闭环，互动互联、浑然一体。

平衡计分卡考核法的缺点：一是这种考核具有战略性，往往是自上到下的，需要得到高层领导的持续关注。二是宣传、培训、沟通力度不够，下属员工往往不理解，难执行。三是技术层面存在绩效考核指标值和其权重确定困难。

4）关键绩效指标考核法

关键绩效指标考核法又称 KPI 考核法，是用来衡量某一职位工作人员工作绩效表现的量化指标，它来自对企业总体战略目标的分解，反映最能有效影响企业价值创造的关键驱动因素。关键指标是可量化的或可行为化的，关键指标的个数应该控制在 5~12 个。关键指标的产生可以用头脑风暴法、鱼骨图分析法、关键成功因素法等确定。

关键绩效指标考核法的优点：一是目标明确，有利于组织目标的实现；二是有利于组织利益与个人利益达成一致。

关键绩效指标考核法的缺点：一是关键指标比较难界定；二是关键指标会使考核者误入机械式的考核方式；三是关键指标并不是针对所有岗位都适用。

5. 激励

激励一词来源于心理学，认为一切行动都是由某种动机引起的，动机是人类的一种精神状态，它对人的行动起激发、推动和加强的作用，因此称之为激励。

而在人力资源管理中，激励是指激发员工的工作动机，也就是说用各种有效的方法(不仅仅是物质)去调动员工的积极性和创造性，使员工努力去完成组织的任务，实现组织的目标。激励包括两种类别：正面激励与负面激励(即约束和惩罚)。激励是个系统工程，包括组织的文化氛围、工作环境、竞争机制、考评机制等多方面。

思考题

1. 什么是绩效？绩效的特点是什么？

2. 什么是考核？考核的分类是什么？

3. 为什么说绩效管理是考核的升华？

4. 主流的集中考核办法是什么？优缺点分别如何？

5. 试想作为一名管理者，如何通过用好激励及其作用，调动员工工作的积极性和创造性？

第十六章 组织与管理

第一节 会议组织

本节目标：

1. 解析会议组织过程中常见的错误。
2. 帮助中层管理者掌握高效组织会议的技巧。

故事

开会是个技术活

时间过得真快，转眼到了七月份，按照惯例，七月上旬要召开全省的年中业务工作会议，对上半年的经营情况进行总结回顾，并明确下半年的主要工作思路。与以往一样，会议由超哥和主管的业务部门组织，全省各个地市公司的业务副总和销售、调运两个业务部门负责人参加。

这一天，按照既定安排，超哥先对上半年经营情况进行通报，接着王总做半年经营工作报告，之后是4家地市公司介绍先进经验。上午的几项议程进行的很顺利，中午吃工作餐的时候，王总示意超哥坐到自己身边，王总对超哥说："阿超，上午我接到电话，要去总部参加一个紧急会议，吃完饭就要走。下午的座谈会，我不能参加了。由你来主持，这是你来江南公司后参加的第一次全省范围的会议，一定要组织好。"

超哥心想，我开过那么多会，每次都顺顺当当的，没出过问题，一个座谈会有什么难的？他对王总道："您就放心吧，这点小事一定办好！"

王总看了看超哥，"阿超，你可别太大意了，开会可是个技术活儿，没你想的那么简单！"

超哥听了心想，嘿！领导是不是有点夸张了，开会怎么还成技术活了？心里这么想，嘴上可没敢说。他答应道："唔！领导，我知道了，保证完成任务。"

吃完饭，他还是把手下几个主管叫到一起，叮嘱他们，在会场的时候多留点心，一起努力把会开好。

下午两点钟，看着参会人员都已经就坐。超哥打开话筒，"同志们，王总临时有急事不能参加下午的座谈会，委托我主持这个会议。大家都知道，现在的经营环境不断恶化，全省以及各个地市公司扩销增效的压力都很大。我想，下午我们就利用半天时间讨论一下当前面临的主要困难和解决思路。我们按照电话表上的顺序，每个地市公司业务老总挨个发言。下面先请榕城公司的刘总谈谈。"

雯雯把一个无线麦克风拿给刘总，刘总清了清嗓子，"因为之前不知道座谈会要讨论什么，让我第一个发言，没有时间准备，那我就把我们公司半年经营工作总结汇报一下。"

刘总摊开自己手上的一份资料就开始读起来，从上半年榕城公司取得经营成绩、存在的问题，当前面临的形势，到下半年打算采取的工作措施，足足用了30多分钟才把一份工作总结读完。

期间，超哥几次想要打断刘总，又怕刘总这个老业务副总面子上过不去，就忍住了。等刘总说完，超哥问榕城公司的两个部门经理还有什么要补充的没有。看到两个人都摇了摇头，超哥道："提醒一下大家，后边再发言，就不要念稿子了，我们就围绕两个主题讨论，一个是当前存在的困难，第二个是解决思路。下面请泉城公司的赵总发言。"

赵总坐在刘总的对面，刘总把麦克风递给旁边的李经理，李经理又递给旁边的钱经理。周强赶忙站起来，拿过麦克风，快步走向赵总，递给了他。

赵总接过麦克风，"那我就按照领导的要求，把泉城公司现在面临的主要困难介绍一下。"赵总是个老业务，说话幽默风趣，喜欢旁征博引，说的每一点问题都绘声绘色，还举几个例子来佐证自己的观点。不知不觉半个小时过去了，他说到第四个问题。"听说我们的老对手中庆江南分公司的考核政策变了，现在和他们协调越来越难了……"话还没说完，江城公司的钱总说，"没错，我那也是，前几天……"赵总的话题引起了各个地市公司的共鸣，你一言我一语的开始吐槽，会议室瞬间沸腾起来。

坐在旁边的东叔提醒超哥赶快控控场。超哥打开麦克风，"看来大家都在和中庆地市公司的协调上遇到困难，下来以后我们和他们省公司沟通一下，会上就不讨论了。赵总，请继续发言。"

赵总说，"好，下面我就说说我们的思……"话还没说完，突然没了声音。

他拍了拍麦克风，“喂”了两声，还是发不出声音。雯雯赶紧跑上前，拿过麦克风，检查了一下，应该是没电了。她赶紧去找工作人员要了电池换上，再把麦克风交给赵总。

就这样，大家按照顺序轮流发言，每个业务副总都讲了很多，间或有本地市公司的部门经理再补充一些，到了6点钟，15个地市公司只进行了10个。

超哥看看表，“各位，我们还有5个地市公司没有发言，大家辛苦一点，我们先去吃饭，吃完饭，7点钟继续开会。”

吃饭的时候，超哥把几个主管叫到一起。超哥道：“大家觉得下午的会开的怎么样?”

“好像有点乱。”赵丽说道。

超哥道：“是啊！之前王总曾和我说‘开会是个技术活儿’，我还没往心里去，现在琢磨一下还真是。我们在这简短来个碰头会，都说说下午开会的时候有什么问题，我们晚上可千万不能再犯了。”

雯雯说：“会场准备的不充分，开会前就应该先检查一下麦克风，准备个备用的就好啦！这个怨我。对不住啦，领导！”

周强说：“我也有问题，打了桌牌，就随意放了。如果按照发言顺序提前摆好，就不用跑来跑去传话筒了！”

超哥说：“不是让大家自我批评，重点是发现问题，以后别再犯就是。当时发会议通知的时候就应该明确一下座谈会讨论的主题，这样大家就能准备的更充分，发言的时候直奔主题，也节省时间。”

李翔说：“会上讨论的主要是销售方面的事，和调运没什么关系，我看那些调运部经理们多数都没认真开会，要么是接打电话安排工作，要么就是低头看手机，注意力早溜号啦!”

赵丽接过话题说：“是啊，这个座谈会调运主管参加意义不大，他们相当于陪会的。再一个，业务副总们和部门经理一起开会，部门经理大部分不会多说，生怕当着自己领导说错话。”

超哥说：“你俩说的很对，如果分成两个组分开讨论，应该能了解到更多情况，效果更好。”

赵丽说：“有的业务副总太能说了，说起来就停不下，要还这样，一会儿开会不得开到后半夜啊!”

超哥说：“嗯，看来得限定个发言时间了。差不多了，雯雯，你再去找个话筒备用。周强，你去把桌牌再摆一下，剩下没发言的地市公司按顺序摆。赵丽，你继续做好会议记录，把各地市公司提的问题和想法记好，会后尽快形成会议纪要，给王总汇报后下发。走，收拾收拾，继续开会!”

返回会场，大家到齐后。超哥打开话筒，“我们继续开会。开始前，我提醒一下，为了节约时间，请后边发言的同志们注意，之前各公司讲过的相同问题就不要再重复了，剩下的5家公司，每家公司发言控制在10分钟之内。下面请林总发言。”

后边的会议进行的很顺利，在8点15分结束。回到家，开了一天会的超哥毫无倦意，他坐在写字桌前，要把今天开会的教训理一理。他打开工作日志，写道“开会真是个技术活儿……”

笔记四十六

1. 开会的主要目的

会议是群体或组织中相互交流意见的一种形式，是企业管理工作中的主要活动之一。它是集思广益、分析问题、研究对策及工作部署的主要方式。管理学家彼得·德鲁克说：“我们之所以开会，是因为要想完成某一项具体工作，单凭一个人的知识和经验不够，需要结合几个人的学识和经验。”在信息急剧膨胀、竞争愈加激烈的商业社会，企业尤其需要通过会议互相合作、分享信息。

一般而言，开会的主要目的有：

(1) 传达公司经营理念并使公司目标协调一致；

(2) 传达决策者的信念；

(3) 集思广益共同解决问题与危机；

(4) 开发具有创新的经营理念；

(5) 检讨、改进缺失并加以完善；

(6) 决策、执行、沟通、协调、监督功能。

2. 会议组织中的常见问题

大量低效的，甚至可以说是无用的会议，不仅造成时间资产和人员成本的浪费。更有甚者，在并未解决任何实际问题的基础上，凭添许多有关会议的文件与总结工作。

(1) 会议前没有明确的讨论主题和重点，大大延长会议时间。

(2) 会议议题繁多，会议过程只议不决。

(3) 没有强制的会议时间，议程把控不到位，造成的拖沓、延迟。

(4) 无关的参与人太多，造成大量的“陪绑”效应。

(5) 参加会议的人员没有提前做准备，导致会议上不能提出有见解的想法，很难得到有效的会议结论。

(6) 会后没有追踪，很多会上形成的决议和计划，大家并没有按此执行，导致反复开会和沟通，工作无法正常推进。

3. 提高会议效率的方法

真正高效的会议，应该从会前、会中、会后三个阶段来进行考虑和管理，每一个环节都影响着整体会议效率。

1) 会前筹备通知

(1) 思考会议的必要性。想要取得想要的结果或者达成既定目标，本次会议非常有必要开。

(2) 明确会议目的。会议目的越具体、越明确，沟通效率越高。

(3) 确定会议的形式和流程。基于会议的目的，选取最适合的方式。如果是激励会，就需要使用和营造能让大家舒适且放松的会议环境；如果是群策群力的沟通讨论会，就需要有适合激发大家想法、便于大家相互交流的会议流程。

(4) 安排会议的议程。一定要在议事日程上注明讨论每项议题的时间限制。如果有项目明显需要花费更多时间，最好为其另外安排会议时间，而不是让这个项目扰乱其他项目的进程。

(5) 确定会议的主持人。好的主持人可以有效控制会议进程，保证大家的积极性和参与度。最重要的是，主持人一定要明确会议的目的，所有会议过程的主持和引导，都要围绕会议目的进行。

(6) 确定出席人员。会议上哪些人必须要参加，不参加的话可以吗？尽量减少会议的参会者，只让那些必要的并且可在会议上做出决策的人参加。

(7) 发送会议通知。将会议的目的和议程发送给出席人员。明确告知每一位参加者需要做的准备工作。

(8) 会场布置、会议相关资料和物品准备。会议相关资料和物品，一定要准备的齐全得当，不要因为缺少某一样物品导致会议过程中出现小小的挫折。

2) 会中议程把控

在会议进行时所有讨论都要紧紧围绕议题展开，当参会人员偏离议题时，会议主持人要及时打断，避免浪费大家不必要的时间，而得不到想要的结论。

在会议进行过程中，要由专人做好完整的会议记录。

会议结束前，一定要得出会议讨论的结果，这也是举办会议的最终目的。没有结果的会议最终只能是浪费彼此的宝贵时间。

3) 会后结论分析

在会议结束后，将会议记录及最终讨论结果编辑成邮件发送给参会人员。

会议发起人要做好会后的追踪工作，确保会议的讨论结果应用到了工作实践中，否则也将达不到会议举办的效果。

思考题

1. 组织会议的目的有哪些？
2. 会议组织中容易出现哪些问题？
3. 你曾经参加的会议中出现过什么问题？是如何解决的？
4. 你认为会议主持人的主要作用是什么？
5. 如果你是一个会议的主持人，你打算如何让会议时间可控？

第二节 时间管理

本节目标：

1. 帮助管理者认识时间管理的重要性，发现自己时间管理的问题所在。
2. 帮助管理者掌握几种常用的有效时间管理方法。

故事

做时间的主人

周五晚上，超哥在江城的几个大学同学约好聚会。打车来到饭店，一看手表，晚了十多分钟，超哥赶忙快步走向包间，推开门。其他同学都已到齐，就等他到了后开席了。

超哥冲大伙歉意的笑笑，“对不起，对不起，公司有一个会走不开，这不刚散，我就赶过来了。”

张罗饭局的老孙嚷嚷，“同学聚会你每次都迟到，大伙儿都等你了，罚酒三杯！”

在笑笑闹闹中，聚会开始了。几个同学之间关系一直都很好，大家在一起无话不说，超哥和他们在一起很放松，认为每次聚会也是一次身心的放松。

坐超哥旁边的阿德，上大学时候就喜欢管理学，选修了第二学位，大学毕业还读了管理学硕士，现在开了一家咨询公司，在业内也小有名气。阿德问超哥，“你这营销总监也干了快半年了，怎么样，以你的能力肯定是风生水起。”

超哥叹了口气，“说实话，工作倒是都上手了，也算顺利。现在我最大的感觉就是太忙了，总觉得时间不够用，乱七八糟事儿太多了，有时候就是疲于应付，恨不得能有三头六臂。”

阿德笑道，“忙点好啊，忙了说明你们效益好，年底奖金可少不了，到时候你可得请顿大的。”

超哥道，“你小子就别拿我寻开心了，正好，我得找你这专家咨询咨询，是不是我工作安排有什么问题，搞得自己这么累！”

阿德回道，“没问题，我每周六上午都上班，明天上午没什么安排，你要有空就去办公室找我。”

超哥忙说，“必须有空啊，上午9点半我去找你。来，先敬你一个！”

第二天，在阿德的办公室。阿德问超哥，“你先和我说说你每天大概的工作内容。”

超哥回答，“我负责我们公司的成品油经营管理工作，简单来说就是整个公司成品油的进、销、调、运、存的组织和管理都由我来负责。这些倒也不在话下，关键是，除了自己负责的工作外，跟其他部门协调占用很多时间，还要参加很多各种各样的会议。”

阿德又问，“你觉得每天干的这些事儿，都是必要的吗，或者都是需要你亲自干的吗？”

超哥道，“对啊，客户来电话要接吧，就我来的路上，一个重要客户来电话问点情况，车轱辘话说了三遍，我只能听着，还不能挂人电话！公司开会要参加吧。唔，让我想想，好像有些不太重要的会其实我可以让别人替我去开。”

阿德笑了笑，问，“你每天对自己的工作有什么规划、安排吗？”

超哥回答，“这个还真没做过什么计划。大概就是见客户、和客户沟通用三分之一的时间，处理负责的这些工作用三分之一的时间，剩下就是开会和协调其他部门了。”

阿德又问超哥一些问题，对他说，“你的情况我大概了解了。其实，现在时间管理的方法有很多，从上大学开始，美国的管理大师彼得·德鲁克就是我的偶像，他有一本书叫《卓有成效的管理者》，里边讲的如果管理时间的内容非常好。我们公司在这个基础上，结合一些经典的时间管理原则，开发一个培训课程，非常受欢迎。我就按照这个课程给你一些建议。”

阿德说，“时间是一个人特别是作为管理者来说最宝贵的财富。而你在一个组织中的地位越高，组织对你的时间要求也会更大。因为你现在负责的工作可以说是你们公司的核心，所以你事情多，觉得时间不够用是很正常的。越是这样，其实你越应该管理好自己的时间，提高自己的工作效率。”

看超哥点了点头，阿德继续说，“身为管理者，你总有很多时间耗用在毫无贡献的工作上，大量时间都不可避免的浪费了。表面上看起来，每件事似乎都非办不可，但实际上却毫无意义。比如你说的，参加的一些和你没什么关系的会议。”

阿德喝了口水，“要管理好时间，首先要了解自己是如何使用时间的。第一步就是要把你实际使用时间的情况记录下来，每天记录，坚持记录至少一个月。通过连续记录自己每做一项工作的时间耗用状况，你会发现，你在运用时间方面的实际情况可能并不像你自我感觉的那么良好。”

“第二步就是要对时间进行有序的管理。根据你所做的时间使用情况记录，找出你的哪些活动是浪费时间、不产生效果的，并尽可能将这些活动从时间表上排除出去。其实，就是把你每天所做的工作，分出个轻重缓急。这里就可以使用一个方法，叫‘时间四象限法’。根据工作的重要性和紧迫性两个维度，可以分成四类。第一类，重要且紧急，如客户投诉、领导临时交办的紧急任务之类；第二类，重要不紧急，如制订长远工作规划、员工培训之类；第三类，紧急不重要，如不速之客、临时通知的陪绑会议之类；第四类，不重要不紧急，如客套的闲谈、个人的爱好等。你这么聪明，肯定知道不同类型的工作怎么去安排了？”

超哥若有所思，“嗯，如果按照这个把工作分类，就清楚多啦！重要且紧急的，肯定马上就办，还要办好；紧急不重要的，能交给别人代办的尽量不要自己办；重要不紧急的，就要制订一个工作计划，做好安排；不重要不紧急的，我就当没这回事，直接PASS！”

阿德笑着说，“有点当领导的气魄！”

超哥道，“又取笑我，你说的这些很有道理。但我现在还有一个问题，就是有时候觉得时间不属于自己。计划赶不上变化，做得再好的工作安排，往往被打乱。比如，这段时间我准备给公司做一个区域市场竞争状况报告，上班时间根本干不了，一会一个事，没办法集中精力去思考。只好晚上回家加班。”

阿德说，“这正是我要跟你说的第三步，统一安排可以自由支配的时间。就是要把你能自行支配的零碎时间集中起来，不被打扰，来做重要的事情。至于如何集中，每个人情况不同，各人有各人办法。有的自己当老板的就每周安排一天在家工作，有的就像你一样，每天开夜车。不过这往往造成一种不好的情况，认为可以晚上加班，反倒没有抓紧白天的工作时间。针对你的情况，我建议你，每天集中1~2个小时时间，在这段时间，关上办公室的门，手机屏蔽，除了老板电话谁的都不接。”

超哥点头称是，“这倒是个好办法，现在手机功能这么丰富，完全没问题！”

阿德接着说，“其实，集中自己的时间，如何集中的方法还在其次，重要的是时间如何用法。很多人匀出一段整块时间来，却去集中办理次要的工作。这就违背了‘要事第一和一次只做好一件事原则’。要事第一，让我们将精力集中在重要的事情上，一次只做好一件事，要求我们集中精力一次性的把事情彻底做完，不必在做完之后还要回过头来填补漏洞。说到这儿，你听说过 80/20 法则吧？”

超哥回答，“当然了，搞销售的谁不知道这个，80/20 法则又叫帕累托原则，比如我们 80%的销量是靠 20%的大客户实现的。”

阿德道，“帕累托原则在时间管理上照样适用，我们要把 80%注意力放在 20%的关键事情上。好啦，我要给你的建议基本就是这些。说了这么半天，不收你咨询费，总要请我吃顿午饭吧！”

超哥合上记事本，站起来，“听君一席话，胜读十年书。请你吃饭没问题，回头得请你给我们员工讲讲课，时间管理真是太重要了！话可说好，你得给我打个大折扣！”

阿德笑着给了超哥一拳，“我就知道天下没有免费的午餐，走，我得宰你小子一刀！”

笔记四十七

1. 时间管理

时间管理是指通过实现规划和运用一定的技巧、方法和工具实现对时间的灵活以及有效运用，从而实现个人或组织的既定目标。时间管理并非是对时间这一资源进行管理，而是对管理者自身进行管理，通过提高管理者的时间使用效率，减少浪费。时间管理最重要的功能是通过事先的规划，作出提醒与指引，以有效地运用时间，合理平衡时间需求，提高个人和组织工作效率。

2. 彼得 · 德鲁克的时间管理法

美国管理学者彼得 · 德鲁克认为，有效的时间管理主要是记录自己的时间，以认清时间耗在什么地方；管理自己的时间，设法减少非生产性工作的时间；集中自己的时间，由零星而集中，成为连续性的时间段。

1）记录时间

要使管理工作卓有成效，记录自己的时间耗用情况，并不是一件一劳永逸的事情。如果想切实地把握自己的时间是如何运用的，就要每隔一段时间做一下时间记录。不断更新资料，才能跟得上自己对时间的需求。

2）杜绝浪费时间的因素

首先，必须发现并排除那些根本不需要去做的事情和那些纯粹浪费时间而又不产生效果的事情。

其次，记录上的哪些活动是可以由别人代为参加而又不影响最终效果的。

最后，浪费时间往往发生在管理者可以控制的范围之内，他自己完全能够消除这种浪费现象。他所浪费的时间往往是别人的时间。

3）统一安排可以自由支配的时间

如果能把零星时间合并成大块时间，就是只有四分之一个工作日，也可以完成一件重要的事情，假如这些时间都是零敲碎打的，这里15分钟、那里半小时，就是有四分之三个工作日，也干不成什么事情。所以，管理好时间的最后一条措施就是如何把记录和分析所显示的、通常是属于管理者自己可以支配的时间集中起来，做重要的事情。

4）"要事第一"与"一次只做好一件事"

这是处理事情优先次序的原则与做事情的原则，也是节省时间的方法。卓有成效的管理者总是把重要的事情放在前面先做，一次做好一件事情。做事集中精力，这不但是出于管理者工作性质的需要，也是由人的特点所决定的。其理由是：要做的重要工作非常多，而可做工作的时间却十分有限。集中精力做好一件工作之所以必要，是因为管理者总有许多工作要做。一次做好一件工作，恰恰就是加快工作速度的最佳办法。管理者越是善于集中时间、精力和各种其他资源，那么他就越能完成好各种各样的任务。

3. 时间"四象限"法

（1）著名管理学家科维提出了一个时间管理的理论，把工作按照重要和紧急两个不同的程度进行了划分，基本上可以分为四个"象限"：既紧急又重要、重要但不紧急、紧急但不重要、既不紧急也不重要。这一理论的一个重要观念是应有重点地把主要的精力和时间集中放在处理那些重要但不紧急的工作上，这样可以做到未雨绸缪，防患于未然。

（2）如何区别重要与不重要的事情？一是会影响群体利益的事情为重要的事情；二是上级关注的事情为重要的事情；三是会影响绩效考核的事情为重要的事情；四是对组织和个人而言价值重大的事情为重要事情（重大包括金额和性质两方面）。

（3）重要又急迫的事，立即去做；重要但不紧急的事，有计划重点去做；紧急但不重要的事，尽量少做；不紧急也不重要的事，尽量不做。

4. 帕累托原则

（1）帕累托原则又称做重要的少数、微不足道的多数，或80对20定律、犹太法则等，其核心内容是生活中80%的结果几乎源于20%的活动。该理论是19

世纪末和20世纪初由意大利经济学家及社会学家帕累托提出的，最初是用于经济领域中的决策。

(2) 在时间管理中运用帕累托原则有助于应付大量有待完成的工作。将一大堆需要完成的工作列出优先次序，要把80%注意力放在20%的关键事情上。

5. 帕金森定律

(1) 帕金森定律又称“金字塔上升”现象。帕金森定律表明：只要还有时间，工作就会不断扩展，直到用完所有的时间。换一种说法是：工作总是会拖到最后一刻才会被完成。

(2) 在工作中，工作会自动地膨胀，占满一个人所有可用的时间，如果时间充裕，他就会放慢工作节奏或是增添其他项目以便用掉所有的时间。“你有多少时间完成工作，工作就会自动变成需要那么多时间。”如果你有一整天的时间可以做某项工作，你就会花一天的时间去做它。而如果你只有一小时的时间可以做这项工作，你就会更迅速有效地在一小时内做完它。所以要严格规定每项工作完成期限，并有效执行。

思考题

1. 请简述时间管理的含义。

2. 你在工作中遇到没有大段时间集中精力完成一项复杂工作的时候，是怎么处理的？

3. 请画出时间四象限图，并分别举例。

4. 请简述帕金森定律，并思考在工作中是否存在类似问题。

5. 请结合自己的工作，思考如何管理时间，提高工作效率。

第三节　沟通与协调

本节目标：

1. 帮助管理人员了解什么是沟通，如何克服沟通的障碍，学会布置任务的沟通技巧，避免由于沟通不一致造成重做的风险。

2. 帮助管理人员运用二级反馈的方法来塑造员工行为。

3. 帮助管理人员批评人时运用 BIC 工具。

4. 帮助管理人员了解什么是关键对话，在跨部门沟通等关键对话中关注目标，做双核的对话人，更好的达成共识。

➡故事

不容忽视的小节

近期国际原油价格一路上扬，地炼柴油价格涨得让人无法想象，江南石油公司油价顺势日日上推。

超哥在参加总部经营负责人培训间隙，接到江城经营部主任的电话。“超总，中国船舶燃料有1000吨的0号柴油需求，谈了几天了，从7900元/吨时候的不敢接，到现在8010元/吨也想要了，您看可以吗？”

考虑到原油今早价格变化不大，月末销量也要冲一下，超哥答应了江城公司的请示，叮嘱他们按照流程发价格请示给赵丽。课间休息时间，超哥打电话给赵丽，“江城的1000吨柴油8010元可以，务必当天打款当天开单。”

两个小时后，江城经营部主任的电话又打过来：“超总，中国船舶燃料的1000吨油您快交代一下，要不客户就来不及打款了！”

“已经安排赵丽了，你找一下她！”超哥放下电话有些生气，赵丽怎么执行力这么差了？这么紧急的事情拖拖拉拉的，交代两个多小时居然还没办理，等我培训回去得好好和她沟通一下责任心的问题。

没多会儿，超哥手机上又闪烁起江城经营部主任的名字，“超总，您不同意就直说吧，客户都急了，不行就到中庆公司比咱低50元买了。”

超哥也急了，赶紧给赵丽拨打过去，“为啥江城中国船舶燃料的1000吨柴油价格申请还没给批复？我不是和你说了吗？”

赵丽很奇怪，“超哥，江城中海船舶的1000吨批了啊，还有中国船舶燃料的1000吨？”

“超哥，我以为是上午他们报的中海船舶的1000吨您同意了，我还奇怪为啥中海船舶还不汇款开单？”

“我什么时候同意中海船舶了？”

“似乎您只和我说江城1000吨柴油，没说是中国船舶燃料。”

难道我真的没有说清楚，超哥开始怀疑自己的表达能力了，还想回去好好批评一下赵丽，让她克服拖延症提升责任意识，没想到是自己犯了沟通的错。超哥很感慨，沟通不是你想了就能说明白，说了对方就能听明白，信息传递中出现偏差，尤其经营这么重要的事，怎么电话里一说就完事呢，最起码要对方复述一下，反馈一下，以便检测一下对方收到的信息是否和自己想表达的一致呢。

感慨过后的超哥赶紧安排赵丽办理江城这笔油的审批开单。

超哥培训完回到公司找到赵丽，“为了避免语言沟通中信息的衰减，价格审批这类重要事项我不在公司时咱都用文字沟通，以免说不清楚或听错了造成重大偏差。今后我布置工作时多说一些，别嫌我啰嗦啊，是怕没有效沟通工作时出错。”

赵丽点了点头，“我知道了。”

超哥接着说，“当前咱们部门的重要工作是本季度经营分析会，领导要求提前开，各部门的数据提供相应也得提前三天，你快联系各部门提前提供相应的数据，听明白了吗?”

赵丽说，“听明白了!”

超哥说，“复述一下吧。”

赵丽略感惊讶，超哥这是立行立改啊，“我首先要迅速联系各部门，让他们最迟明天交上数据，之后对经营情况进行分析，并写出下一步工作计划，然后请您审核。”

超哥点点头说：“看来你把步骤都想好了。你觉得这两天在这项工作的过程中会遇到哪些问题或者意外？遇到什么情况需要向我请示或汇报？什么情况下你可以自己做决定?”

赵丽尴尬的笑了笑说：“这么短的时间内我还没有想的那么仔细，如果有问题的话，应该是别的部门不能够按时交数据吧，但是这个问题我能解决。遇到不能解决的问题再找您。”

超哥又问她：“你还有什么更好的做法或建议吗?”

赵丽回答说：“除了统筹安排好时间之外，把总部近期重点工作清单和咱司务会会议纪要一起结合进去，符合上级的工作目标。您看可以吗?”

超哥说：“之前我布置工作任务都只说一下，就让大家去做，出了差错我还挺郁闷。其实这样很影响工作效率，有可能由于沟通上的偏差，做出来的成果可能和我的期待南辕北辙，这个工作又急又重，沟通多花费些时间减少后续失误的可能，避免徒劳无功。”

“是啊，这就是磨刀不误砍柴工。我也听过重做是企业最大的非必要成本，日本企业的管理来自欧美，领导交代工作任务，一般交代五遍，第一遍交代清楚事项，第二遍要求员工复述，第三遍和员工探讨此事项的目的和意义，第四遍做应急预案，第五遍要求员工提出个人见解。超哥您也是呢!”

赵丽转身回到工位，立即和各部门相关人沟通。

电话首先打给零售部门负责此事的张爽。赵丽说：“上次开会布置要求提交的经营数据急着用，12 号你得给我。”

张爽一听有些着急，“怎么这么急呀？不是说好 15 号嘛，你明天就要，这哪来得及呀?”

赵丽很坚决,“不管来得及来不及,提前了,领导必须要。”

张爽抱怨道,“谁没一大堆的事啊?说好15号交了,临时变卦,不可能,绝对不可能。”

赵丽也有些不耐烦了,“你怎么总是推三阻四的!不能及时给领导,你承担的起吗?”

张爽大声说,“哎,你……”

未等他说完,赵丽怒气冲冲地挂断电话:“就这样吧,我明天等你的数据。再见。”

冷静一会儿,赵丽担心不能按时召开会议,赶紧找超哥汇报。她把过程叙述完,气鼓鼓地说:“张爽不配合,加个班整理数据又不耽误什么。这样的人我可搞不定,超哥你给张爽打电话吧!”

超哥问,“你和张爽刚才都不开心吧?”

赵丽有所感悟,点头道,“对,我们两个差点儿吵起来,其实这样做对谁都没有什么益处。”

超哥说,“你说的对,如果不能很好地控制情绪,对谁都不好。说服别人时要做‘双核’的对话人,除了内容之外,还要体会谈话的氛围,如果氛围有问题先要想办法修复它,如果对方情绪出现问题,想办法让对方觉察出来。说话之前,学会在对话前和对话中问自己问题——我希望为自己实现什么目标?我希望为对方实现什么目标?我希望为我们之间的关系实现什么目标?为了实现这些目标应该如何做?这样会好一些。是不是?”

赵丽若有所思地点点头,然后对超哥说,“我还是去她办公室找她,当面沟通可能会好一些!”

超哥竖起大拇指,示意赵丽赶紧去。

赵丽到了张爽办公室,不好意思地说,“张爽,刚才打电话时我的态度不好,特意过来道个歉,对不住了。我理解你的难处,其实我们的共同目标是一样的,都是为公司好。”

赵丽进屋时,张爽本来还怒气冲冲地瞪着她。听了赵丽的话之后,张爽也没那么大火了。“都是为了工作,你也很辛苦,咱们就互相理解吧。”

赵丽笑眯眯的说,“那就辛苦你了!眼下我们最主要的任务是把数据汇总好,有什么问题随时联系我,我来和你一起想办法!”

12号中午张爽就提交了经营的数据。赵丽特别高兴,给张爽专门打个电话,“张爽,数据已收到,非常感谢。你在这么忙碌的时候,还挤时间整理数据,一定是又加班了，辛苦了。”

张爽在电话那边语气也很平和，“不客气。加班到今天凌晨两点，总算统计好数据了。”

赵丽再次连连感谢，“辛苦你了！因为你把数据按时提交，咱们公司才按时完成了上报工作。我也和你的主管领导说了你的付出，真的十分感谢！谢谢！”

笔记四十八

1. 沟通的概念

沟通是为了一个设定的目的，运用语言、文字或一些特定的非语言行为(指外表、脸部表情、肢体动作)，把自己的想法、要求等表达给对方，并且达成共同协议的过程。

沟通是意义的传递和理解。最完美的沟通是想法或思想传递到接受者后，接受者所感知的心理图像与发送者发出的完全一样。要想沟通成功，意义不仅要被传递，还需要理解！

2. 有效沟通的障碍

(1) 选择性知觉。在沟通过程中，接受者会根据自己的需要、动机、经验、背景、其他个人特点，有选择地去看或去听信息；解码的时候，接受者还会把自己的兴趣和期望带进信息之中。

(2) 情绪。不同的情绪感受会使个体对同一信息的解释截然不同。极端的情绪体验，如狂喜或抑郁，都可能阻碍有效的沟通。应该避免在很沮丧的时候做决策，此时无法清楚的思考问题。

(3) 语言。同样的词汇对不同的人来讲含义是不一样的。年龄、教育、文化背景是最明显的因素。

(4) 非言语提示。是信息传递的一种重要方法。非言语沟通几乎总是与口头沟通相伴，如果二者协调一致，则会彼此强化。但当非言语线索与口头信息不一致，不但会使接受者感到迷茫，而且信息的清晰度也会受到影响。

3. 克服沟通障碍的措施

(1) 运用反馈。很多沟通问题是由于误解或信息不准确造成的。为了核实信息是否被接受，可以询问有关该信息的一系列问题，让接受者用自己的话复述信息。

(2) 简化语言。管理者应该选择措辞并组织信息，以使信息清楚明确，易于接受者理解。

(3) 抑制情绪。控制好情绪，减少因情绪失控发生信息误解。

(4) 选择不同的信息通道，比如重大事项采用文字表达而非语言。

(5) 沟通是双向的，布置工作时日本企业的做法值得借鉴。在日本企业中，领导给员工交代工作任务，一般需要交代五遍。

第一遍，交代清楚事项；

第二遍，要求员工复述；

第三遍，和员工探讨此事项的目的；

第四遍，做应急预案；

第五遍，要求员工提出个人见解。

经过这样的复杂流程，可以确保员工充分理解做事的目的和方法，减少后续失误的可能，避免徒劳无功，防止“重做”的风险。而重做是企业最大的非必要成本。和日本人的这种做法恰恰相反，许多管理者的口头禅是“不要让我说第二遍”，这样就会造成员工理解上的偏差，做出来的成果可能与你的期待南辕北辙。这就是领导力高低的区别。

4. 关键对话

1) 关键对话的概念

关键对话有三个特征：

(1) 对话双方的观点有很大差距，如双方意见不合的争执，与不同意见的同事沟通。

(2) 对话事关重大，如难得的面试机会，谈判。

(3) 对话双方情绪激烈，如下属情绪失控，客户生气的投诉。

2) 如何面对关键对话

(1) 打或者逃，我们会逃避关键对话。早就应该解决的问题，我们不愿意提及，或者每次遇到关键对话就避重就轻，甚至假装一切都不要紧，万事太平。也可能会搞砸。因为从原始社会累积下来的基因会让我们在面临紧张状况的时候选择打或者逃，而这两种行动都需要四肢运动，因此你的血液会流向四肢造成脑部缺血。这就是为什么我们经常在关键的时候觉得头脑一片空白。也就是俗称的掉链子。事后你会为自己说不出话来自责，或者为自己不理智的言辞付出代价。

(2) 也有人会处理得很好。他们能够很好地处理关键时刻的对话，既不会伤害到对方，又能够很好地表达自己的观点和诉求。最终常常能够解决问题，达成目标。

3) 关键对话的步骤

分享事实经过、说出你的想法、征询对方观点、做出试探表述、鼓励做出尝试。

5. 塑造行为的二级反馈

反馈可以分为正面反馈和负面反馈。员工做对了事，我们给予表扬和奖励，这是正面反馈；员工出现了失误，我们给予批评和指正，这是负面反馈。无论是正面反馈还是负面反馈，都存在着层级的区分。反馈一般可以分为三级：零级反馈、一级反馈和二级反馈。

零级反馈是指没有能够及时反馈，给出的反馈为零。领导者看到员工的表现，把自己的评价和想法放在心里，没有及时告知员工，这是零级反馈。零级反馈往往会打击员工的积极性。

一级反馈优于零级反馈，因为它给出了反馈。领导者在看到员工的表现后，给出评价，如“小张，干得不错!”“这个想法好!”但是仅有一级反馈还是不够的。

领导者真正需要掌握的是二级反馈。二级反馈是在一级反馈的基础上再进一步，不光要求领导者说出对员工的评价，而且要给出理由。例如：小张干得不错，到底是哪里不错？这个想法好，到底好在哪里？这些都需要向员工说清楚。这样才能让员工获得最大的动力，让他(她)知道自己工作的意义。表扬人的时候要使用二级反馈。例如：在张爽按时完成任务之后，打电话表扬她，不光说出了对此事的称赞，而且给出理由。学会反馈，员工更有干劲，团队也会更加和谐。

6. 负面反馈的BIC工具

在反馈中，不只有夸赞员工的正面反馈，还不可避免地要有负面反馈。在做负面反馈时，最重要的是要做到“对事不对人”，但是这很难真正做到。

因此，掌握工具非常关键。BIC 工具就是为解决这一问题的工具。B 代表 Behavior(行为)，I 代表 Impact(影响)，C 代表 Consequence(后果)。

B：谈及对方行为的时候，要说事实而不是说观点。如员工经常迟到，找对方谈话，不能说“你又迟到了吧”，而应该说“九点上班，你是九点十分才到吧”，这样就可以避免预设对方是不负责任的员工，构建谈话的基础，让对方更容易听进去。

I：这部分需要谈及影响，这种影响是短期的、局部的，如员工没有按时完成任务，导致项目延期，整个团队受到损失，要一起加班。谈及这一部分可以警醒员工之后注意。

C：后果指的是长期后果，比第二部分的影响更为深远。在这一部分里需要注意的是，不能只谈公司(团队)的深远影响，而要尽量和员工本人的长期发展挂钩，让对方清楚这些失误、错漏关系到他自身的核心利益。只有这样才能真正引起对方的重视。超哥批评赵丽时用 BIC 工具，谈及对方行为的时候用事实而不是观点，之后谈影响和长期后果，引起赵丽的真正重视。

思考题

1. 给下属布置工作中有哪些注意事项？
2. 关键对话的三个特征？
3. 什么是二级反馈？
4. 对于负面反馈需要注意哪些方面？
5. 如何克服沟通中的障碍？

第四节　博　弈　论

本节目标：

1. 帮助管理人员了解博弈论的定义和内容。

2. 帮助管理人员掌握并学会利用博弈论的理论处理经营活动中遇到的相关问题。

故事

纠　结

已经下班多时了，超哥仍然坐在办公室里，眉头紧锁，思绪还停留在白天的季度分析会上。

一季度经营分析会整整开了一天，作为营销总监，超哥汇报了一季度的总体经营情况。从数据来看，前三个月经营表现欠佳，经营量负增长，特别出人意料的是零售汽油量出现了前所未有的同比下降。由于销量下滑，一季度实现效益欠年度预算进度较大，系统内各指标排名均不理想。

经营数据刚一通报，便引得参会人员议论纷纷。从外部环境分析来看，在市场低价、资源过度充裕的情况，江南省的市场竞争态势严峻，各经营主体大幅降价优惠，积极抢夺市场份额。参会的市公司纷纷要求给予价格优惠政策，继续加大竞争力度，尽快抢回丢失的销量。会上公司领导要求，营销中心和零售部联手组织，尽快拿出扩销增效措施，二季度务必扭转被动局面，止住下滑势头。

在家人的电话催促下，超哥离开办公室。地铁出站口离超哥家不过一公里，中间要路过一个街心花园。眉头紧锁的超哥不知不觉走了进去，还是一副若有所思的样子。在两个下棋的老大爷跟前，爱好下棋的超哥停下脚步，静静地看着他们下完那盘棋，紧锁的眉头慢慢地舒展开来。

第二天一大早，超哥召集部门主要管理人员召开讨论会，研究当前市场形式，考虑制订下一步营销措施。

人员到齐后，超哥首先传达昨天经营分析会的内容以及领导的讲话要求，然后说道："会议情况都给大家通报了，现状和问题大家可能也有所了解，今天我们要畅所欲言，虽然研究的主题更多的和零售有关，但有时候旁观者清，大家献计献策，明确我们的工作方向。大家先说，然后我们一起分析。"说完，超哥转头看向了身边的赵丽："从赵丽开始吧，有什么说什么。"

赵丽清了下嗓子，说道："从我了解的情况看，现在很多社会加油站都从地炼进油，油品品质不好说，但价格确实比我们低一大块，虽然我们江南公司是大品牌，有质量保证，有网络优势，但是社会站价格优惠幅度对客户吸引力太大，如果我们不跟着降价的话，迟早客户都跑光。"

超哥点点头，说道："有一定道理，周强你怎么看。"

周强说道："我觉得吧，丽姐把社会站的影响力夸大了，毕竟他们在全省也占不到10%的市场份额，我觉得最大的竞争对手还是中庆江南分公司，虽然进入江南省比较晚，但是他们发展势头迅猛，目前已经占到30%的市场份额，我看他们的优惠力度也不小啊，对我们威胁更大，应该把他们作为目标，加大竞争力度，跟他们抢市场份额。"

超哥说道："嗯，说的也没错，李翔你说说看。"

李翔略微思考一下，说道："超哥，我觉得抢市场没错，但是得考虑自己有没有这个能力，我们的盈利空间才多少，目前看我们别说和社会加油站比，就是和中庆江南分公司比都差几百块钱，我们拿什么本钱去竞争。就算降了价，还是没对方优惠幅度大，白白丢了利润，还抢不到多少量，不如老老实实守着这个利润，丢点量就丢点吧。"

赵丽立刻抢过话来："可不是丢一点量的问题，再说了丢了量不也是丢了利吗。"

李翔立即反驳道："降价降到赔本，不赚钱的买卖，干这个有什么意义？"

超哥笑着制止："别吵别吵，各有各的道理。东叔，你是老业务，老专家，给大家指指道吧？"

东叔摆摆手，说道："不敢当，不敢当，我说说我的意见。前几天我和中庆江南分公司的老赵见过一次面，我们也说到这个情况，现在两家互不相让，价格战打的不亦乐乎，我看现在的状况就是所谓的'囚徒困境'。"

超哥眼前一亮，说道："东叔，给大家讲讲'囚徒困境'怎么回事吧。"

东叔一乐："这还是你那次干部培训班学完回来告诉我的，后来我自己又买了本书学了下。你是培训班的优秀学员，还是你给大家讲讲吧。"

"好吧!"超哥笑着说："东叔提起来了，那我们上一堂博弈论的课。"

赵丽问道："博弈据我所知，不就是下棋吗？怎么还搞出一个博弈论，和我们目前面临的市场竞争有什么关系呢？"

"是的!"超哥继续说道："博弈论最初主要研究的就是象棋、围棋，以及赌博中的胜负问题。那时候，人们对博弈局势的把握只停留在经验层面上，并没有向理论层面发展，正式发展成一门学科是在20世纪初。在目前社会中，每个人都在试图使自己的利益最大化，而在取得利益的过程中，往往会产生矛盾与冲突。利益均衡的实现主要取决于各自的策略选择，而策略选择问题实际上就是博弈论的本质所在。可以毫不夸张地说，掌握博弈论知识对每一个现代人来说实在是太重要了。刚才东叔说的"囚徒困境"就是一种典型的非合作博弈的范例。"

超哥停下来喝了口水，继续说道："囚徒困境的具体描述我就不多说了，大家上网搜搜。简单说来就是两个关进监狱的嫌疑犯都从利己目的出发，把商定的合作抛在一边，最终损人不利己。实际上，囚徒困境是现实生活中许多现象的一个抽象概括，有着广泛而深刻的意义。同一行业不同企业之间激烈的价格竞争就是囚徒困境的典型现象。"

"为什么两个企业那么蠢要进行价格大战呢？那是因为每个企业都以对方为敌手，只关心自己一方的利益。不管对方的决策怎样，自己总是采取低价策略占便宜，这就促使双方都采取低价策略。一些企业在价格战中确实扩大了自身市场份额，但市场消费总量却并没有因此而扩大，产品的低价倾销不但未能有效地刺激购买力的增加，相反却极大地压缩了企业的获利空间，进而严重影响到企业的再生能力。"

超哥看了眼若有所思的赵丽，微微一笑，说道："咱们简单地算个数，假定两个企业都采取比较低的价格，可以各得利润3亿元。都采取比较高的价格，各得5亿元利润。而如果一家采取较高的价格而另一家采取较低的价格，那么价格高的企业的利润为1亿元，价格低的企业因为多销利润将上升到6亿元。究竟是采用较高的价格好还是较低的价格好？很明显，对于两个竞争企业，单方面提价都是它们的劣势策略，所以双方价格大战的结果，是双方都采取低价各赚3亿元的情况。"

"如果清楚这种前景，双方不主动挑起价格竞争，那么双方都可以因为避免价格大战而获得较高的利润。有人把这种合作叫做'双赢对局'。在价格大战博弈中，如果双方都不主动降价，则将是双赢，都是对局中的赢家。”

赵丽插话说道：“我懂了，避免恶性价格竞争是最好的利己策略。如果双方心态相同，就可以避免无休止的价格大战，从而都能获得较高的利润。”

“说得对，价格战这场博弈中，没有真正的赢家。消费者在短期内看似占了便宜，长期来看，企业的利润空间减少，势必在产品质量、服务等方面有所降低，消费者得到的利益也许并不划算。对于企业来讲，要促进企业长久发展，光靠打价格战，是远远不够的，优化资源配置，降低成本，提高创新能力等是不可忽略的竞争要素。”

最后，超哥微笑着问道：“最近我一直在考虑我们现在的经营策略，继续加大价格竞争力度还是去稳定市场，我想不能一概而论，而博弈论包括过去的一些案例也给我们提供一个好的方向。大家认为如何？”

“对，超哥这么一解释，我们大家明白很多。”赵丽带头回答道，环顾其他同事，大家脸上都露出会心的笑容。

笔记四十九

1. 博弈论

博弈论，又叫对策论，是研究两人或多人之间竞争合作关系的一门学科。用我们日常的语言来说，博弈论就是研究在不同情境下选择策略的一种理论。它既是经济学的一个重要学科，又是现代数学的一个新分支。在经济学上，博弈论是一个非常重要的理论概念，通过使用严谨的数学模型来解决现实生活中的各种利害冲突问题。具体来说，博弈论是指某个人或是组织在一定的环境条件和规则约束下，依靠所掌握的信息选择并实施各自所倾向的行为或是策略，从中取得相应结果或收益的过程。

现在，博弈论作为分析、解决冲突和合作的理论工具，已经在管理学、国际政治学、经济学、外交学和社会学等领域得到广泛的应用，为解决不同实体的冲突与合作提供宝贵的方法，并日渐发展成为一热门学科。

2. 囚徒困境

“囚徒困境”是博弈论中著名的案例之一。有一天，某富翁在家中被杀，财物被窃。警方在侦破此案的过程中，抓到了汤姆、杰克两个犯罪嫌疑人，并从他们的住处搜出被害富翁家中丢失的财物。面对呈现在眼前的物证，他们承认自己的偷窃行为，但却矢口否认杀害富翁，辩称是先发现富翁被杀，然后他俩只是顺手牵羊偷点儿东西。

针对两人的狡辩，警方对他们进行隔离审讯。为了分化瓦解他们，检察官分别对两人说以下一段话：

> 本来你们的偷盗罪证据确凿，可以就此判你们1年刑期。但是，按照将功赎罪制度，如果你主动坦白并且揭发同伙的杀人罪行，我们将对你进行从宽发落，判你无罪释放，但你的同伙要被判30年刑期；如果你顽抗到底，拒不坦白，而被同伙检举出你的杀人行为，那么你就要受到严惩，将被判刑30年，你的同伙将被无罪释放；当然，如果你们两人都坦白，那么你们都将只被判15年刑期。在这里，博弈的决策主体——汤姆和杰克各有两个选择，即坦白和抵赖。

这两个嫌疑犯该怎么办呢？他们面临着两难的选择——坦白还是抵赖。显然，最好的选择是两人都选择抵赖，都得到最好的结果——只判刑1年(杀人罪按照疑罪从无原则，证据不足无法成立，只能以偷盗罪各判每人1年刑期)。但是由于两人处于隔离的情况下，没有串供的条件，所以他们不得不仔细考虑对方可能采取什么策略，以及对方采取的策略对自己有什么影响。

心理较量就这样开始了，汤姆和杰克都是绝对精明的人，都只在乎减少自己的刑期，并不关心自己的选择会对对方产生什么影响，对方因为自己的决策又将被判多少年刑期。

汤姆会这样推理：假如杰克选择抵赖的话，我只要坦白，马上就可以无罪释放，获得自由，而我若抵赖则要坐牢1年，显然坦白比抵赖要划算得多；假如杰克选择坦白的话，我若抵赖，则要坐30年牢，坦白却只坐15年牢，显然还是坦白为上策。所以说，无论杰克选择抵赖还是坦白，我的最佳选择都是坦白，还是坦白交代了吧！

同样，杰克也跟汤姆一样会算计，也会如此推理。

囚徒困境之所以称为困境，就是因为这局博弈的最终结果对两个参与者来说都是最坏的，两个嫌疑犯都选择坦白，结果皆被判刑15年。这对他们个人来说都是从自身利益出发的最佳选择，符合他们的个体理性选择。因为坦白交代者可能会被无罪释放，显然比自己抵赖可能会独自承受30年刑期要好。而原本对双方都有利的策略——两个人都抵赖，每人被判1年刑期就不会出现。

囚徒困境是典型的非合作博弈的范例，为我们探讨合作是怎样形成的提供极为形象的解说方式，其产生不良后果的原因是两个嫌疑犯都从利己目的出发，最终损人不利己，合作没有实现。

3. 纳什均衡

在博弈论中，纳什均衡是一个重量级的概念，它主要描述双方博弈的这样一种对局形势：任何一方单独改变策略，都不会得到好处。当博弈双方的参与者处于对抗的条件下，双方都可以通过向对方提出威胁和要求，找到双方能够接受的解决方案，而不至于因为各自追求自我利益最大化而无法达成妥协，甚至两败俱伤。稳定的均衡点建立在找到各自的“占优策略”，即无论对方作何选择，这一策略始终应优于其他策略。所以，也可以说纳什均衡状态是外界力量相互作用的稳定结局。

思考题

1. 你的工作生活中有哪些问题属于囚徒困境？
2. 对于属于囚徒困境中的问题，你采取了哪些措施，是否有效？
3. 除了囚徒困境，你了解的还有哪种经典的博弈论案例。
4. 目前你的工作生活中有哪些问题可以用博弈论来处理？
5. 如何学好用好博弈论理论？

第十七章 素质提升

第一节 阳光心态

本节目标：

1. 认识积极价值观的重要意义。
2. 帮助管理人员学会管理情绪。
3. 了解心态影响能力，并学会积极主动地影响自己和别人，从而面对压力和挫折保持良好的心态。

故事

风雨路上阳光心

客户资源就是企业生存的命脉，很多集团化的大客户是高层公关、中层推进、基层落实的，作为江南省营销总监，超哥也有开发维护大型客户的职责与义务。

黄河汽车公司是江南省屈指可数的用油大户，产品销往全球 120 多个国家和地区，下属控股子公司 30 余家，年用油量在万吨以上，是诸多成品油供应商们竞相争夺的目标，同时因其对供应商的要求过多、过细、过严，又曾被戏称为“史上最挑剔客户”。

多年前超哥当客户经理时曾经给这个公司送过油，但是结款难，服务保障难，一度流失了。超哥耿耿于怀，一直想把它再开发回来，同时也想历练一下省公司自己部门的团队，于是安排赵丽牵头，成立黄河公司开发团队专门公关这家公司。

公关小组拜访沟通了三次后，了解了黄河公司的具体情况。赵丽非常没信心，和超哥汇报时情绪有些低落，“黄河公司依然那么苛刻，甚至比以前还厉害！目前中庆江南石油分公司和一些社会供应商都给它供着油，但都无法满足黄河公司的要求，苦不堪言，合作时断时续。按我们公司目前的情况，恐怕很难开发回来。”

超哥沉思一会，对她说，“事在人为，千万别泄气。阳光心态告诉我们，不能改变环境就适应环境、不能改变事情就改变对事情的态度、不能向上比较就向下比较。咱付出努力最坏的结果是开发不成功。有数据说开发一个客户至少拜访6次以上，咱才3次，还差得远呢。如果有些条款客户无法调整，不能改变别人就改变自己，我有信心用真诚的服务和这个大客户合作。”

尽管超哥做好充分的思想准备，但是现在看起来，他还是远远低估这个“史上最挑剔客户”的挑剔程度。

一次严峻的考验很快就来了。在商谈供油合同条款的过程中，黄河公司提出三条超乎常理的要求：第一，由于没有仓储条件，储油罐容量只有3吨，送多了装不下，送不及时会耽误生产，必须24小时保证供应；第二，供油过程中发生的所有损耗全部由供油方负担；第三，必须货到验收后方能付款。

面对这样的三条要求，超哥才真正体会到“史上最挑剔客户”的含义。但是，知难而退不是他的性格，如此潜力巨大的客户绝不能轻易放走。经过两天的冥思苦想，反复斟酌，超哥团队再一次自信地站在黄河公司主管物料的孙经理面前。

超哥首先非常爽快的同意了第一个要求，说江南公司要做黄河汽车不在编的油管家，特事特办，物流、油库全力配合，24小时保证用油。

这个态度一展示，双方会谈的氛围一下轻松许多。于是，超哥借着这个氛围向孙经理详细介绍国家有关油品损耗方面的规定，并结合江南石油的数质量保证和对黄河公司的价格优惠，一笔一笔地帮着孙经理算细账，顺便介绍当前自己企业的销售纪律。

一个小时以后，孙经理感慨地说：“敢这样不卑不亢跟我理论合同条款的你还是第一个，我佩服你的胆识；能在我面前把方方面面分析的这么清楚透彻的，你也是第一个。跟你们合作我放心。好，就按你说的签！”

实际运行中，各种客观情况都可能发生。有一次送油没有按时送达，虽然最后没有影响黄河公司的生产，但孙经理还是非常恼火。

面对这种情况，超哥没有慌张，而是积极应对，出动出击，盛情邀请孙经理到自己的油库参观考察，了解送油的全过程，并适时提出自己的一些建议。参观完油库设备先进的化验室、整齐规范的储油区、车水马龙的付油亭，看到一位位忙得一溜儿小跑办业务的客户经理，孙经理连连点头。他回到公司后就召开专题会议，对超哥的建议全部采纳：一是立即更换已不适应生产需要的3吨储油罐，增加储备能力；二是减少油罐车进入黄河公司所需办理的繁琐手续，尽量保证快捷畅通，争取时间。

与此同时，超哥也将有关困难反映给市公司，得到很好的回应。在超哥积极协调下，市公司运输队专门拨出一辆8吨位的汽油罐车作为黄河公司专用配送车，随时待命，随时装车，进出付油区无障碍优先通行。

挂有“黄河公司专用配送车”标志的油罐车开进黄河公司大门的时候，孙经理——这位“史上最挑剔客户”代言人的脸上终于露出久违的笑容。

超哥向赵丽团队祝贺时，赵丽若有所思而又满怀信心的说：“黄河公司一共有30多个子公司，我现在才签下8个，我们一定要努力，争取尽快把其余的都签下来。”

超哥对她点赞，“万事别灰心，乐观向上，积极努力一定会有更好的局面产生。继续加油啊!”

由于超哥及其团队的不懈努力，部门业绩非常突出，超哥在年底时候被提名为公司年度十佳员工候选人。结果出来时，出乎大家的预料，没有超哥。一直都意气风发的超哥此时也感到委屈和难过，工作上也有点提不起精神。

心情没解的时候，就找东叔聊聊天，这已成了超哥的习惯。

“阿超啊，心情不好?”看到阿超紧锁着眉头走进办公室，东叔先说了起来。

“有点想不开，心里有小疙瘩。”阿超苦笑一声。

“是因为这次没有评上十佳员工的原因吧?”东叔顿了顿，又接着说道，“前几年曾参加过一个培训班，当时有个教授讲了一个心理学的理论，叫合理情绪的ABC理论。我在这就再卖弄卖弄了：A带表事件发生，B代表你对这个事件的看法，C是指在这种主观解读特定情景下，个体的情绪及行为结果。最重要的就是A和C之间的B，A已经发生，无法改变，而B能改变C。你想不想改变一下B?也就是改变对这件事的看法和态度?”

超哥说，“当然想改变了。目前这种状态很不好，我自己知道，但是走不出来。”

东叔点点头，“人都有两种思维模式，一种是固定型思维模式，另一种是成长型思维模式。当你是固定型思维模式的时候，遇到失败、压力的时候，会觉得自己是一个失败者，是个傻瓜，感觉自己很没用而且愚蠢，换句话说，固定型思维模式的人会把发生的事当作一个衡量自己的能力和价值的直接标尺。”

超哥很认同，“我觉得我现在就是这样。”

东叔接着说，“而如果你是成长型思维模式时，面对压力和挫折，就能够以开放的心态去评估自己现有水平，并且能够以学习为目标，更好的学习和成长，挫折能够给人以动力、经验和教训，让自己变得更好。”

“没有人会喜欢这些糟糕的事情。只是成长型思维模式的人不会给自己贴上标签，或者对自己失去信心，即使感到沮丧，他们也会准备好了去承担这个风险，直面挑战，继续为此奋斗。阿超，好好调整，没有过不去的坎。”

回到办公室，超哥陷入了沉思。这时候，桌上的电话响了。超哥接起电话，原来是王总让超哥去办公室一趟。

“阿超啊，这几天工作还顺利吗？”刚到王总办公室坐下，王总便用平缓的语气问道，“我听说公司评十佳员工的结果出来了，这次没有你啊，你是不是情绪上有波动了？”

“还是老领导了解我。”超哥苦笑道。

“你的心情我能理解。有个俗语叫‘不要去追蛇’，在山里被蛇咬一口，你会选择拿着刀追着蛇满山跑，还是立即把毒挤出来积极自救？大家都说自救，而不是漫山遍野跑去追蛇。但是当在生活中遇到压力或者愤怒的事情，很多人做过追蛇的事情，比如认为遇到不公平的事情时，不去努力工作，而是给自己不努力工作找一个理由。这些都是把自己的责任推卸给他人的表现，也代表心智尚不成熟。事实上，在刺激到回应之间，我们还有很大一部分空间，可以做出积极选择，掌控自己的人生。希望你能好好地去了解一下评上十佳员工的那十个人的事迹，知道了他们的事迹和工作成绩你就能想明白了。”

带着疑惑和不解超哥认真的查阅了公司十佳员工的先进事迹……一个多小时之后，深受感动的超哥豁然开朗，不再为这件事纠结。

赵丽也专门来安慰超哥，却发现他在认真地研究国际油价走势。

赵丽惊讶道，“你还在看油价？我们都替你抱不平呢，凭什么你没有评上十佳员工啊？不论从业绩和工作能力、态度来说，你都比评上的那几个人强多了。”

超哥笑着说：“我开始也觉得自己做了很多工作，没有评上有些郁闷，不过后来想起了心理学上的那句话——没有人能伤害你，除非你自己允许。我永远有选择的权利，事情发生时我可以选择生气发怒疯狂，那是消极的我；也可以选择平静地接纳，去做我能做的事。我也看了评上十佳的员工事迹，他们无论是在个人成长、工作业绩、敬业态度方面都很优秀，他们名至实归，也值得我学习。而且评不上也不代表我不行，只是说明我还有提升的空间。十佳员工评完了，结果也改变不了，咱们抓紧调整好心态，把精力用到业务工作上，争取明年比今年更上一层楼！”

赵丽笑了起来，“本来还想来安慰安慰你，你可倒好，安慰起我来。看到你心态这么好，我也抓紧去干活啦。”

超哥笑了笑，思绪又扎进电脑屏幕里的国际油价曲线中。

笔记五十

1. 情绪 ABC 理论

情绪 ABC 理论是由美国心理学家埃利斯创建的，就是认为激发事件 A(activating event)只是引发情绪和行为后果 C(consequence)的间接原因，而引起 C 的直接原因则是个体对激发事件 A 的认知和评价而产生的信念 B(belief)，即人的消极情绪和行为障碍结果(C)，不是由于某一激发事件(A)直接引发的，而是由于经受这一事件的个体对它不正确的认知和评价所产生的错误信念(B)直接引起。错误信念也称为非理性信念。通常人们会认为诱发事件 A 直接导致人的情绪和行为结果 C，发生什么事就引起什么情绪体验。然而，你有没有发现同样一件事，对不同的人，会引起不同的情绪体验。同样是评职称，结果两个人都没过。一个人无所谓，而另一个人却伤心欲绝。

为什么？就是诱发事件 A 与情绪、行为结果 C 之间还有个对诱发事件 A 的看法、解释的 B 在起作用。一个人可能认为：这次考试只是试一试，考不过也没关系，下次可以再来，也可能觉得这是是背水一战，不能失败。于是不同的 B 带来的 C 大相径庭。

我们的精力应该放在：在不完美的世界里，如何使自己仍然拥有成功快乐的人生！

(1) 找出人、事物中对自己有好处的地方，充分利用这些好处让自己得到提升。

(2) 检讨和修正自己的信念、价值观和规条，即情绪来临时反思和调整一下 B，让自己对人事物保持不同的态度，形成不同的情绪和行为模式。

(3) 有选择积极和消极的信念 B 的意识和能力，摆脱人事物对自己的控制。

具体到故事里的案例，我们可以分析出 A 代表我们日常遇见的具体的人或者事情，除了那些重大的事件外，A 就是那些烦人的小事，工作中的，如难缠的下属、同事，遇到的小压力，生活中与配偶冲突，家务劳动，财务问题等。

B 是我们对具体的发生的人或者事情的思考和解读。

C 代表在 A 的情形下你的感觉和你的行为。如果有一个重要的会议，但路上大堵车，这时你就会从平时的绅士变成路怒症一族，不断并线加塞，嘴里骂骂咧咧。那么真的是堵车导致了你这样的路怒行为吗？不是的，在 A 和 C 之间，有一个 B，就是我们对具体发生的人或事的思考、判断。

2. 积极主动者的行为选择

1）积极主动的行为选择

工作中常常会碰到这样一段对话：

"都是他逼我这么做的。"

"你知道我们主任那个人的，我必须听他的。"

领导逼迫我们选择不喜欢的方案，这就是一种外界刺激。当刺激发生后，我们可以选择坚持自己的想法而和领导沟通，也可以选择让领导高兴而顺从他的选择。但记住，这最终是你自己选择的，而不要再说自己是被逼无奈。这就是积极主动的开端，习惯主动负责，遇到再不好的境遇，也会知道没有人可以逼迫我，我永远有选择走哪一条路的主动权。

2）关注圈和影响圈

明白自己要为自己负责后，我们应该主动投身哪些事情，才能做到积极主动呢？

如图 17-1 所示：除去我们没兴趣、不关注的部分，世上的事情都处在我们的关注圈，而其中有一部分是我们通过自己的行为能对其产生影响的，就是影响圈。

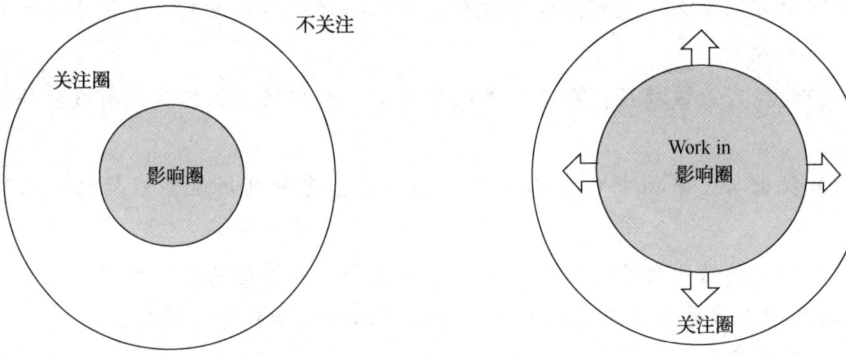

图 17-1　关注圈和影响圈

积极主动者专心做自己力所能及的事，长此以往，他们的影响圈会逐渐扩大；消极者过于关注无法改变的部分，则容易产生消极能量，使影响圈不断缩小。

关注圈内的事物，有些可以被掌控，有些则超出个人能力范围，前者可以被圈成一个较小的"影响圈"，积极主动的人专注于"影响圈"，他们专心做自己力所能及的事，他们的能量是积极的，能够使影响圈不断扩大。

相反，消极被动的人则全神贯注于"关注圈"，紧盯他人弱点、环境问题以及超出个人能力范围的事不放，结果越来越怨天尤人，一味地把自己当作受害者，并不断为自己的消极行为寻找借口。错误的焦点产生消极能量，再加上对力所能及之事的忽略，就造成“影响圈”日益缩小。只有当我们在“影响圈”上下功夫，努力改变自己，而不是一味地抱怨和担忧，才能改变现状。

面对压力时，不要抱怨，不要推卸责任，要意识到自己能够选择积极的回应方式。

3. 心态

心态决定人的思想，思想决定行为。通常说：“一个人有什么样的心态，就会有什么样的行为，进而得到什么样的结果。”也就是说，心态决定命运。心态好，能力增强；心态不好，能力减弱。心态就具有这么大的力量，从里到外影响着你。

人有9类基本情绪：兴趣、愉快、惊奇、悲伤、厌恶、愤怒、恐惧、轻蔑和羞愧。兴趣和愉快是正面的，惊奇是中性的，其余6类都是负面的。由于人的负面情绪占绝对多数，因此，人不知不觉就会进入不良情绪状态。塑造阳光心态的目的就是要把兴趣和愉快这两类好情绪调动出来，使大家经常处于积极的情绪当中。因为好的心情会使你产生向上的力量，使你喜悦、生气勃勃、沉着、冷静，缔造和谐；差的心情会使你沉沦，使你忧愁、悲观、失望、委靡不振，甚至颓废。如果你的心情不好，就会跟别人发脾气，不愿意配合别人的工作，人际关系就会紧张。如果一个领导者的心情经常不好，这种不好的情绪就会像羊群中的瘟疫一样在组织中蔓延，导致团体人际关系紧张。

英国学者弥尔顿说：心灵是一个特别的地方，在那里可以把天堂变成地狱，把地狱变成“天堂”，这就要求每个人要把握自己心灵之舵，让心理抵达和谐美好境界，成为个人、团队的一种共同的美好追求。培养良好的心态，善于发现别人长处，善于发现生活美好、积极的方面，学会宽容、谅解，从而达到培养良好心态的目的。好心态帮你身心健康、成就事业、成就人生。

4. 阳光心态的主要内涵

一是不能改变环境就适应环境。

二是不能改变别人就改变自己。

三是不能改变事情就改变对事情的态度。

四是不能向上比较就向下比较。

活在当下，未来导向；向下比较，就能使你每天获得阳光心态。

思考题

1.“要是我的领导能更多一些耐心就好了”“他把我气疯了”这两句话属于

消极被动还是积极主动的语言？为什么？

2.“试试看有没有其他可能性？”“我可以想出有效的表达方式。”这两句话属于消极被动还是积极主动的语言？

3. ABC 理论中的 B 和 C 分别代表什么？

4. 遇到挫折和压力时，我们应该专注于“影响圈”还是“关注圈”？

5. 积极的心态对于工作的帮助有哪些？

6. 心态决定论是唯心主义还是主观能动对客观世界的作用？为什么？

第二节 商务礼仪

本节目标：

1. 帮助管理人员学习了解商务谈判中商务礼仪的内容和重要性。

2. 帮助管理人员了解商务谈判与商务礼仪之间的关系并学会利用商务礼仪在商务谈判中发挥作用。

故事

礼多人不怪

时间过得飞快，转眼间快到了年末。岁末年初，是营销中心最忙的时候，这个月要组织当月营销和资源工作、安排年终关账、库存盘点，还要与总部对接明年任务，安排明年的经营计划等，让全处上下忙的不亦乐乎。

没等超哥放下手机，办公电话铃声紧接着响起。超哥一看是王总办公室电话，不敢怠慢，立刻拿起听筒：“王总，什么指示？”“阿超，马上来我办公室一趟。”“好的，王总，我马上到！”

大约半个小时的时间，超哥回到了办公室。“周强，来我办公室一趟。”超哥朝对面的营销部办公室喊道。

“超哥，什么事？”周强飞快地跑进超哥办公室。

“周强，刚才王总对明年的成品油采购提出一些要求，考虑最近时间组织一个成品油供应商的洽谈会，与部分 A 级供应商签订明年的年度框架协议，考虑一下这个会议怎么组织。”超哥叮嘱道。

“这事简单，我给各家供应商们打个电话，让他们派个人过来，咱们一起开个会商量一下就是了。”周强笑着说。

超哥摇摇头，说道：“你说的这个方式太简单。我们目前的经营形势你又不是不知道，效益提升难度大，各环节都在开源节流，降低成品油的采购成本是我们部门的一项重要任务。这次王总要亲自找几家大的供应商洽谈，一方面拿出我们的诚意，让供应商扩大与我们的合作；另一方面也要对一些合作条款进行修改，为明年资源运作和降低采购成本打下一个好的基础。”

“您这么一说，这次会议很重要，规格还挺高的，各单位起码派个老总级别的领导来吧？”周强问道。

“是啊，这个会议不是那么简单，这属于一次商务谈判，我们要好好组织一下。而且马上到年底了，时间很紧迫。你把赵丽叫过来，我给你们简单开个小会，研究一下会议日程安排和注意事项。”超哥嘱咐道。

不一会，赵丽来到超哥办公室。超哥把具体情况又重新说一遍，问赵丽道：“赵丽，你曾经组织过全省的大客户见面会，你说这次会议我们该怎么组织，具体要考虑什么问题？”

“按照我的经验，首先我们要确定会议时间，这需要和供应商们逐个对接一下，尽量选择对双方领导都有利的时间，重点考虑对方需求。确定好会议时间后，作为主办方不能随意更改，否则一方面对谈判可能产生不同程度上的负面效应，也是一种失礼的表现。”赵丽说道。

超哥点点头：“是的，继续说。”

“第二是地点的选择。谈判地点的选择要考虑多数人的出行方便、旅途远近，会议室的布置要简洁大方，设备齐全，不仅能彰显得体的谈判礼仪，更能体现企业的良好礼仪形象。”

“第三是会议日程安排。要提前考虑会议期间的各项活动安排顺序、时间、地点、参加人员以及活动内容等，提前制作成秩序册，参会人员到达后便可以心中有数，提前准备。”

“第四是做好相关接待工作。比如接送站啦、饮食安排啦等。”赵丽一口气把会议安排的流程都说了出来。

“很好。”超哥接着说道：“会议的安排不仅是体现我们的组织能力，也是一种商务礼仪的体现。除了这些，我们还要注意哪些？”

“那肯定就是注意形象、仪表、着装了是吧。刚才你都提到商务礼仪了。”周强抢着回答。

“说的对，但不止这些。”超哥微微一笑：“我们这是一次商务谈判，参加人员形象肯定要注意。会晤时给对方一个好的印象能为谈判的顺利进行奠定一个好的基础。谈判人员应事先做到：着装朴素大方、鞋袜搭配合理、饰品和化妆品要适当，面部、头发和手指要整洁等。”

“在正式会晤开始前，要营造轻松和谐的洽谈气氛。首先双方要自我介绍，介绍过程应尽量形成温馨融合的局面，为谈判的成功进行奠定良好基础。介绍完后，可以先选择一些双方都有兴趣的且不涉及各方利益的中性话题交谈，有利于消除双方的陌生感，营造出融合的洽谈氛围，而后再切入主题。”

稍作停顿，超哥继续说道：“谈判人员应对谈判内容充分了解，对其中的知识要点掌握清楚，条理要清晰明了。为了达到这一目的，可以在谈判前进行模拟谈判，让自己在正式谈判阶段不害怕、不紧张，不至于在谈判过程中丢失礼节。”

“再就是用语要规范。商务谈判往往是一场利益之争，然而，真正成功的谈判应该以尊重双方、互相让步为前提。事先准备好要问的问题后，有条理的提出，态度诚恳。对方回答时要认真倾听，目光注视着他，不能随便打断他的话，待他回答完后要表示感谢。谈判用语能体现一个人的素质修养、礼仪常识。作为代表公司形象的谈判人员，应该站在公司的立场上做到说出的话既要考虑公司利益，又要听起来有理，始终做到彬彬有礼，使双方愉快地交谈。”超哥一口气将商务谈判的礼仪事项都说了出来，周强和赵丽听了频频点头。

“看来，商务谈判真不是简单的事情，没有一定的知识和组织能力真不好办。但这些礼仪有点复杂了，有这个必要吗？”周强转而问道。

“那肯定有了！”超哥加重了语气：“商务谈判中缺失商务礼仪这一重要部分，会造成不可忽视的危害。在商务谈判中，往往因为谈判人员没有遵守谈判过程中的礼仪程序从而使得公司不能够顺利与合作单位达成共识，更有甚者可能会导致谈判失败，从而影响公司的工作绩效。另外合作失败还加大公司管理支出成本。”

“从个人角度来说，一次失败的谈判，对于谈判人员本身在心理上的影响和打击往往是巨大的，通常会影响谈判人员在一段时间内的工作心态。如果谈判人员没有在短时间内及时调整心态，带着情绪参加到工作中，往往会给新的工作带来更大的危害，陷入危害循环当中。”

“另外，在商务谈判中没有遵守商务礼仪从而导致谈判失败，会给合作者或业内的竞争者一种不好的印象，这种印象会持续影响公司在今后工作中与他人的合作，降低公司形象。尤其是在以后的工作中，可能会大大影响到与企业有长期合作关系的公司新一轮的选择。”超哥强调道：“咱们以后一定要注意这方面的学习和培养，形成良好的商务礼仪习惯。”

“嗯，我们一定会继续学习，加倍注意！”两个人同声回应。

超哥微微一笑，点点头：“这件事情就交给你们俩了，快去安排吧！”

“超哥就瞧好吧。”周强拍着胸脯下了保证书。

“那就好，会议圆满结束我请大家吃顿大餐。”超哥满意地点了点头。

“那你早点把请客的钱准备好了，请客头三天我们就不吃饭了。”周强边说边笑，一转头的功夫人就没影了。

笔记五十一

1. 商务礼仪与商务谈判的内容及关系

在商务活动中，为了体现相互尊重，往往需要通过一些行为准则去约束人们在商务活动中的方方面面，这其中包括仪表礼仪、言谈举止、书信来往、电话沟通等技巧，在商务活动场合又涉及办公礼仪、宴会礼仪、迎宾礼仪等。这些都是商务礼仪的范围。那什么又是商务谈判呢？商务谈判是指不同的经济实体各方为了自身的经济利益和满足对方的需要，通过沟通、协商、妥协、合作、策略等各种方式，把可能的商机确定下来的活动过程。人与人之间的交往需要礼仪作支撑，在商务场合更需要利用商务礼仪来紧扣谈判的主旨。因此商务礼仪与商务谈判存在着相辅相成的关系。

2. 商务礼仪在现代商务谈判中的重要性

《礼记》记载：“道德仁义，非礼不成；教训正俗，非礼不备；分争辩论，非礼不决；君臣上下父子兄弟，非礼不定。”可见礼仪在规范人们行为、促进社会交往、维系人们关系、维护社会稳定等方面发挥着重要作用。同样，礼仪在商务谈判中也起着举足轻重的作用。具体表现为：

1）仪表体面，沟通交流

商务礼仪，从仪表做起。在商务谈判中，谈判人员的衣着仪表非常重要。在实际谈判过程中，尽管影响谈判结果的因素很多，但如果谈判人员的衣着仪表给对方谈判人员留下不好的第一印象，那谈判成功的概率将大打折扣。仪表着装的注意事项可归纳为：正装不一定就土。既然你不敢贸然地选择非正装作为你的“谈判服”，那么你可以在衬衣上、裙摆上做文章；“随便穿”也需要技巧。只要你能确定这次谈判的气氛并不太过正式，对手也是老相识，那你更可以放心地做你的时尚楷模了；你的格调重在小饰物。不能戴一些与衣着不搭或者是不适合谈判桌上出现的饰物。但是适当的饰物是必须的，这是可以体现一个人的品味的选择。

2）协调组织，展现魅力

一场成功的商务谈判活动最重要的是有一个好的组织者，而一个好的组织者必须具备良好的礼仪素质。挑选谈判组织负责人可以根据谈判的具体内容、参与谈判人员的数量和级别从企业内部选出，也可以是某一个部门的主管、企业的高层领导等。组织负责人的自身礼仪素质、管理方式、个人魅力等起到潜移默化的影响。在商务活动中，协调组织的人员之间需要相互尊重。如果组织者对待自己的员工缺乏必要的礼仪，那么员工的自尊心就会受到伤害，甚至会反击，造成不必要的麻烦，也为谈判对方留下不好的印象。当组织者对谈判成员表现得彬彬有礼，尊重对方，那对方就会很愿意服从安排，同时组织者的个人魅力也得到升华，在组织成员心目中的地位也得到提升。

3）规范行为，临危不乱

规范行为是商务礼仪的最基本功能。商务谈判人员需要自我要求、自我约束、自我控制、自我对照、自我反省、自我检点。在商务谈判前，重要的是让谈判人员放松，做好自己，重温礼仪知识，而不是谈判内容及技巧，因为谈判双方往往最重视的是对方的礼仪素质。在商务谈判过程中，如果失去礼仪，也就失去洽谈成功的机会。所以，在谈判中发生突发事件或意见分歧时，己方应保持从容不迫、谦和知礼之态，给对方谈判人员以临危不乱之印象。

3. 出席商务谈判的仪表仪态要求

1）整洁的仪容

仪容是指一个人的身体不着装的部位，主要是头发、面部和手部。

商界人士仪容的要求是干净整齐，端庄大方。

（1）男性。

（a）头发。发型简单大方，长短适当，干净整齐，不准留新潮、怪异的发型，不准蓬头乱发，亦不准染发，最好也不要烫发。

（b）手。谈判时，握手问候、交换名片和递送文件等都会将手展示于人，因此，及时修剪指甲，保持手的干净整齐也是必要的。

（c）面部。保持干净清爽，养成每天上班前必剃须的习惯，不准留胡子，也不能留大鬓角。

注意：谈判前，不要进食大蒜、葱、韭菜、洋葱、腐乳之类的食物，保持牙齿清洁，没有食品残留物，也没有异味。

（2）女性。

（a）出席商务谈判的女性，应选择端庄大方的发型，过于时髦、怪异的发型，染发和不加以固定的长发，都不适合出现在这种场合，选用的发卡、发箍以朴实素雅为佳。

（b）脸部应化淡雅的日妆，保持妆容的和谐清爽，一般不宜文眉、文眼线，唇膏和眼影也不要过于浓艳，要与服饰协调。可适当使用清新的淡香水，但香气不可过于浓烈。

(c) 女性手部除保持干净整齐外，可适当使用指甲油美饰一下指甲，不宜涂抹彩色指甲油。

2) 规范的服饰

(1) 男性。应穿深色(蓝、黑、灰、棕)的三件套或两件套西装，白色(或与西装同色系)衬衣，打素色或条纹领带，配深色袜子和黑色皮鞋。

除结婚戒指外，一般不戴其他首饰，最好能戴上一只有品味的手表，既能掌握时间，又是最好的装饰品。

在商务谈判场合，男性不应穿着茄克衫、牛仔裤、T 恤衫、旅游鞋、凉鞋等休闲服装出席。

(2) 女性。端庄、典雅的套裙是商界女性出席谈判场合的最佳选择。以体现着装者的稳重、端庄，配上肉色的长筒或连裤丝袜和黑色的高(中)跟鞋。与服饰配搭，适当点缀一两件首饰或胸针(花)、丝巾等。

出席商务谈判的女性，切忌穿得太紧、太透、太花、太露、太短的休闲装或牛仔装、运动装，也不要佩戴太多的首饰，否则既显得没有教养，也显得没有品味。

3) 文明得体的言谈举止

(1) 说话。商务谈判人员要求说话表达准确，口齿清晰，言词有礼，要多用敬语和谦语，尽量采用委婉的表达方式。

商务谈判时，还要善于倾听对方的意见，要求准确把握对方的意图。

注意：说话速度不宜太快，涉外谈判时，更应照顾到翻译的方便。

说话的态度要友好、和善，面带微笑，以有助于促使问题的解决。

(2) 举止。商务谈判过程中，自始至终都贯穿一定的礼仪规范。

主方准时迎候。主方人员应先于客方到达谈判地点，当客方人员到达时，主方人员在大楼门口迎候，亦可指定专人在大楼门口接引客人，主方人员只在谈判室门口迎候。

双方由主谈人介绍各自成员，互相握手、问候、致意。然后由客方先行进入谈判室或宾主双方同时进入谈判室，主方人员待客方人员落座后再坐下。

重要的谈判，在正式开始前，双方作简短致辞，互赠纪念品，安排合影后再入座。

合影位置排列，通常主方主谈人居中，其右侧是客方主谈人，客方其余代表依次排列，主方其余代表一般站在两端。

双方人员入座后谈判正式开始，这时非谈判人员应全部离开谈判室；在谈判进行中，双方要关闭所有的通讯工具(或调到静音)，人员也不要随便进出。

谈判中，主方应提供茶水、咖啡等饮料，服务人员添茶续水要小心动作，可在休会或某一方密谈时进行。

谈判结束后，主方人员应将客方人员送至电梯口或送到大楼门口上车，握手告别，目送客人汽车开动后再离开。

如果安排与谈判内容密切相关的参观考察活动，则应在参观点安排专门的接待人员，并悬挂欢迎性的标语横幅。

思考题

1. 简述商务礼仪在商务谈判中的重要性。
2. 商务谈判中的商务礼仪有哪些内容？
3. 商务会议的安排有哪些主要流程？
4. 与自身的工作实际相结合，考虑有哪些场合要注重商务礼仪，哪些方面需要特别注意？
5. 如何在商务谈判中更好的发挥商务礼仪的作用？

第三节　结构化思维

本节目标：

1. 学会结构性思维的基本特点，能够在口头和书面沟通中， 提升效率和效果， 使他人更好地理解并记忆自己的观点。
2. 帮助组织形成统一的思维、语言、交流标准，提高企业沟通效率。
3. 运用结构思考的方式帮助管理者进行问题解决、决策制订等工作。

故事

从千头万绪到井然有序

一天早晨，超哥照例组织晨会沟通当天工作安排。

雯雯进行工作汇报，“最近联合营销单位中行结算出现问题，财务频频找我，尚未找到原因。刚才江城公司汇报大客户宏兴钢厂询问帮他联络油罐的进展，听说中庆江南分公司的营销总监居然带着客户经理也去宏兴钢厂了。对了，林总监来电说要去调研低效站的情况，他无法参加今天下午 4 点的会议。小张说晚点开会没关系，明天开也可以，但最好别 12 点之前开。可是已经有人预定了明天的会议室，但星期五是空着的。王总明晚很晚才能从外地赶回来。我建议会议时间改在周五早上 10 点比较合适，您看行吗？还有……”

超哥听了半天头都大了，看了看表直接打断雯雯，“你到底要说什么，有点乱啊!”

坐在边上的东叔笑了笑，说“雯雯的汇报反映了一类现象。日常沟通反反复复说不清楚，问题思考毫无头绪难突破，工作汇报杂乱无章没要点，很多人面对问题时思维不够清晰、分析解决问题的能力较弱。我觉得有必要给大家介绍一个工具——结构化思维，它能帮我们想清楚说明白。”

超哥点头表示赞同，“磨刀不误砍柴工。先请东叔帮我们讲讲结构化思维。”

东叔清了清嗓子，说道，“就以刚才雯雯说的改会议时间这事为例子，看看用结构化思维如何说清楚，信息完整，还符合商务用语习惯。首先，我提 4 个问题，可以帮咱理清思路。”

“一是有因有果，先说结果还是先说原因？二是原因可以被分类吗？三是原因可以被概括吗？四是表达一类原因时可以按照什么顺序？”

“这几个问题的答案就是运用结构性思维中金字塔结构。我给大家分析如下：首先，先说结果，今天下午 4 点会议改在周五上午 10 点。在商务沟通中，时间紧注重效率最好结论先行，有利于提高沟通效率。其次，原因可以分为人和会议室两类：具体可以概括为参会人员周五时间方便，以及会议室周五可以预订。最后，在人的原因表述中，按照职务顺序排序，符合商务用语习惯。”

雯雯恍然大悟，“东叔我明白了，按您的分析改一下这样说：原定今天下午 4 点的会议可以改在周五上午 10 点开，这样临时有事的王总、林总监和小张都可以参加，而且周五会议室也可以预定，大家看行吗？”

超哥赞叹道，“真的既简单又清晰明了啊，东叔您详细给我们讲讲结构性思维吧，好让大家今后别一团乱麻，提升效率和效果。”

东叔说，“好的。通过刚才这件事可以总结出结构性思维的 4 个基本特点：结论先行、上下对应、分类清楚和排序逻辑。这个结构有纵向和横向两类特点。结论先行和上下对应是纵向结构特点，而分类清楚和排序逻辑是横向结构特点。结构性思维强调‘先总后分’，先结论后原因，先框架后细节。这样可以让沟通对象迅速抓住我们所表达的中心主旨，利于理解和提升沟通效率。”

“在表达中同时要注意，上下统一才能保证表达效果，有理由支持的结论才更有说服力。结构性表达最难不在于结论先说还是后说，而是在于表达前能否思考出一个结论来。我们经常要跟领导或客户汇报、沟通，做了 20 页 PPT，结果说到第 15 页的时候，对方已经听烦了，后 5 页只能快速翻完。结果翻完以后，对方一头雾水，问今天来到底想说啥？我们还特别无辜地说：我就想说这个。听众最在意的是听到你的观点和结论，而且从提高效率的角度讲，最好是能够先听到结论。”

超哥点头说，“您说的太好了，曾听其他部门一个员工跟我抱怨他领导没耐心，每次听汇报总问他凭啥这么说，搞的心理有阴影。后来我跟他领导吃饭时说起他，他领导说这人一拍脑袋一个想法，追问下去又哑口无言，真是浪费时间。所以这个员工有观点，但没有事实和依据来支撑，原来是违背上下对应的原则，导致他的观点可信度不高啊。”

东叔笑了：“嗯，说不清楚领导可不就不耐烦了？上面有什么观点，下面就有什么论据支撑。上边是下边的概括，下边是上边的论证啊。”

雯雯继续请教着，“横向结构有点烧脑，您再给我们分析分析。”

东叔继续说，“我们的大脑能一次性接受的信息分类的临界值是七条。说多了就不好记了，金字塔原理中提倡表达中的因素一般分为五加减二。”

“怪不得咱领导讲话一般都讲三点，然后每点下面分三小点。原来是为了方便大家有可能记住所讲内容。”雯雯感叹道。

东叔表示了赞同，然后接着说，“因素多就要进行分类和概括，当一件事分类以后就变得特别的清晰、简单、准确，我们大脑也有自动将某些具有共同特性的东西进行归类组合的能力。分类是生活、工作中无处不在的，这也是结构性的核心。”

超哥问，“怎么才做到分类清楚呢？”

东叔说，“符合 MECE 原则的就对了，中文叫相互独立、完全穷尽。相互独立的意思是，互相之间不能有交叉，完全穷尽就是你在分类的时候不能有遗漏，简单说就是不重不漏。只要符合这个标准，就是一个清晰的、准确的分类。我举个例子，比如说把人分为男人和女人，这符合 MECE 原则，因为除了男的就是女的，除了女的就是男的。而如果把人分为男人跟未婚女人，就缺了已婚女人，如果把人分为男人和已婚人士就重叠了男的也有已婚人士。”

雯雯说，“这个例子挺形象，我知道什么是分类清楚了。刚才我试了一下，相比凭感觉出方案，用 MECE 原则去思考后，可能轻易发现更多答案。有时也有可能把以前没考虑到的情况都列出来，把事情变得复杂，确实 MECE 原则让我们的归类分组后表达更清晰。”

东叔接着说，“人的思考是立体的，但表述是直线的，有先说后说的区别，所以论据、分论据之间的逻辑排序很重要。大家发现没有，同样一件事，说的顺序不同，得出的结果和效果也完全不一样，比如屡战屡败和屡败屡战给人感觉大不相同。”

“一般分为：时间、结构、重要性三种排序方式，时间有先后顺序，结构是把整体分为部分，重要性按照首先—其次—再次来排序，这是逻辑递进的三种排序方式。”

超哥竖起大拇指，“东叔，我太佩服您了。雯雯，咱的会议就改在周五 10 点开，你通知需要参加的人员吧。”

雯雯应道，“我马上通知。今后我汇报工作一定要用结构性思维的 4 个基本特点检查一下，在解决问题的时候也可以用结构性思维。我正在做直分销的风险防控方案的设计，我准备第一步先分析造成直分销业务风险的主要原因，第二步对逐个原因提出解决方案，第三步对重点风险点流程逐个提出防范要求。”

东叔看到大家学的认真，笑的眼睛眯了起来，“在我这么多年的销售生涯中，有一回投标特别惊险。你们都知道宏兴钢铁这个集团化大客户在咱江城影响力很大。一次他们招标年度用油，说厂长也要参加，要求各投标单位用 PPT 介绍演示自己的标书，并规定时间是 1 个小时。我们几个连续奋战一周，编写一份 80 多页 PPT，准备给他们做 2 个小时的宣讲。可开会时突然通知厂长要求每家只有 10 分钟讲解，可这 10 分钟刚开个头啊，关键内容还没说多少呢人家就让结束了。幸亏其他公司还没咱展示的好，侥幸中了标，现在想起来都后怕，1 年 1 万吨油的销量啊。”

“如果当时按照结构性思维方式整理出来，只给我 30 秒，就只说结论 G（Goal）；如果给我们 3 分钟，就说结论 G 和论点 A、论点 B、论点 C，用论点 ABC 支撑结论 G；如果给我们是 30 分钟，就把下面分论点 A1A2A3、B1B2B3 都说了。论点 ABC 支撑结论 G，分论点 A1A2A3 支撑论点 A。就不怕时间突然缩短了。”

超哥说：“太好了，这样解决问题更加的清晰、全面、准确，效率也高。有时间就每一点继续深入，做更详细的阐述。哪怕多到一百件事情，把它说清、说全，只是深度差别而已。东叔，这次真是太感谢您了！”

东叔哈哈大笑，“客气了，客气了。”

笔记五十二

1. 建立结构性思维的原因

没有要点、杂乱无章的口头表达和文字表达往往都缺乏对对方的说服力、甚至降低整个组织的工作效率。究其原因是在传递信息时没有构建一个有效的逻辑结构。“结构性思维”可以帮助我们在表达核心观点的基础上，有理有据、条理分明，使我们能够做到清晰思考和准确表达，它强调“先总后分”，先结论后原因，先框架后细节。这样可以让沟通对象迅速抓住我们所表达的中心主旨，利于理解和提升沟通效率。在表达中同时要注意，上下统一才能保证表达效果。而且，有理由支持的结论才更有说服力。

结构性思维不仅仅是一种工具和方法，更是透过结构看世界的一种方式。可以帮助一个人隐形思维显性化，显性思维结构化，从而提高沟通效率。帮助大家思考清晰，表达有力，工作高效。

2. 结构性思维

结构性思维是结构性+思维。

结构就是指整体的各个组成部分之间的搭配或排列是有序的。结构性思维指经结构的视角，从多个侧面全面而清晰分析问题原因，系统制订行动方案，采取正确的方案，得到最佳效果的思维方式。它实际上是有序的思考，既需要逻辑思维那样依靠理性的思维模式，也不缺少形象思维的简洁、直观。它最终的结果是清晰地表达，有效地解决，是一种立体化思维。

3. 结构性思维的基本特点

结构性思维有 4 个基本特点，如图 17-2 所示。

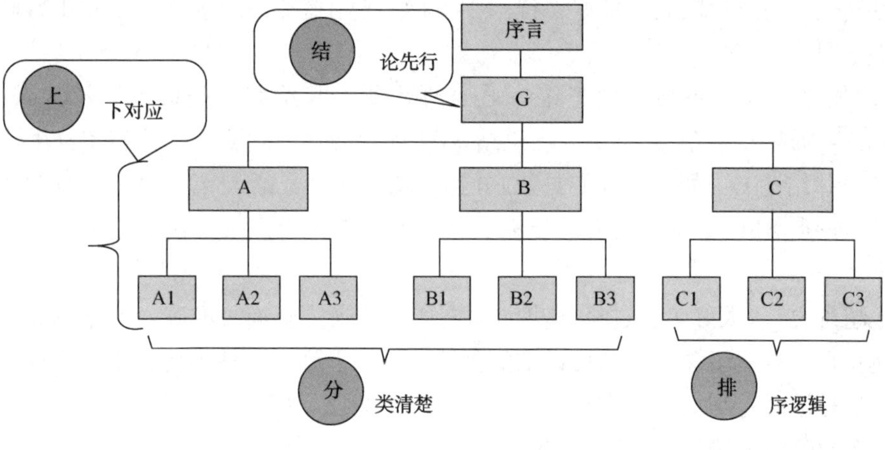

图 17-2　结构性思维 4 个基本特点

（1）结论先行。从学习的角度来看，文章是所有的表达中相对较容易的。任何一个表达首先都要有观点，也即言之有物。从形式上来讲，最好要结论先行。

（2）上下对应。论点一定要能够被论据充分地支撑，否则论点就会被质疑。即两者要有上下对应的关系，强调的是上一层级的观点和下一层级的论据之间的关系。如图 17-2 中上下对应的关系有四对：G 被 A、B、C 支撑；A 被 A1、A2、

A3 支撑；B 被 B1、B2、B3 支撑；C 被 C1、C2、C3 支撑。

(3) 分类清楚。具有相同属性的都被放在一组中，如图 17-2 中所有具有 A 属性的都放在 A 组中。如果进行调整，把所有具有 1 属性的放在一组，那么这组中有 A1、B1、C1。也就是说分类必须清楚，但分类可能不是唯一的标准。在分类时，要弄清楚两点：一是分类标准，二是按标准分完的结果。

(4) 排序逻辑。排序可以按时间、结构、重要性等一定的逻辑标准来排。排序还有很重要的一个点是同一个层级采用同一种排序方式，不能采用多种排序方式。前三条用时间分，后三条用结构分就会产生交叉。排序跑不出时间、结构、重要性这三种分类。我们平时写东西、说话就是用这些顺序来递进的。

4. 搭建结构的两种方法

第一种，自上而下搭建，疑问回答做分解；第二种，自下而上搭建，概括总结做聚合。这两种方法适用于不同的场景，也可以根据实际需要二者结合综合使用。

(1) 自上而下提问回答。你是否有这样的经历：参加半小时的会议昏昏欲睡，而观看两小时的电影却精神百倍。这是为什么呢？除了视觉效果外，最吸引我们的就是情节。电影开端往往会抛出一个悬念以吸引观众的注意，而随着剧情的推进，会出现答案和新的悬念，最后谜底一点点解开。也就是说，剧情的展开方式是“悬念—答案—悬念—答案……”，整个过程观众都会被紧紧地吸引住。

通过自上而下，疑问回答做分解，可以使我们无论口头还是书面表达都像电影一样具有吸引力，并能够说服对方。一方面，它很吸引人，因为表达的是对方关心的问题；另一方面，它很有说服力，因为对方关心的问题已被很好地解答了。

疑问回答做分解有两个步骤：

第一步：从对方角度设想问题。

设想问题是在主题已经明确的基础上，思考对方会关注什么。如，主题是“直分销风险防控”，领导会关注什么问题呢？为什么要进行直分销风险防控？有哪些风险？风险点在哪里？何时防？哪个环节防？怎么防？这些问题是这个场景下你为沟通对象定制的问题。

第二步：提前想好问题的答案。

把问题设想之后，需要给出答案，并思考这些答案还可能引出哪些新问题，直到你认为所有答案都被解答。

公司给客户做的 PPT，用结构性思维来解释销售的 FAB 模型(图 17-3)，利益 B 就是我们要表达的结论，我们 Goal，我们给客户传达的信息。优势 A1、A2、A3 是为了证明利益存在的论点，特性才是为了支撑优势存在的分论点。

每一页 PPT 都按照结构性思维来进行表达，每一页都能传递一个清晰而

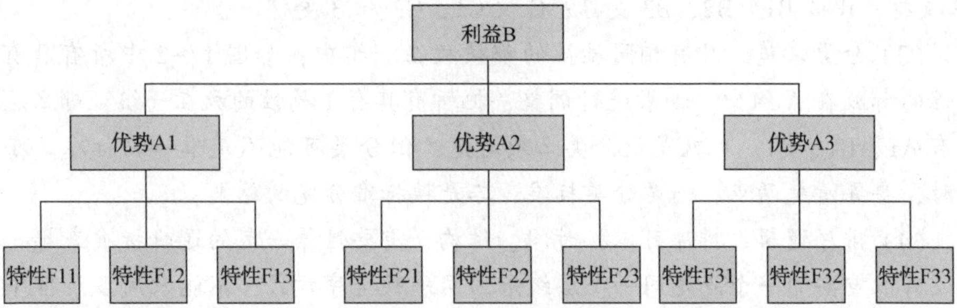

图 17-3 FAB 模型

明确的价值，每一页都能彰显给客户带来的利益。给客户交付的时候可以这样说：这是我的报告，有时间您都看看，没时间您看看每页的第一句话(标题)就可以了。客户拿到这个报告，看每一页的标题，看到的都是对他的利益。每一页都传递着我对你好，我对很好，我对还好，我对你再好，我对你比谁都好……得出一个结论：成交！

疑问回答(图 17-4)做分解是一种想象对话技术，做好两个步骤需要注意以下几点：

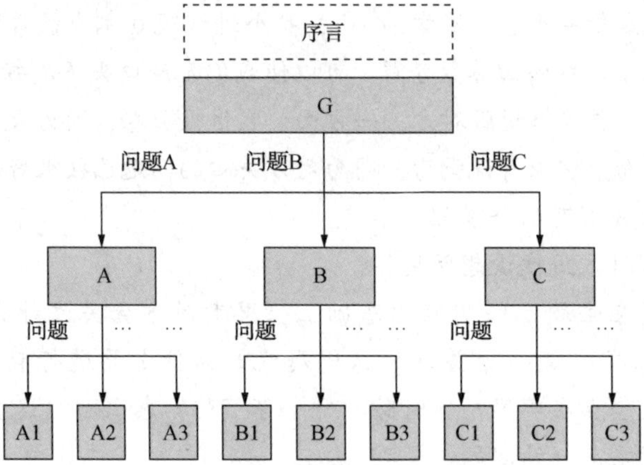

图 17-4 疑问回答

(a) 形成以对方需求为中心的思维模式。不管是设想问题、还是回答问题，都要站在对方角度上思考他会关心什么、信服什么，而不是用我们习惯的方式、从我们的角度出发告诉他问题和答案。

(b) 通过 5W2H 全面思考问题。

What：是什么？干什么？目的？

Why：为什么？

Who：谁？

When：什么时候？

Where：哪里？何处开始？

How：如何做？

How much：程度如何？

(c) 你的回答是你的结论。结论先行也是指每个答案本身就是结论。结论才能终结上面的问题，并引发下一个层级的新问题。从上到下的提问回答结构如上图。

(2) 第二种，自下而上的概括和总结。概括是形成概念的一种思维过程和方法，即在思想方面从某些具有相同属性的事物中抽取出本质属性，并将其推广到具有这些属性的一切事物，从而形成关于这类事物的普遍概念。

总结就是指综合一定阶段内的有关情况进行分析研究，得出有指导性的结论。概括更大程度是抽象的过程，总结更大程度上是精简的过程，但在很多时候二者可以通用。

概括总结的步骤一般分三步，即先收集信息，再分类整理，最后概括总结。

信息收集后不可能一股脑全用上，要按照分类对信息进行整理，使表面上杂乱无章的信息变得井然有序，从而极大地提高认知效率和工作效率。

自下而上的概括总结是根据收集的分类信息以揭示相关概念、规律、方法的内在联系为目标，运用尽可能最简明的形式，对相关知识提纲挈领、加工重组、形成体系，使之由“繁而杂”“散而乱”变成“少而精”。它的本质要求保证重点突出，力求简明扼要，一目了然。

思考题

1. 回想一下，在你最近的工作沟通或日常生活中，有哪些因为自己思考不清楚或表达不清晰导致他人迷惑甚至误解的问题，结合结构性思维的表达方式，进行调整。

2. 请找出一份你的工作总结，并仔细研读。结合自下而上概括总结做聚合的方法，想想如果重新写一次，你会做哪些调整？请边思考边画出金字塔图。

3. 假设在下周，你要向你的领导提交一个经营管理建议，你将会如何运用自上而下做分解的方法说服你的领导？请边思考边画出金字塔图。

4. 如何做到分类清楚？

5. 排序有几种常用方式？需要注意什么？

第四节 分析工具

本节目标：

1. 帮助管理人员学习了解一些企业常用战略分析方法和工具。

2. 帮助管理人员掌握 SWOT 分析法等一些常用分析工具的分析步骤，并在经营活动中发挥作用。

故事

分析神器

周一早晨的例会，大家依旧准时到达会议室。全体人员挨个汇报完上周的工作之后，超哥开始发话："最近部门内的工作都完成的不错，今年的工作就要结束了，大家都知道，我们完成了总部下达的年度任务，但还存在着一些不理想的问题。现在，我们要结束旧历史，开始新征程。总部明年的年度任务马上开始对接，具体情况公司领导已经收到总部的通知，从我个人角度感觉，明年的量利任务压力巨大，公司领导也感觉有点吃不消。毕竟我们的市场环境和前几年有很大的变化，供不应求的市场是一去不复返了，而供大于求的市场格局将会一直持续下去，以前是蓝海，现在是红海，因此我们营销中心的同事们首先要改变认识，提前做好迎战准备。"

超哥环视一下默默无语的同事们，继续说道："供应商洽谈会结束以后，王总留下我单独聊了一会。公司领导们现在不仅仅考虑的是明年的市场和明年准备怎么干，面对目前的行业形势，领导们考虑的更加长远，要制订五年乃至十年的规划。现在王总要求我们，从战略角度考虑，做一些相关分析，为公司的可持续发展提供参考依据，下周务虚会由我做汇报。大家考虑下都分析哪些方面？"

周强挠挠头，抢先回答："我觉得重要的是做市场分析，现在到处是地炼资源，竞争主体也多，还通过不开票降低成本，严重扰乱市场秩序。"

"嗯，这是对我们不利的一方面，还有吗？"超哥问道。

周强继续说，"现在成品油消费也不行，国家经济结构在调整，加上安全环保治理，高污染高耗能的企业关停不少，对成品油的消费都是不利影响。政府公车改革，加上高铁四通八达，人们都不开车了，汽油消费肯定受到抑制。还有，街上到处是共享单车，连我这懒人都不开车上班了，我们的汽油销量能不负增长吗？”

“我觉得也不能光看外部环境情况。”李翔提出新的观点：“我们江南公司毕竟是省内行业的老大，品牌的影响力还是很大。江南省内有我们两座炼厂，有产销结合的一体化优势。同时，我们有近 2000 座加油站的网络，每天都有上百万客户固定消费，市场占有率一直在 60%以上，省内成品油老大的地位从来没人撼动过。我们发行那么多加油卡，而且持卡比例消费一直在 50%以上，这些优势是任何竞争对手所没有的，我们也不能太悲观。”

“对，说的没错！”赵丽附和道：“我们不止有 2000 座加油站，同时有近 2000 家便利店，我们的油非互促优势也很明显。”

“是，我不否认自己的优势，但是我们自身也有很多问题啊！”周强反驳道：“我们虽然加油站多，但是我们的加油站外观都很破旧了，人家社会站明显比我们高几个档次。加油员工资别说比社会加油站了，连中庆江南分公司也差不少啊，加油员能有工作积极性吗？再说了，我们是有自己的炼厂，但给我们的资源成本明显高于市场价格，一定程度上制约我们的经营，不是吗？”

“是啊，周强说的有道理。”赵丽又转向周强。“现在新能源汽车发展好快，我们邻居就换的新能源车，跑起来声音真小，而且也能跑几百公里，我都考虑换个那样的车。估计过几年街上都是新能源车了，到时候还要我们江南公司干啥，我们是不是要提前谋划？”说完这句话，赵丽自己都感觉是不是有点跑偏了。

“大家说的都很好。”超哥打断了他们的争论。“通过大家的集思广益，我们分析了很多内外部优劣势和市场环境变化，我想再扩展一下思路就更加完整了。”

超哥喝口茶，继续说道：“刚才大家说的这些情况涉及我们企业的 4 个方面，即优势、劣势、威胁和机会。如说我们的品牌，我们的上中下游一体化，我们的网络优势，我们的加油卡等都是优势。而我们的资源成本高、站容站貌差、员工的待遇低都是我们的劣势。社会站的竞争、消费的下滑以及新能源的发展等一定程度上对我们形成威胁。而现在正在谋划的非油业务、充电业务等给我们也带来新的机会。”

“你还别说，超哥，你这一划分，确实是这 4 个方面。”李翔好像有什么感悟。

“是啊，从分析方法来说，这就叫 SWOT 分析。”超哥说道。

“哦，对，我上次去总部培训，老师讲过几种企业战略分析工具，这是其中之一，还有波士顿矩阵，还有 EVA 管理。过去很久了，我都差点忘了。”说完，李翔有点不好意思。

超哥点点头，说道：“对，SWOT 分析是一种企业战略规划和选择的工具，在此基础上又衍生战略地位和行动评估矩阵，其他还有李翔刚说的波士顿矩阵、EVA 管理，还有通用矩阵、定向政策矩阵等，这些都是企业战略咨询及管理咨询实务中经常使用的一些分析方法。”

“大家都知道，我们平时都要做市场分析和调研，要研究政府法规政策、行业政策以及发展趋势等，有时是为了做好当期经营，有时是为了企业制订发展战略。制订长期发展战略的这种分析叫做战略分析，目的就是通过一定的手段和方法从复杂的信息与线索中，清理出重点影响客户战略形成的因素，以便于下一步的战略选择和制订。”超哥俨然是一个培训讲师的样子。

“其他分析方法今天我们就不讲了，大家可以上网搜下，多学总是有益处的。根据我们现在分析的情况，我把 SWOT 分析法给大家简单讲解下。”

“SWOT 这个单词，4 个字母分别代表优势(Strength)、劣势(Weakness)、机会(Opportunity)和威胁(Threat)4 个关键因素。其中，SW 是“能够做的”内部环境因素，OT 是“可能做的”的外部环境因素。而按照企业竞争战略的完整概念，战略应是一个企业“能够做的”(即组织的强项和弱项)和“可能做的”(即环境的机会和威胁)之间的有机组合。这 4 个方面形成一个矩阵，4 个方面进行完整的分析后，企业战略方向就相对容易选择。”超哥首先讲了 SWOT 的基本含义。

“刚才，大家已经说到很多我们企业内外部的情况，优势和劣势、威胁和机会，我们要把这 4 个方面加以完善，把它们放在这个矩阵里，然后再根据这 4 个方面的内容制订针对性的发展计划，这就是我们务虚会要讲的内容。”超哥补充道。

“超哥，这个 SWOT 分析还真是简单实用，一目了然，现在感觉思路清晰好多。”一直没出声的雯雯突然说道。

“是啊，SWOT 分析不只可以用于企业战略分析，个人的职场发展规划也可以用这个来分析，绝对让你茅塞顿开。“超哥笑着说道。“雯雯，看你对 SWOT 分析理解的很透彻，务虚会材料就交给你了，散会。”

“好嘞，我尽快拿出初稿给您看。”雯雯笑着说。

笔记五十三

1. 企业战略规划常用分析选择工具

(1)SWOT 分析。是一个简单有效的企业战略评估分析工具，它提供了一个自由思维的环境，并不受财务驱动型的预算规划体制影响。SWOT 分析可以用于测试组织内部感知的共识，并支持企业将其战略建立在优势的发挥和劣势的消除的基础之上。SWOT 示意图及各因素详细释义如图 17-5 所示。

图 17-5 SWOT 示意图

S(Strength)——优势，属于内部环境因素，一般指相对竞争者的优势方面，如：有利的竞争态势；充足的资金支撑；雄厚的技术力量；一流的产品质量；良好的企业形象；具有规模经济；市场份额占有率高；成本优势；品牌推广优势等。

W(Weakness)——劣势。属于内部环境因素，一般指相对竞争者的劣势方面，例如：核心竞争力弱；缺少关键技术；研究开发落后；设备老化；资金短缺；管理混乱；经营不善；产品积压；人才素质落后等。

O(Opportunity)——机会，属于外部环境因素，是指对企业发展有利的外部机会，具体包括：新的利好政策机制；行业发展趋势良好；新产品；新市场；新需求；市场壁垒解除；竞争对手失误等。

T(Threat)——威胁，属于外部环境因素，是指对企业发展不利的外部威胁，具体包括：行业政策变化；市场紧缩；经济衰退；新的竞争对手；替代产品增多；客户偏好改变；用户观念转变；突发事件等。

(2)战略地位和行动评估矩阵(SPACE)。是在 SWOT 分析基础上，通过确定两组具体反映企业内、外部要素的量化指标，来评估和选择企业战略和定位，如图 17-6 所示。SPACE 矩阵分析克服 SWOT 分析的不足，但增加分析的难度。

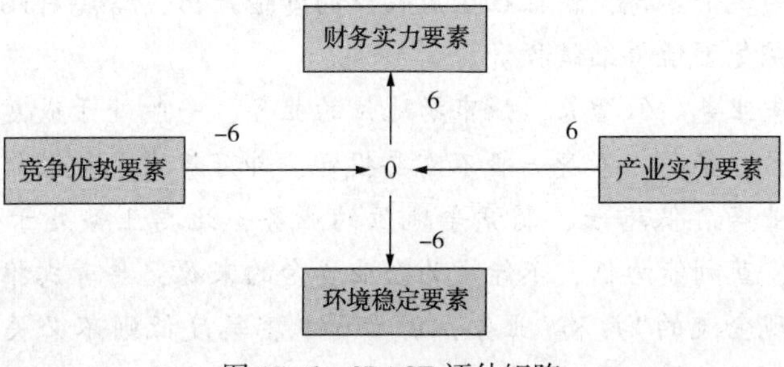

图 17-6 SPACE 评估矩阵

(3) 波士顿矩阵。是 BCG 提出的一种投资组合分析方法，是多元化公司战略制订的有效工具，如图 17-7 所示。它通过系统分析企业的全部产品或业务组合，解决企业经营的相关业务之间现金流量的平衡问题。

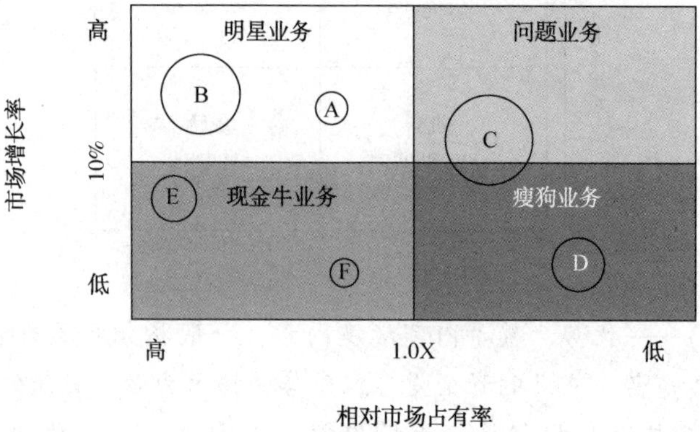

图 17-7　波士顿矩阵

矩阵的横轴表示企业在产业中的相对份额：是指企业某项业务的市场份额与这个市场上最大的竞争对手的市场份额之比，反映企业在市场上的竞争地位。相对市场份额分界线一般取为 1.0~1.5，并依此划分为高、低两个区域；

矩阵的纵轴表示市场的增长率：是指所企业产业某项业务前后两年市场销售额增长的百分比，反映每项业务的市场相对吸引力，一般以 10%作为分界线，将坐标分为高、低两部分；

图中的坐标交叉点表示企业某项业务或产品：圆圈的面积表示该项业务或产品的收益与客户全部收益的比率。

(a) 明星业务。是高增长、强竞争地位的业务，此类业务处于迅速增长的市场，具有很大的市场份额，具有企业增长和活力的良好的长期机会，但需要大量资金投入，企业在短期内应优先予以资源支持。

(b) 问题业务。高增长、弱竞争地位的业务，通常处于最差的现金流量状态，需要大量的现金支持，但往往生成较少的资金产出，需要对此类业务加以细致的分析，研究是否值得继续投资。

(c) 现金牛业务。低增长、强市场地位的业务，一般处于成熟的市场中，市场地位有利，盈利率高，本身一般不需要投资，却可产出大量现金。

(d) 瘦狗业务。低增长、弱竞争地位的业务，此类业务处于饱和的市场之中，竞争激烈，获利能力低，不能成为企业资金的来源，要考虑推出或剥离。但部分具有良好现金流的“瘦狗”业务，由于资本密集度低则不必关闭，相反，是企业“收割”的对象。

(4) EVA 管理。即经济增加值，是企业真实经济业绩的计算方法和创造股东财富的战略，也是深入生产第一线的整个公司范围内的改变公司优势和行为的方法，如图 17-8 所示。

EVA＝销售额－经营成本－资金成本

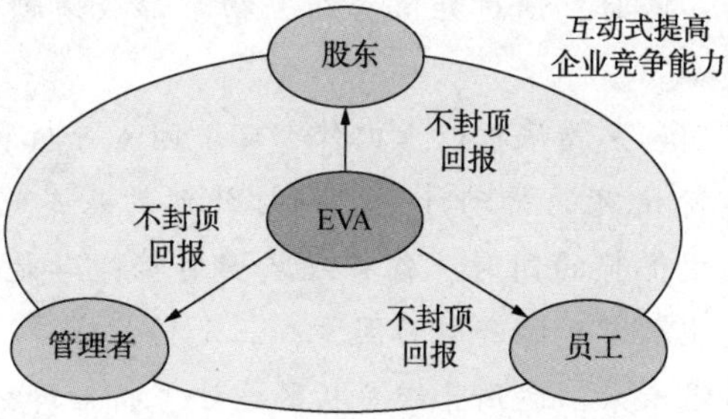

图 17-8　EVA 管理方法

EVA 管理不仅仅是一种企业财务管理模式，也是一种企业经理人的奖励机制。它可以改变自董事会至基层的观念和决策，改变企业的文化，改善组织内部每个人的工作环境，帮助经理人、股东获得更多的财富。

EVA 管理的核心是 EVA 与薪酬挂钩。按照 EVA 或其增加值的固定比例计算管理人及员工的货币奖金，使其劳动利润有一部分可以回馈给管理人和员工，并上不封顶。因此 EVA 奖励计划可以有效地把股东、管理人及员工的利益结合起来，可以使大家分享共同创造的财富，培养良好的团队精神和主人翁意识。

2. SWOT 分析法的主要原理

SWOT 分析法的原理是将与研究对象密切相关的各种主要内部优势、劣势和外部的机会和威胁等通过调查列举出来，并依照矩阵形式排列，然后用系统分析的思想，把各种因素相互匹配起来加以分析，从中得出一系列相应的结论，而结论通常带有一定的决策性。

运用这种方法，可以对具体项目进行全面、系统、准确的研究，并根据研究结果制订相应的发展战略、计划以及对策等。例如，如何在竞争中扬长避短，如何借助良好机遇，如何及时弥补自己的缺点，如何化解可能存在的威胁，如何找准自己的目标与方向。

3. SWOT 分析的三大步骤

第一步：分析因素。是指运用各种调查研究方法，分析出企业所处的各种环境因素，要求排列出优势、劣势、机会、威胁等各要素涵盖的细分关键子因素，即影响企业发展的重要因素。从而清楚知道自己企业内部的竞争优势与劣势，以及企业外部环境所带来的发展机遇与威胁，同时，明确问题的轻重缓急及未来的发展方向。

第二步：构建矩阵。是指将调查分析得出的各种因素根据轻重缓急或影响程度等排序，构建SWOT矩阵图，并进一步进行矩阵分析。在这个过程中，要将那些对企业发展最重要、最紧迫的影响因素优先排列出来，而将那些次要的、不急的影响因素排在后面；同时，通过矩阵分析，初步形成清晰的SO战略、WO战略、ST战略、WT战略。

第三步：制订计划。是指依据以上内外部环境因素分析和SWOT矩阵分析结果，制订适合自身实际情况的行动计划。制订计划的基本思路是：一是扬长避短，即充分发挥和利用优势的同时，弥补或减少劣势；二是抢“机”化“危”，即充分利用机会因素，化解或者回避威胁因素；三是全盘考虑、系统规划，即考虑过去、立足当前、着眼未来，运用系统分析的方法，将矩阵分析的各种因素相互联系并加以组合，得出一系列满足企业实际需求与未来发展规划的经营战略与具体策略。

思考题

1. 简述企业战略规划对企业的重要性。
2. 结合工作实际，如何做好战略分析？
3. 日常工作生活中使用过哪些战略分析工具？
4. 利用SWOT分析工具对本企业经营活动进行分析。
5. 企业目前的经营现状更适合使用哪种战略分析工具？

参 考 文 献

[1] 周云．采购成本控制与供应商管理[M].2 版．北京：机械工业出版社，2014.

[2] 刘宝红．采购与供应链管理：一个实践者的角度[M].2 版．北京：机械工业出版社，2015.

[3] [美]克雷沙·G. 帕利普，保罗·M. 希利著，朱荣译．经营分析与评价[M]. 大连：东北财经大学出版社，2008.

[4] [美]李杰(Jay Lee). 工业大数据：工业 4.0 时代的工业转型与价值创造[M]. 北京：机械工业出版社，2015.

[5]《国务院关于积极推进“互联网+”行动的指导意见》国发〔2015〕40 号.

[6] 李玉环．油品销售企业的库存管理研究[J]. 新经济．2015(14)：45-46.

[7] 杨海宏，原英．油品储运中的损耗及其计算[J]. 化工技术与开发．2015(6)：59-61.

[8] 韩冬．浅谈成品油储运的损耗原因及控制[J]. 中国石油和化工标准与质量．2013(6)：263-264.

[9] 幸勇军．油库自动化改造中液位仪深化应用研究[J]. 安全技术，2016，16(9)：14-16.

[10] 刘艳蓉．成品油库管理优化探讨[J]. 中国石油和化工标准与质量．2012，33(16)：184.

[11] 王四东．浅谈油库设备管理的主要方法及途径[J]. 石化技术，2018，25(4)：265.

[12] 白鹭．中国石化成品油二次物流配送优化系统的建设与实施效果[J]. 当代石油石化. 2007，15(7)：27-44.

[13] 蒋胡民，张光辉，罗强，等．中国石油四川销售成品油物流配送体系建设研究[J]. 西南石油大学学报，2014，16(2)：7-14.

[14] 彭宏韬．成品油供应链相关概念探析[J]. 北京石油干部管理学院学报，2008(6)：54-55.

[15] 田景惠．现代成品油物流管理[M]. 北京：石油工业出版社，2007：89-94，177-181，182-184.

[16] 杨润亮．浅析船舶在大风浪中的航行安全[J]. 中国水运，2018(2)：18-19.

[17] 薛周．浅谈油轮航行安全[J]. 中国远洋海运，2018(2).

[18] 张金洋．大雁精神[M]. 北京：中国纺织出版社，2006.

[19] 周新曜．团队的力量[M]. 北京：地震出版社，2006.

[20] [美]麦恩 F. 卡肖著．王重鸣译．人力资源管理[M].8 版．北京：机械工业出版社，2005.

[21] 赵曙明．绩效考核与管理——理论、方法、工具、实务[M]. 北京：人民邮电出版社，2014.

[22] 王淑珍，王铜安．现代人力资源培训与开发[M]. 北京：清华大学出版社，2015.

[23] 陈春花，杨忠，曹洲涛，等．组织行为学[M].3 版．北京：机械工业出版社，2016.

[24] 黄勋敬．领导力模型与领导力开发[M]．北京：北京邮电大学出版社，2008.
[25] 樊登．可复制的领导力[M]．北京：中信出版社，2017.
[26] [美]帕特森著．毕崇毅译．关键对话[M]．北京：机械工业出版社，2017.
[27] [美]史蒂芬·柯维著，高新勇，王亦兵，葛雪蕾译．高效能人士的七个习惯[M]．北京：中国青年出版社，2011.
[28] [美]彼得·德鲁克著．许是祥译．卓有成效的管理者[M]．北京：机械工业出版社，2005.